Einstein's Jury

Jeffrey Crelinsten

爱因斯坦陪审团

[加] 杰弗里·克雷林斯滕 著
潘涛 译

CTS K 湖南科学技术出版社
·长沙·

图书在版编目（CIP）数据

爱因斯坦陪审团 /（加）杰弗里·克雷林斯滕著；潘涛译. —长沙：湖南科学技术出版社，2023.11
书名原文：Einstein 's Jury
ISBN 978-7-5710-2246-4

Ⅰ. ①爱… Ⅱ. ①杰… ②潘… Ⅲ. ①天文学—通俗读物 Ⅳ. ① P1-49

中国国家版本馆 CIP 数据核字（2023）第 094540 号

AIYINSITAN PEISHENTUAN
爱因斯坦陪审团

著者
[加] 杰弗里·克雷林斯滕
译者
潘涛
出版人
潘晓山
策划编辑
吴炜　孙桂均　李蓓
责任编辑
吴炜　李蓓
营销编辑
周洋
出版发行
湖南科学技术出版社
社址
长沙市芙蓉中路 416 号泊富国际
金融中心 40 楼
http://www.hnstp.com
湖南科学技术出版社
天猫旗舰店网址
http://hnkjcbs.tmall.com

印刷
长沙超峰印刷有限公司
厂址
宁乡市金州新区泉洲北路 100 号
邮编
410600
版次
2023 年 11 月第 1 版
印次
2023 年 11 月第 1 次印刷
开本
710mm × 1000mm　1/16
印张
23.25
字数
308 千字
书号
ISBN 978-7-5710-2246-4
定价
98.00 元

献给

父亲　阿贝·克雷林斯滕

母亲　多萝西·克雷林斯滕

满怀爱的记忆

中译本序

本书取名《爱因斯坦陪审团》（*Einstein's Jury: The Race to Test Relativity*，2006），考虑到这是作者克雷林斯滕（Jeffrey Crelinsten）在获得博士学位25年之后，对自己当年的博士论文进行补充修订而成，定下这样的书名，多半是经过了深思熟虑的。

按照美国的情景，出了诉讼，要审案了，会组织陪审团。陪审团静听控辩双方的律师陈述案情并相互诘难，还要不时传唤人证，察看物证。陪审团的任务是判断被告是否有罪，移用到本书书名的比喻中，就是要判断爱因斯坦的相对论理论是否为真。

现在当然几乎所有的人都同意相对论理论为真（当然仍有极少数人试图推翻相对论），本书作者也没有打算写翻案文章。在这场“庭审”中，作者扮演的角色有时像辩方律师，有时又像旁听庭审的新闻记者，因此作者也陈述了许多“与本案并无直接关系”的故事——这些故事对于履行陪审团义务来说可能是冗余信息，但是对于了解爱因斯坦和相对论理论来说，对于了解那场持续多年的“庭审”过程来说，仍是有益的。

牛顿为什么不需要陪审团？

让我们先来思考一个有趣的问题：牛顿和他的万有引力理论需要陪审团

吗？答案当然是不需要。这不仅是因为没有人对万有引力理论发起诉讼，更是因为自问世以来，万有引力理论在无数应用中，已经反复证明了它（在适用范围内）的正确性。我们在地球上建造的每一幢房屋、每一座桥梁、每一艘船舰、我们发射的每一颗炮弹、每一枚火箭、每一艘飞船……都在证明万有引力理论的正确，所以人们根本用不着“陪审团”来判断它正确与否。

然而爱因斯坦和他的相对论却需要陪审团，这是为什么呢？

爱因斯坦为什么需要陪审团？这听起来像是一个无事生非的问题，但对理解本书却很有帮助，也很有启发性。

要论实用价值，相对论根本无法望万有引力理论之项背。正如本书作者在第1章中所说，相对论问世时，“美国人也忽视了它一段时间，但当时大多数物理学家强烈反对它，因为它不实用”——事实上，直到今天，人们仍然很难找出相对论的实际使用例证，它只是改变了我们描绘外部世界的图像。

有人将原子弹和核电站当成相对论的实用例证，因为它们符合爱因斯坦的质能公式（$E=mc^2$），实际上这种想法是不成立的。质能公式确实出现在爱因斯坦1905年的论文中，但引发原子弹设想的是卢瑟福1913年发表的原子模型理论——这个设想最早出现在威尔斯（H. G. Wells）1914年的科幻小说《获得解放的世界》（*The World Set Free*）中。虽然原子弹和核电站可以用质能公式解释，但一个事件A发生后可以用理论B来解释，并不意味着事件A就必然是理论B的实际应用（哪怕理论B问世于事件A之前，因为事件A还可以是理论C、理论D……的实际应用），这在逻辑上是显而易见的。

正是因为相对论缺乏实际应用，所以它需要陪审团。一个没有实用价值的理论，却企图改变世人已经习惯了至少两三百年的外部世界图像，人们当然会对这个理论是否为真产生本能的怀疑，“学术诉讼”就难以避免了。

广义相对论的三大验证

“爱因斯坦陪审团”面临的“案情”，主线还是比较清晰的。

爱因斯坦的广义相对论预言了两个新的天文现象和一个已知天文现象的新值，这些预言构成了广义相对论的“三大验证”：

1. 水星近日点进动的新数值。这个天文现象在牛顿万有引力理论中也已得到描述，但牛顿理论的计算值比实际观测值小了许多，所以多年来天文学家们设想过几种路径来解释这个问题。而广义相对论给出的计算值与实际观测值高度吻合。通常人们认为这个验证没有什么问题。不过因为此事与岁差有关，而且影响水星近日点进动的因素很多，所以认为此事还需“继续研究”的人也不是没有。

2. 引力红移。广义相对论预言：引力场中的辐射源射出的光，对远离引力场的观测者会呈现红移（波长变长）。对白矮星的观测证实了这一点，20世纪60年代在地球上的精确实验也证实了这一预言。

3. 光线在引力场中的偏折。牛顿万有引力理论中的时空是所谓平直时空，这种时空完全符合我们日常生活中的感受。而爱因斯坦广义相对论的时空，和牛顿时空的根本差别，就是引力场对时空的扭曲——只是在引力场比较弱的情形下，这种扭曲并不会在我们的日常生活中呈现或被感知。因此广义相对论预言：当远处的恒星光线经过太阳的引力场后，它的方向会发生微小的偏折。

要验证这第三个预言，事情就变得非常复杂和麻烦了——《爱因斯坦陪审团》超过一半的篇幅都耗费在此事上了，大批涉及此事的人证被次第传唤到场，还有许多物证也被作者从故纸堆中翻检出来，作为“呈堂证供”。

1919年爱丁顿究竟有没有验证广义相对论

有一些进入了教科书的说法，即使被后来的学术研究证明是错了，仍然会继续广泛流传数十年之久。“爱丁顿（A. S. Eddington）1919年观测日食验证了广义相对论”就是这样的说法之一。这一说法在国外各种科学史书籍中到处可见，甚至还进入了科学哲学的经典著作中，波普尔（K. R. Popper）在《猜想与反驳》（*Conjectures and Refutations*）一书中，将爱丁顿观测日食验证爱因斯坦预言作为科学理论预言新的事实并得到证实的典型范例。他说此事使他形成了著名的关于“证伪”的理论。爱丁顿验证了广义相对论的说法，在国内作者的专业书籍和普及作品中更为常见。

这个被广泛采纳的说法，出身当然是非常“高贵”的。例如我们可以找到爱丁顿等三人联名发表在1920年《皇家学会哲学会报》(*Philosophical Transactions of the Royal Society*) 上的论文，题为《根据1919年5月29日的日全食观测测定太阳引力场中光线的弯曲》，作者在论文最后的结论部分，明确地、满怀信心地宣称：“索布拉尔和普林西比的探测结果几乎毋庸置疑地表明，光线在太阳附近会发生弯曲，弯曲值符合爱因斯坦广义相对论的要求，而且是由太阳引力场产生的。”事实上，在此之前爱丁顿已经公布了上述结论，在1919年的《自然》(*Nature*) 杂志上连载两期的长文《爱因斯坦关于万有引力的相对论》中已经引用了爱丁顿的观测数据和结论。

之所以要在日食时来验证太阳引力场导致的远处恒星光线偏折，是因为平时在地球上不可能看到太阳视方向周围的恒星，日全食时太阳被月球挡住，这时才能看到太阳视方向周围的恒星。在1919年，要验证爱因斯坦广义相对论关于光线偏折的预言，办法只有在日食时进行太阳视方向周围天区的光学照相。

在这样一套复杂而且充满不确定性的照相、比对、测算过程中，导致最后结果产生误差的因素很多，事后人们发现，爱丁顿1919年观测归来宣布的结论是不可靠的。

爱丁顿名头甚大，他自己也以当时英语世界的相对论唯一权威自居。本书作者对爱丁顿并未盲目信从，他甚至认为爱丁顿关于相对论的“早期论述与其说是启蒙，不如说是误导”。本书虽然耗费了过半篇幅讨论爱丁顿1919年日食观测对广义相对论的验证问题，但作者既未明确指出爱丁顿的验证不成立，也未明确担保爱丁顿的验证能够成立。

但是，作者采用“客观中立”的姿态，详细叙述了1919年之后国际天文学界对相对论光线偏折预言的一次又一次的验证活动，这样的叙述本身就表明了作者的判断——如果国际天文学界认可了爱丁顿1919年的验证，他们还有什么必要反反复复不停地验证呢?

在1919年爱丁顿轰动世界的“验证”之后，1922、1929、1936、1947、1952年各次日食时，天文学家都组织了检验恒星光线偏折的观测，各国天文学家公布的结果言人人殊，有的与爱因斯坦的数值相当符合，有的则严重不符。这类观测中最精密的一次是观测1973年6月30日的日全食，得到太阳边缘处恒星光线偏折值为1.66″ ± 0.18″。

后来，为了突破光学照相观测的极限，天文学家转而求助于射电天文学手段（观测可见光波段之外的辐射)。1974~1975年间，利用“甚长基线干涉仪”观测了太阳引力场对三个射电源辐射的偏折，终于以误差小于1%的精度证实了爱因斯坦的预言。也就是说，直到1975年，爱因斯坦广义相对论关于恒星光线偏折的预言才最终得到了确证（但本书作者的关注没有覆盖到这个阶段)。

但和1919年那场高调炒作的日食观测相比，后面这一系列工作都很少得到公众和媒体的关注。是1919年的科学界、公众、媒体，以及爱丁顿本人，共同建构了那个后来进入教科书的神话。

霍金“依赖图像的实在论”

爱因斯坦于1955年去世，他始终未能因相对论而获得诺贝尔奖（但以光电效应为理由获得了一个)，原因可能与对引力场中光线偏折的最终检验尚未完成有关。缺乏实用价值的相对论，它最重要的意义，恐怕就是“改变了我们描绘外部世界的图像”。然而对于外部世界图像的这次改变，究竟应该如何评价，绝大多数人在对爱因斯坦顶礼膜拜的时候，通常是不去思考的。

但是霍金（S. Hawking）可以说是思考过上述问题的少数人之一，他的有关思考，对于我们评价爱因斯坦和相对论具有丰富的启发意义。

霍金晚年勤于思考一些具有终极意义的问题，这些思考集中反映在他2010年的《大设计》（*The Grand Design*）一书中，此书堪称霍金的“学术遗嘱”。该书第三章，霍金从一个金鱼缸开始他的论证：

设想有一个鱼缸，里面的金鱼通过玻璃观察着外部世界，它们中也出现了物理学家，决定发展自己的物理学，它们归纳观察到的现象，建立起一些物理学定律，这些定律能够解释和描述金鱼们通过鱼缸所观察到的外部世界，甚至还能正确预言外部世界的新现象——总之完全符合人类现今对物理学定律的要求。

霍金可以确定的是，金鱼的物理学肯定和人类现今的物理学有很大不同，这当然容易理解，比如金鱼观察到的外部世界至少经过了水和玻璃的折射。但霍金接着问道：这样的"金鱼物理学"可以是正确的吗？

按照从小就由各种教科书灌输给我们的标准答案，这样的"金鱼物理学"当然不可能是正确的。因为它与我们今天的物理学定律不一致，而我们今天的物理学定律则被认为是"符合客观规律"的。

但再往下想一想，我们所谓的"客观规律"，实际上只是今天我们对人类所观察到的外部世界的描述，我们习惯于将这种描述称为"科学事实"，而将所有与我们今天不一致的描述——不管是来自金鱼物理学家还是来自以前的人类物理学家——都判定为"不正确"，却无视我们所采用的描述其实一直在新陈代谢。

所以霍金问道："我们何以得知我们拥有真正的没被歪曲的实在图像？……金鱼的实在图像与我们的不同，然而我们能肯定它比我们的更不真实吗？"

这是非常深刻的问题，而且答案并不是显而易见的——比如，为什么不能设想人类的生活环境只是一个更大的金鱼缸呢？

在试图为"金鱼物理学"争取和人类物理学的平等地位时，霍金非常智慧地举了托勒密和哥白尼两种不同宇宙模型为例。这两种模型，一个将地球作为宇宙中心，一个将太阳作为宇宙中心，但是它们都能够对当时人们所观察到的外部世界进行有效的描述，都能够解决"古代世界天文学基本问题"——在给定的时间地点预先推算天阳、月亮和五大行星在天空的位置（事实上解决这个问题的精度哥白尼体系还不如托勒密体系）。霍金问道：这两个模型哪一个是真实的？这个问题，和问“金鱼物理学”是否正确，其实是同构的。

尽管许多人会不假思索地回答：托勒密是错的，哥白尼是对的，但是霍金的答案却并非如此。他明确指出：“那不是真的……人们可以利用任一种图像作为宇宙的模型”。霍金接下去举的例子是科幻影片《黑客帝国》（*Matrix*, 1999~2003）——外部世界的真实性在这个影片系列中遭到了终极性的颠覆。

霍金最后得出结论：不存在与图像或理论无关的实在性概念（There is no picture or theory-independent concept of reality）。他认为这个结论“非常重要”，因为他所认同的是一种“依赖模型的实在论”（model-dependent realism）。对此他有非常明确的概述：“一个物理理论和世界图像是一个模型（通常具有数学性质），以及一组将这个模型的元素和观测连接的规则。”霍金特别强调“依赖模型的实在论”在科学上的基础理论意义，他视之为“一个用以解释现代科学的框架”。

霍金这番“依赖模型的实在论”，很容易让人联想到哲学史上的贝克莱主教（George Berkeley）——事实上，霍金很快在下文提到了他的名字，以及他最广为人知的名言“存在就是被感知”所代表的哲学主张。非常明显，霍金所说的理论、图像或模型，其实就是贝克莱所说的“感知”的工具或途径。霍金以“不存在与图像或理论无关的实在性概念”的哲学宣言，正式加入了“反实在论”阵营。

这段霍金公案的要点在于：我们今天用来描述外部世界的图像，并不是终极的——历史上曾有过各种不同的图像，今后也必然还会有新的图像，而且这些图像在哲学意义上是平权的，就好像“金鱼物理学”和人类物理学是平权的一样。

法律事实·科学事实·客观事实

从古希腊的托勒密地心宇宙算起，我们接受过的宇宙图像已经经历了多次改变：哥白尼的、开普勒的、牛顿的、爱因斯坦的……到目前为止，爱因斯坦广义相对论所描绘的宇宙图像，是我们接受的最新一幅。

由于我们相信科学还将继续发展（从来没有人怀疑这一点），所以我们当然无法排除再出现一个新宇宙图像的可能性。至于这个新图像什么时候出现，那是不可知的，也许还要等一百年，也许明天就会出现。

这就直接引导到本书书名的深意了。在司法运作中，陪审团和法官最终判决中所认定的案情被称为“法律事实”。教科书告诉我们，“法律事实”不等于“客观事实”，因为在很多案情中，绝对的“客观事实”是得不到的。

与此相仿，科学共同体最新认定的那幅宇宙图像（就是爱因斯坦陪审团审议的广义相对论所描绘的宇宙图像），被称为“科学事实”。霍金（和其他一些哲学家）告诉我们，“科学事实”不等于“客观事实”，因为“不存在与图像或理论无关的实在性概念”。从哲学上来说，绝对的“客观事实”同样是得不到的，我们只能在“依赖模型的实在论”意义上来理解外部世界。

江晓原
2023年11月1日
于上海交通大学科学史与科学文化研究院

序

本书源于对科学世界的长期兴趣和公众对科学家及其工作的态度。获得两个科学学位（物理学学士学位和天文学硕士学位）后，我在（加拿大）蒙特利尔的康考迪亚大学（Concordia University）教了六年的本科生创新项目“科学与人类事务”。当时的系主任戴维·韦德·钱伯斯（David Wade Chambers），现在到澳大利亚维多利亚的迪金大学（Deakin University）任职，把我引入了科学史这一正规学科。我离开了教学岗位，去蒙特利尔大学科学史与社会政治研究所攻读博士学位。我的博士论文写的是关于美国天文学界对爱因斯坦广义相对论的接受情况。[1] 本书乃基于我在博士论文和论文通过后所做的诸多研究。

很幸运在研究所找到了一群杰出学者，他们都以这样或那样的方式给我留下了这个领域激动人心的研究可能性的印象。特别是，论文导师刘易斯·派森（Lewis Pyenson）首先向我介绍了物理科学史，尤其是关于爱因斯坦（Einstein）的文献以及相对论的起源和接受情况。后一个问题，顿时迷住了我。以我的天文学背景，迈开了最终导致本书的研究的第一步。

做了一年博士后研究之后，我发表了一篇关于我研究早期阶段的重头文章，然后离开了学术追求，投身于科学写作生涯。在与他人共同创立Impact Group（一家专门从事科技传播、教育和政策方面的咨询和出版公司）之前，我为电台和电视台写了好几年的纪录片文稿。

我完成博士论文和博士后工作后的这些年里，“爱因斯坦产业”（Einstein

industry）蓬勃发展。完成论文之前，我有幸参加了爱因斯坦诞辰100周年的纪念活动。我为加拿大广播公司写了一部两小时的爱因斯坦广播传记，为加拿大国家电影委员会写了一部关于相对论的电影。从那时起，我见证了“爱因斯坦文稿计划”（Einstein Papers Project）显著进展，从早期岁月开始，现正准备出版20世纪20年代的通信和论文。① 我很喜欢阅读这一时期出版的各种传记，并惊叹于随着更多关于爱因斯坦历史材料的出现，叙事越来越丰富。尽管如此，我也被我在博士论文研究中揭示的故事在很大程度上仍未被披露所触动。

广义相对论（general relativity）在其早期和整个20世纪20年代在天文学家中如何被接受，这个故事是有意义的，因为它解决了许多重要的历史问题。它记录了科学家如何接受广义相对论作为一种有效理论进行的认真考虑。它阐明了对爱因斯坦及其理论的态度如何形成，并直到如今在大众文化中产生了深远影响。它还涵盖了天文学和物理学在智识和制度方面发生革命性变化的时期。科学主导地位在这一时期从欧洲向美国的转移，在天文学界的正式转移，比20世纪30年代及之后有充分证据的物理学家的迁移早10年。

我重写了博士论文的部分内容，重新整理了一些章节，加入了一些新的材料，这些材料来自我的博士后工作以及在这期间其他人所做的工作。本书的第一部分，大量援用了我在博士后期间于《物理科学历史研究》（Historical Studies of the Physical Sciences，简称HSPS）发表的关于威廉·华莱士·坎贝尔（William Wallace Campbell）和相对论的文章。感谢HSPS的编辑约翰·海尔布伦（John Heilbron）惠允我这样做。[2]

出版一本已沉寂20年的著作，一个令人欣慰方面是，有机会公开感谢许多在我博士和博士后期间进行档案研究时帮助过我的人。当时在纽约美国物理联合会物理学史中心的斯宾塞·韦特（Spencer Weart）和琼·沃诺（Joan Warnow）对本项目表现出积极兴趣，向我开放了中心的档案。非常感谢他们以及尼尔斯·玻尔图书馆工作人员给我的帮助。时任亚利桑那州弗拉格斯塔

① 本书英文原著出版于2006年。此处指《爱因斯坦全集》第九、第十卷。

夫洛厄尔天文台台长阿特·霍格（Art Hoag）允许我查阅天文台的档案。在火星山（Mars Hill）的时候，他和工作人员热情款待我，我永远不会忘记。在那里，还有幸见到了比尔·霍伊特（Bill Hoyt），他慷慨与我分享了关于维斯托·梅尔文·斯里弗（Vesto Melvin Slipher）和洛厄尔天文台的知识。奇克·卡彭（Chick Capen）从观测中抽出时间，通过洛厄尔折射望远镜给我看了火星。加州理工学院密立根纪念图书馆当时的档案保管员、现任馆长朱迪斯·古德斯坦（Judith Goodstein）在我访问时非常友好和乐于助人，她的助手苏珊·特劳格（Susan Trauger）亦然。已故玛丽·沙恩（Mary Shane）是圣克鲁兹利克档案馆馆长，她让我觉得我可以永远待在这个可爱的地方。她慷慨地花了很多宝贵时间帮助我整理文件。我从她对档案的熟悉和对利克共同体的长期经验中获益匪浅。她已故的丈夫，唐纳德·沙恩（Donald Shane），曾经是利克天文台台长，在我拜访沙恩家的时候，也给我讲述了很多值得思考的事情。时任利克天文台台长唐纳德·奥斯特布罗克（Donald Osterbrock）对本项目表现出浓厚兴趣，给了我很大鼓励。他和妻子艾琳（Irene）使我在圣克鲁兹的长期逗留非常愉快。在圣克鲁兹，多萝西·绍姆伯格（Dorothy Schaumberg）也帮助了本研究。回到蒙特利尔后，我和他靠通信联系。在汉密尔顿山天文台期间，雷姆·斯通（Rem Stone）带我参观了利克的仪器。在利克档案馆工作时，有幸遇到了也在那里进行研究的已故海伦·赖特（Helen Wright）。她的兴趣和支持，乃是我的灵感来源。她还极大帮助了我，分享了一些从沃尔特·悉尼·亚当斯（Walter Sydney Adams）那里获得的文件，否则我是无法获取这些文件的。海伦和我成了好朋友，通过我的博士后工作和之后的工作，我们继续分享见解和信息。我还要感谢安大略金斯敦已故艾丽·维伯特·道格拉斯（Allie Vibert Douglas），我们在蒙特利尔和在她金斯敦的家，围绕爱丁顿（Eddington）和20世纪二三十年代的天文生活进行了精彩谈话。她慷慨提供了她在写爱丁顿传记时收集的手稿材料，大大丰富了我的研究。在她要求下，我随后代表她通过戴维·德沃斯特（David Dewhirst）将这些材料捐赠给英国剑桥大学。乔治·盖特伍德（George Gatewood），时任阿勒格尼天文台台长，在我访问匹兹堡期间热情欢迎我。匹兹堡的华莱士·比尔兹利（Wallace Beardsley）曾写信告诉我，他与凯文·伯恩斯（Keivin Burns）的私交。非常感谢以下档案管理员的帮助：匹兹堡大学希尔曼图书馆，普林斯顿大学瑟雷·马德图书馆，哈佛大学档案馆，华盛顿特区史密森学会档案馆、美国科学院档案馆和国家档案馆，皇家天文学会、皇家学会和伦敦大学学院，赫斯特蒙苏格林尼治皇家天文台档案馆，多伦多大学罗伯特图书馆，麦吉尔大学档案馆。赞恩·斯特恩斯（Zane Sterns）是安大略省里士满山大卫·邓拉普天文台的前图书管理员，我在那里做期刊研究时，他给了我宝贵的帮助。

在博士和博士后生涯中，我与以下人士的对话对我在这个问题各方面的思考非常有价值：斯坦利·戈德堡（Stanley Goldberg），约翰·海尔布伦（John Heilbron），卡尔·赫夫鲍尔（Karl Hufbaue），刘易斯·派森（Lewis Pyenson），马克·罗森伯格（Mark Rothenberg），戴维·德沃金（David DeVorkin），艾伦·桑达奇（Allan Sandage）和罗伯特·卡贡（Robert Kargon）。为加拿大广播公司工作期间，我在撰写有关科学广播纪录片的采访过程中，对相对论的理解逐渐成熟。巴恩什·霍夫曼（Banesh Hoffmann）、约翰·阿齐布尔德·惠勒（John Archibald Wheeler）、理查德·费曼（Richard Feynman）、莫里斯·克莱因（Morris Kline）和马丁·克莱因（Martin Klein）对我理解相对论最有帮助。为阿尔伯特·爱因斯坦诞辰100周年准备广播传记同时，我还能与许多业内专家畅谈相关事宜。这些讨论，使我对爱因斯坦的思想和历史背景有了大致了解。在此我不想列举个人，但我要感谢他们的影响，并对他们给我的时间以及他们对电台项目的贡献表示感谢。还要感谢制作这部剧的伯尼·卢希特（Bernie Lucht）和执行导演迪格比·皮尔斯（Digby Peers）。

非常感谢加拿大理事会、加拿大社会科学与人文研究理事会和魁北克教育部在博士和博士后期间给予我的资助。

有若干人士对我特别有帮助，他们帮助我寻找照片和档案材料，并授权出版。特别感谢多萝西·绍姆伯格和谢里尔·丹布里奇（Cheryl Danbridge），利克天文台玛丽·莉·沙恩（Mary Lea Shane）档案馆；希瑟·林赛（Heather

Lindsay)，美国物理联合会；约翰·斯特罗姆（John Strom）和蒂娜·麦克道尔（Tina McDowel），华盛顿卡内基研究院；库尔特·阿尔特（Kurt Arlt），波茨坦天体物理研究所；克里斯蒂娜·巴尔奇（Christine Bärtsch），苏黎世ETH图书馆；安托瓦内特·拜瑟（Antoinette Beiser），洛厄尔天文台；芭芭拉·沃尔夫（Barbara Wolff），爱因斯坦档案馆，耶路撒冷；玛丽安·卡西卡（Marianne Kasica），匹兹堡大学；马克·胡恩（Mark Hurn），剑桥大学天文台，英国；苏珊·于贝尔（Susanne Uebele），马克斯-普朗克学会历史档案馆，柏林；诺伯特·路德维希（Norbert Ludwig），普鲁士文化遗产基金会视觉档案馆，柏林；珍妮弗·唐斯（Jennifer Downes）和格洛丽亚·克利夫顿（ Gloria Clifton），格林尼治皇家天文台；彼得·欣利（Peter Hingley），皇家天文学会；亚当·帕金斯（Adam Perkins），大学图书馆，剑桥。

凯蒂·伊斯特林（Katie Easterling）和凯瑟琳·斯宾塞（Catherine Spence）在照片研究和准备提交的最终手稿方面提供了宝贵的帮助。感谢普林斯顿大学出版社英格丽·内尔里希（Ingrid Gnerlich）及其助手丹尼尔·兰波姆（Daniel Ranbom）指导了手稿的审批和提交过程，特里·奥普雷（Terri O' prey）指导了手稿的制作，艾丽斯·卡拉普莱斯（Alice Calaprice）[①]细心的编辑和有益的评论，安·特鲁斯代尔（Ann Truesdale）制作索引。

好几个朋友和同事，激励我写这本书。感谢罗伯特·弗里普（Robert Fripp）和马克·伯恩斯坦（Mark Bernstein），感谢他们的鼓励、温和的坚持和以身作则，罗伯特·弗里普宝贵的编辑建议，丽塔·芬德（Rita Fundner）对手稿早期版本的评论，鲁迪·林德纳（Rudy Lindner）、亨利·格林（Henry Green）和戴安娜·科莫斯·布赫瓦尔德（Diana Kormos Buchwald）的建议和支持，还有我的妻子宝拉（Paula），感谢她一如既往支持我。

---

① 艾丽斯·卡拉普莱斯，普林斯顿大学资深编辑。1941年生于德国，1980年参与“爱因斯坦文稿计划”，20余年经手出版《爱因斯坦全集》1至15卷。其选编的爱因斯坦语录初版（1996年）、增订本（2000年）、新版（2005年）、终极版（2011年），已被译成25种语言。《爱因斯坦百科》中文版，方在庆等译，已由湖南科学技术出版社推出。

导论

2005年是“爱因斯坦年”，也是爱因斯坦在1905年首次发表相对论，以及作出其他重大科学贡献100周年。相对论是20世纪一场极为引人注目的科学革命，本书对相对论的后续发展进行了详细历史考察。通过尚未发表的通信、手稿和在科学期刊、报纸上发表的文章，我们跟踪爱因斯坦和天文学家小共同体，他们第一次听到爱因斯坦理论时，就参与验证相对论的一些天文预言。我们看到，他们逐渐意识到爱因斯坦开创了一个关于宇宙本质的全新研究领域。

爱因斯坦在一生中被誉为“新哥白尼”（new Copernicus）。[①] 正如哥白尼这位16世纪天文学家把我们从宇宙中心带到宇宙边缘，爱因斯坦也彻底改变了我们的空间和时间概念。哥白尼关于宇宙以太阳为中心的思想，花了100多年才渗透到大众文化中。所以，爱因斯坦关于空间和时间的概念还不是我们日常思维的一部分，这并不奇怪。我们仍然生活在牛顿世界里。我们仍然觉得，空间是我们居留和移动的容器。我们感觉到时间的流逝，无情带着我们走向未来，走向死亡终点。许多专家——物理学家、天文学家、数学家——使用爱因斯坦方程探索自然界。他们会教孩子们根据爱因斯坦时空来思考吗？很可能不。他们的家就像我们的家一样，牢牢扎根于牛顿的绝对空间和时间。

① 《爱因斯坦传》第三部分的标题，即为“新哥白尼”。阿尔布雷希特·弗尔辛著，薛春志译，人民文学出版社，2011年，165页。

爱因斯坦相对论的基本概念是，运动的观察者可以认为自己是静止的。他首先用匀速运动探讨这个概念。作匀速直线运动的观察者，也会遵循同样的物理定律。他们中的任何一个人，都无法进行任何实验来确定他们是否在运动。爱因斯坦的创新，是将这一相对性原理推广到所有物理学，包括电、磁和光学。其结果令人吃惊。作相对运动的观察者，不会对事件同步性达成一致意见。他们在物体运动方向上的长度方面存在分歧。他们在时钟的速率上意见不一致。他们对质量的看法不一致。任何物体的运动速度都不能超过光速。能量和质量是等价的。物质是显化的能量。

爱因斯坦将相对性原理推广到加速运动，最终得出了与牛顿完全不同的引力理论。质能扭曲时空，行星在不受任何力影响的情况下，沿曲线轨道运动。它们沿着时空几何中的曲线“滑行”。这些惊人想法，彻底改变了物理学和天文学。然而，它们还没有被我们的思维或文化所吸收。

本书讲述爱因斯坦的思想如何在一个共同体中首次引起关注的故事，该共同体对其是否应该严肃对待爱因斯坦有着独特的利害关系。天文学家以研究太阳系、恒星、星云和宇宙的整体结构为生。爱因斯坦理论触及了他们的专业领域，并有望彻底改变这一领域。他们如何争论和判断爱因斯坦的价值，反映了新思想如何被文化和社会所吸纳。

爱因斯坦有理由关心天文学家对其理论的看法。1905年，他写了第一篇关于相对论的论文，5年后，天文学家开始讨论相对论对引力和牛顿力学的影响。1911年，爱因斯坦根据等效原理发表了新的计算结果，预言了某些可测量的天文效应。这些预言的验证，依赖于新发展的天文照相术和光谱学。爱因斯坦试图说服天文学家解决观测问题。不久之后，一些人开始调整研究项目寻找这些效应。

1915年，在第一次世界大战的黑暗日子里，爱因斯坦发表了广义相对论。它包含三个预言，本质上都是天文预言。其中一个预言，简洁明快解释了水星的测量轨道一个长期存在的反常现象，引发了激烈争论，争论围绕好几个竞争理论，但没有一个理论令人满意。另外两个预言是：由大型引力天体发射的光谱线向红端的位移；光路在引力场中的弯曲，即作为被食太阳附近的恒星向外位移的可观测量。战争结束后，英国天文学家证实了光线弯曲的预言。1919年，他们的公告使爱因斯坦及其理论闻名于世。几年之内，天文学家证明了第三种效应存在于太阳中；1925年，天文学家援引这一效应来证明密度极高的“白矮星”存在。

广义相对论的一个直接结果是膨胀宇宙的可能性。1929年，加利福尼亚天文学家提出了关于旋涡星云运动的惊人结果，意味着宇宙确实在膨胀。这项研究在20世纪30年代开辟了相对论宇宙学的新领域。

有关相对论在天文学上成果的工作，极大促进了科学共同体对相对论的接受。然而，绝大多数天文学家对爱因斯坦理论知之甚少。激烈争论接踵而至，国际声誉也岌岌可危。公众对相对论及其创始人爱因斯坦的兴趣空前高涨，给相对论带来了更大压力。科学领域之外的问题出现了。

这一时期，重要天文研究领域的重心正从欧洲转移到美国。虽然验证广义相对论的天文预言是一项国际性事业，但美国人在与相对论相关的若干研究领域都是公认的领导者。两座领先的加利福尼亚天文台的主要观测和技术发展，在决定相对论的观测案例中起了重要作用。观测宇宙学兴起，完全是建立在美国西部一些天文台观测项目的基础上。

美国人在观测领域处于领先地位，特别是在西部大山上有好几座天文台。欧洲人，则在理论上更强。在国际天文学界最有影响力的相对论理论著作，来自英国和荷兰。英国出版物是美国天文学家关于相对论的主要信息来源。共通的语言和在战争中成为盟友，促进了英美天文学家之间特别密切的联系。然而，每个国家都存在着明显不同的民族风格。英国的理论力量和美国的观测能力导致了一种相互依赖，导致了合作和竞争的有趣混合。

本书第一部分，交代了这个故事的背景。第1章将爱因斯坦置于全球物理学共同体内，描述了天文学界的性质，并介绍了天文学界的几个关键角色。

第2章讨论在英国和美国天文学期刊上发表的有关相对论的第一批文章。一般读者可以略读或忽略这一章，而不会遗漏主要故事。天文学家乃是“受过教育的公众”从物理学界看相对论的发展。他们如何把这个新理论融入自己学科，反映了后来社会如何接受相对论。

第二部分讲的是，在第一次世界大战早期，爱因斯坦还在建立广义理论，并在他发表广义理论之后，天文学家卷入相对论之中。这一时期，涵盖了好几位天文学家如何在战前将相对论验证应用到其研究，以及他们在战争期间的持续工作，直到英国天文学家在1919年11月证实了相对论性光线弯曲，并向世界宣布这一结果。

第三部分讲述战后10年中围绕相对论展开的激烈争论。美国两个领先的天文台，利克天文台和威尔逊山天文台，基于卓越的技术和作为天体物理学研究领导者无可挑剔的声誉，成为那场争论的仲裁者。

第四部分讲述天文学家如何在20世纪20年代后半期逐渐接受相对论，尽管有些不情愿。利克天文台和威尔逊山天文台的天文学家通过发表证实相对论的新结果和系统反击其特定攻击，击败了诸多批评者。相对论引力红移，也有助于证实爱丁顿（Eddington）最新恒星内部理论的戏剧性结果——超高密度白矮星的存在。

结语简要描述天文学家从爱因斯坦陪审团[①] 到爱因斯坦证人的转变。1929年，威尔逊山的天文学家埃德温·哈勃（Edwin Hubble）发现旋涡星系正在离我们远去，证实了广义相对论在研究宇宙大尺度结构方面的有用性。

20世纪上半叶天文学家如何接受广义相对论的历史，有助于我们理解今天的流行态度。许多反应，赞成的反应和反对的反应，预示了后来在爱因斯坦及其理论出名后在大众文化中表达的态度。也许，职业天文学家如何试图吸收爱因斯坦理论的故事，将解释为什么爱因斯坦关于空间和时间的革命性思想还没有成为我们日常文化的一部分。

① 本书的书名，即源于此说。

角量度的符号约定

在天文学文献中，角度单位的符号置于小数点上方。

例如，1.″in75（1.75角秒，1.75 seconds of arc）

0.′80（0.80角分，0.80 minutes of arc）

缩略语

组织机构

AAAS　美国科学促进会（American Association for the Advancement of Science）

AAS　美国天文学会（American Astronomical Society）

AIP　美国物理联合会（American Institute of Physics）

ASP　太平洋天文学会（Astronomical Society of the Pacific）

CIW　华盛顿卡内基研究院（Carnegie Institution of Washington）

IAU　国际天文学联合会（International Astronomical Union）

JPEC　联合常设日食委员会（Joint Permanent Eclipse Committee）

NAS　美国科学院（National Academy of Sciences）

RAS　英国皇家天文学会（Royal Astronomical Society）

RASC　加拿大皇家天文学会（Royal Astronomical Society of Canada）

天文学量度

A　埃（angstrom）

dec.　赤纬（declination）

H.A.　时角（hour angle）

km　千米（kilometer）

p.e.　概然误差（probable error）

R.A.　赤经（right ascension）

μ　微米（micron）

″　角秒（seconds of arc）

′　角分（minutes of arc）

档案

AAS　美国天文学会论文（Papers of the American Astronomical Society）。位于物理学史中心档案馆，美国物理联合会。

CA　加州理工学院档案馆（Archives of the California Institute of Technology），R.A.密立根纪念图书馆，帕萨迪纳，加利福尼亚州。

CP　希伯·道斯特·柯蒂斯文稿（Papers of Heber Doust Curtis），位于匹兹堡大学图书馆，宾夕法尼亚州匹兹堡。全宗号：64：22。

CPAE　《爱因斯坦全集》（*Collected Papers of Albert Einstein*，见参考文献）。

HA　哈佛大学图书馆（Harvard University Library），皮克林藏品。

HM　海尔缩微胶片（Hale Microfilm）。乔治·埃勒里·海尔的通信，位于物理学史中心档案馆，美国物理联合会。

LC　威廉·德西特藏品（Willem de Sitter Collection），莱顿天文台。

LO　利克天文台玛丽·莉·沙恩档案馆（Mary Lea Shane archives of the Lick Observatory）。位于大学档案馆，加州大学圣克鲁兹分校，加利福尼亚州。

LP　卡尔·奥托·兰普兰文稿（Papers of Carl Otto Lampland）。位于洛厄尔天文台档案馆，亚利桑那州弗拉格斯塔夫。

MA　麦吉尔大学档案馆（McGill University Archives）。路易·金的信件，索档号454—705。

MC　威廉·F. 梅格斯文稿（Papers of William F. Meggers）。位于物理学史中心档案馆，美国物理联合会。

MW　沃尔特·亚当斯信函（Walter Adams correspondence），以前为已故的海伦·赖特所有，目前保存在华盛顿卡内基研究院的档案馆。

NA　美国科学院，华盛顿特区。

RGO　皇家天文台，赫斯特蒙考克斯，英格兰（现在剑桥大学）。

SM　施瓦西缩微胶片（Schwarzschild Microfilm）。卡尔·施瓦西信函，位于物理学史中心档案馆，美国物理联合会。

SP　维斯托·梅尔文·斯里弗文稿（Papers of Vesto Melvin Slipher）。位于洛厄尔天文台档案馆，亚利桑那州弗拉格斯塔夫。

UM　密歇根历史藏品之希伯·道斯特·柯蒂斯藏品（Heber Doust Curtis Collection of the Michigan Historical Collections），本特利历史图书馆，密歇根大学。

US　美国国家档案馆（United States National Archives），华盛顿特区。

USNO　美国海军天文台（United States Naval Observatory）。

期刊

Abhandl. Preuss. Ak. W. Math.-Phys. Kl.　《普鲁士皇家科学院数学-物理学部论文》（*Abhandlungen der mathematisch-physikalischen Klasse der königlichen Preussischen Akademie der Wissenschaften*）

AJ　《天文学报》（*The Astronomical Journal*）

Amer. J. Sci.　《美国科学杂志》（*American Journal of Science*）

AN　《天文通报》（*Astronomische Nachrichten*）

Ann. der Phys.　《物理学杂志》（*Annalen der Physik*）

Ann. Report NAS　《美国科学院年报》（*Annual Report of the NAS*）

Ann. Soc. Sci. Bruxelles　《布鲁塞尔科学社会年鉴》（*Annales de la Société scien-*

tifique de Bruxelles）

Ap. J. 《天体物理学报》（*The Astrophysical Journal*）

BMNAS 《美国科学院传记报告》（*Biographical Memoirs of the NAS*）

BMRAS 《皇家天文学会传记报告》（*Biographical Memoirs of the RAS*）

BMRS 《皇家学会传记报告》（*Biographical Memoirs of the RS*）

DSB 《科学传记词典》（*Dictionary of Scientific Biography*）

HSPS 《物理科学历史研究》（*Historical Studies in the Physical Sciences*）

JBAA 《英国天文协会杂志》（*Journal of the British Astronomical Association*）

JHA 《天文学史杂志》（*Journal for History of Astronomy*）

JOSA 《美国光学学会学报》（*Journal of the Optical Society of America*）

J.de Phys. 《物理学报》（*Journal de Physique*）

JRASC 《加拿大皇家天文学会学报》（*Journal of the RASC*）

Kod. Bull. 《科代卡纳天文台公报》（*Kodaikanal Observatory Bulletin*）

Kokaikanal Report 《科代卡纳天文台年报》（*Annual Report of the Kodaikanal Observatory*）

LOB 《利克天文台公报》（*Lick Observatory Bulletin*）

Lowell Obs. Bull. 《洛厄尔天文台公报》（*Lowell Observatory Bulletin*）

MNRAS 《皇家天文学会月报》（*Monthly Notices of the RAS*）

NW 《自然科学》（*Naturwissenschaft*）

PAAS 《美国天文学会会刊》（*Publications of the AAS*）

PASP 《太平洋天文学会会刊》（*Publications of the ASP*）

Phil. Mag. 《伦敦、爱丁堡和都柏林哲学杂志和科学学报》（*The London, Edinburgh, and Dublin Philosophical Magazine and Journal of Science*）

Phil. Rev. 《哲学评论》（*The Philosophical Review*）

Phys. Perspect. 《物理学展望》（*Physics in Perspective*）

Phys. Rev. 《物理学评论》（*The Physical Review*）

Phys. Rev. Lett. 《物理评论快报》（*Physical Review Letters*）

Phys. Z. 《物理报》(*Physikalische Zeitung*)

Phys. Zs. 《物理杂志》(*Physikalische Zeitschrift*)

Pop. Astr. 《大众天文学》(*Popular Astronomy*)

Proc. BAAS 《英国天文学会会刊》(*Proceedings of the the BAAS*)

Proc. NAS 《美国科学院院刊》(*Proceedings of the NAS*)

Pub. Allegh. Obs. 《阿勒格尼天文台台刊》(*Publications of the Allegheny Observatory*)

Rev. Mod. Phys. 《现代物理评论》(*Reviews of Modern Physics*)

Sci. Monthly 《科学月刊》(*Scientific Monthly*)

Sitzgsb. Ak. W. München 《慕尼黑巴伐利亚皇家科学院数学–物理学部会议报告》(*Sitzungsberichte der mathematisch-physikalischen Klasse der Königlichen Bayerischen Akademie der Wissenschaften zu München*)

Trans. IAU 《国际天文学联合会学刊》(*Transactions of the IAU*)

Verh. D. Deutsch. Phys. Ges. 《理论物理》(*Verhandlungen der Deutschen physikalischen Gesellschaft*)

Zs. Astrophys. 《天体物理杂志》(*Zeitschrift für Astrophysik*)

目录

插图目录

表目录

第一部分

1905—1911 年
与相对论的早期相遇

第 1 章　爱因斯坦与物理学家和天文学家世界共同体

爱因斯坦登上世界舞台

爱因斯坦将相对论引入了一个急剧变化的世界。科学研究和技术发展，越来越被视为各国的宝贵资源。应用研究在工业中进行，世界上大多数基础物理研究都在学术机构中完成。职业晋升的正常途径，是找一份教授的工作。在德国，大学生成功得到一个学术职位，他就“到位”了：“教授有理由为自己感到骄傲，他远远超过了大多数研究生同学，年薪1万德国马克，让他跻身于上层资产阶级。例如，在普鲁士，1900年只有不到1%人口的收入超过9 500德国马克。”讲德语的欧洲是物理学之地，柏林是物理学世界的中心。全球领先的国家，是美国、德国、英国和法国。“四大国”拥有最多的物理学家，最高的物理研究总预算，在领先期刊上发表最多的物理论文。美国拥有最多的论文数量，但德国在质量和信誉方面领先世界。在德语物理期刊上发表文章，意味着你的作品将被世界上最好的物理学家广泛阅读。讲德语的大学遍布整个欧洲，从瑞士到东欧，远至俄罗斯，还有南美。理论物理学（爱因斯坦的专长）在物理学内，是一个相对新的子学科。理论物理学的重心，位于讲德语的欧洲。德国在理论物理领域的大学教授数量，居世界第一。在每个物理职位上，荷兰的理论教席的集中度最高。在英国，在美国尤甚，实验物理学更为普遍。在美国，理论物理学家寥寥无几。[1]

爱因斯坦提出相对论之时，尚属默默无闻。[2] 他在1905年（26岁）发表第一篇关于相对论的文章时，还是讲德语的瑞士一个初级专利审查员。爱因斯坦理论是革命性的。从16岁起，他就一直在思考光的本质，思考从光束的角度看世界会是什么样子。直觉告诉他，以光速行进是不可能的，因为没有人观察过他所期望的某人骑着光束会看到的东西。理论也没有预言到这一点。爱因斯坦知道，匀速运动（匀速直线运动）不应影响力学定律。我们坐在一辆行驶的汽车里，就会体验到这一原理——感觉就像是静止的一样。如果不看窗外，我们就分不清匀速运动和静止不动。在车里做的任何实验，都不能告诉我们，我们究竟是在运动还是处于静止。处于匀速运动不同状态的观察者可以假定他们是静止的，力学定律仍然成立。这就是相对性原理。爱因斯坦将这一原理推广到所有物理学，包括电动力学和光学。所有匀速运动的观察者，都可以假定自己是静止的。我们所做的任何光学或电动力学实验都不能告诉我们，我们是否在运动，包括测量光速。每个人都得到一样的答案。

这一简单陈述的后果是惊人的。爱因斯坦表明，所有观察者都同意空间和时间测量的某种组合，但不同意特定的长度和时间间隔。从你身边高速经过的人会告诉你，你的米尺比他们的短，而你测量他们的米尺也会比你的短同样多。米尺收缩的程度，取决于你的相对速度。他们的时钟比你的慢，但他们会告诉你，你的时钟比他们的慢。可各自测量光速，你们都会达成一致。你若测量高速行驶火车的前灯从地面发出的光的速度，将得到与某人站在火车上相同的值。你同意的原因在于，你的米尺和时钟测得不同的长度和时间。

爱因斯坦理论，得出了与荷兰物理学家亨德里克·安东·洛伦兹（Hendrik Antoon Lorentz）用不同概念推导出的同一组方程。物理学家曾假设存在一种光以太，以解释光波如何传播。他们认为，光在一种不可见的以太中由波动构成，而以太则渗透整个空间。洛伦兹建立了电子理论，来解释为什么不可能测量地球在以太中的运动。他的观点是，物体在通过阻滞介质时就会压缩。他提出了同爱因斯坦一样的长度收缩公式。运动长度随运动方向收缩，速度越快，收缩量越大。爱因斯坦理论，则抓住了这样一个事实：每个观察者看到的，是收缩了的另一个长度。他的理论，消除了从物理学上解释收缩的必要性。以太变得多余。它还预言了洛伦兹电子理论没有预言到的其他结果。只有爱因斯坦理论，得出了时间效应：运动时钟，运行变慢。他还表明，观察者对事件的同时性意见不一。对于一个观察者来说两个同时事件，对于另一个观察者则可能不是同时事件。爱因斯坦还表明，若两个时钟在同一地点同步，其中一个在闭合路径上高速运动，最终到达同一起点，则两个时钟将不再同步。行进中的钟相对于静止的钟，会在行程中慢下来。

爱因斯坦将那篇相对论文章，投给了在柏林出版的著名期刊《物理学杂志》（*Annalen der Physik*）。负责理论文章的联席主编马克斯·普朗克（Max Planck）慧眼识珠，发表了这篇论文。[3] 起先，爱因斯坦的论文只在德国引起了讨论。法国人对它视而不见，仿佛它从未面世。英国人花了一段时间才做出反应，当时他们误解了它，并把它重新解释为机械的光以太。美国人也忽视了它一段时间，但当时大多数物理学家强烈反对它，因为它不实用。[4] 哥廷根数学家赫尔曼·闵可夫斯基（Hermann Minkowski）提出爱因斯坦理论的四维时空表述，才引起了物理学家们的关注。在1908年一次演讲中，闵可夫斯基创造了“时空”这个词，发表了一个宏大声明：“从今以后，孤立的空间和孤立的时间注定要消失成为影子，只有两者的某种统一才能保持其独立性。”① 他的表述形式涉及四维时空，他把时间视为第四维。这种几何诠释，使得很容易计算爱因斯坦理论的结果。然而，它也鼓励物理学家和数学家将绝对四维世界予以概念化。这个概念与爱因斯坦的整个方法背道而驰，爱因斯坦方法是消除绝对空间概念，即世界上物体所占居的“容器”。爱因斯坦不喜欢闵可夫斯基的表述形式，认为优雅数学混淆了物理学。后来，他设法将其理论推广到加速运动时，又改变了主意。[5]

爱因斯坦1905年发表的那篇相对论论文，是他那一年发表的四篇系列杰出

---

① 《相对论原理》，A.爱因斯坦等著，赵志田等译，科学出版社，1980年，61页。《时空投影》，托尼·罗宾著，潘可慧、潘涛译，新星出版社，2020年，83页。

论文中的第三篇。第一篇是关于光量子的“革命性”论文，第二篇是关于布朗运动的论文。他的第四个贡献是对其相对论论文的补充，在这篇论文中，他推导出了物质和能量的等价性，用现在著名的公式 $E = mc^2$ 表示①。[6] 几年里，爱因斯坦同德国顶尖物理学家通信。当发现他只是一个卑微的专利审查员，而不是一位知名教授，他们深感震惊。1907年9月，爱因斯坦收到一封来自莱比锡著名的出版商特伯纳（Teubner）公司的信，信中写道：“如果你有任何出版计划，我的出版社将随时恭候。”好几家出版商约他写一本关于相对论的通俗著作。爱因斯坦回答说：“我无法想象这个话题如何能够被广大公众接受。对此学科的理解需要一定程度的抽象思维训练，而大多数人都没有获得这种训练，因为他们无此必要。”[7] ② 这种不愿普及其理论的做法，让他（和其他人）困扰了几十年。再加上空间和时间的陌生概念，相对论对于外行人缺乏可理解性，这就助长了以下神话：爱因斯坦理论，不可理解。

1907年，爱因斯坦同意为约翰内斯·斯塔克（Johannes Stark）的《放射性与电子学年鉴》写一篇关于相对论的综述文章。爱因斯坦这篇题为《关于相对性原理和由此得出的结论》的论文③ 超越了他1905年那篇论文，并首次尝试将引力纳入相对论框架。“目前我正在研究对引力定律做相对论分析，我希望通过这种分析能解释尚未得到解释的水星近日点的长期变化……但现在看来还不成功。”[8] ④

1909年，爱因斯坦终于离开了专利局，成为苏黎世大学非同寻常的理论物理学教授。他得到这个职位并不容易。首先，未设有理论物理学家的职位。其次，那位物理学教授，他以前的老师阿尔弗雷德·克莱纳（Alfred Kleiner），心中还有另一位候选人——瑞士出生的弗里德里希·阿德勒（Friedrich Adler）。

---

① 《爱因斯坦奇迹年——改变物理学面貌的五篇论文》，约翰·施塔赫尔主编，范岱年、许良英译，上海科技教育出版社，2001年。

② 《爱因斯坦传》，阿尔布雷希特·弗尔辛著，薛春志译，人民文学出版社，2011年，162页。

③ 《爱因斯坦全集》第二卷，369—418页。

④ 《爱因斯坦全集》第五卷，78页。

这两个障碍，在阿德勒（爱因斯坦几年前上学时的密友）推荐了爱因斯坦，且克莱纳当选大学校长并迅速设立了这个新职位后，都被扫除了。于是，爱因斯坦必须向克莱纳证明他可以教书。他起初失败了，但后来又重新试教。苏黎世大学的教师们对此进行投票，票选了爱因斯坦。幸运的是，教师们认识到他是一颗冉冉升起的新星，并推荐了他，尽管他是犹太人出身。克莱纳指出，“关于爱因斯坦博士的人格，最好只有了解他的人会做出最中肯的评价。”就个人而言，他“毫不犹豫地准备让他成为我身边的同事”。院长补充了教员的建议：

> 我们的同事克莱纳是在多年私人交往的基础上说这番话的，整个看来，这对于全体教职工和委员会来说更有价值，因为爱因斯坦博士先生是犹太人，更确切地说是学者中的犹太人，他们有各种各样令人讨厌的古怪性格，如鲁莽纠缠、冒失无礼，学术上的“店小二”思想，等等，在很多情况下都有一些理由。另一方面，也可以说，在犹太人中，也有一些人甚至没有这些令人不快的品性，因此，仅仅因为一个人碰巧是犹太人就取消他的资格并不适当。毕竟，即使在非犹太科学家中也偶尔会有一些人，就其学术职业的商业理解而言，他们表现出的态度，通常被视为特定的“犹太人作风”。因此，委员会和全体教职工皆认为把“反犹主义”作为原则与其尊严并不合适，我们的同事克莱纳先生所提供的爱因斯坦博士先生的材料，使我们完全消除了疑虑。[9] ①

教育局还是想要阿德勒。幸运的是，阿德勒毅然退出竞争，而爱因斯坦得到了这份工作。

在讲德语的欧洲，爱因斯坦声名鹊起。1910年，来自捷克斯洛伐克的消息，他被提名为布拉格德语大学的正教授，促使苏黎世大学给他涨薪。然而，布拉格最终提供了一份有吸引力的工作，1911年4月，爱因斯坦举家搬迁。正是在布拉格逗留期间，爱因斯坦重新开始了对相对论和引力的叙述。这项工作，将

① 《爱因斯坦传》，阿尔布雷希特·弗尔辛著，薛春志译，人民文学出版社，2011年，176—177页。

使这位年轻天才接触天文学界。

天文学共同体

拥有天文学家最多的，同样是物理学“四大国”。美国和德国拥有最大的共同体，其次是法国和英国，接着是俄罗斯，意大利紧随其后。世界天文学共同体的一个显著特点，它有一个比物理学更大的机构基础。观测天文学家的基地是天文台。在每个国家，都有许多不附属于大学和学院的从事天文的人们。国家支持的机构被授权提供对民用需求有用的授时服务和天文数据，它们也是重要的基础研究中心。那些机构，经常驻有顶尖的天文学家。理论家也常常不在学术界。海军航海历书部门和大地测量研究所，雇用了计算员和高级天体力学专家。除了这些国家支持的机构，由对天文学感兴趣的个人资助的私人天文台也很常见。致力于资助科学研究的慈善基金会，也发起并资助了天文台。美国这一时期最著名的机构，就是卡内基研究院和洛克菲勒基金会。除了在这些研究型天文台和机构工作的天文学家外，还有在学院和大学工作的天文学家。对他们来说，工作体系与其物理学同事相似，天文台类似于物理研究所或实验室。[10]

天文台的最高职位，都是台长。在那些学术部门附属的天文台，台长通常主持天文学席位。天文学水平较差的中心，通常会让一位数学或物理教授运行天文台。台长决定研究项目，允许职员按自己的兴趣方面有或多或少的自由。在决定台长可以或不可以做什么的时候，仪器设施起了关键作用。人们需要一个好的折射望远镜完成双星工作。[11] 大型折射望远镜，对于星云摄谱术实属必要。气候也起了一定作用。光谱学，就比测光法需要更少的大气透明度。位于气候较差或大城市附近的天文台，则集中研究恒星视向速度和其他光谱工作。[12] 在这些限制条件下，台长可以做他想做的事，但通常不得不在中途做出妥协。例如，在相对论故事中扮演了重要角色的希伯・D. 柯蒂斯（Heber D. Curtis），在加利福尼亚汉密尔顿山上的利克天文台工作多年之后，接任了匹兹堡的阿勒格尼天文台（Allegheny Observatory）台长一职。那座山顶天文台提供了一片晴朗天空，非常适合星云摄谱术。就任新职位不到一个月，他给利克天文台的前任主管威廉·华莱士·坎贝尔（William Wallace Campbell）写了一封信："几年来，这个地方一直只是一台视差机，没有多少单独工作的机会。我的计划是逐步削减项目，且不破坏未完成工作的价值，削减到它目前范围6/10左右，这样每个人都可以有一些属于自己的时间。但我认为，这将长期是我们在这里可做的事情之一。"[13] 1年后，柯蒂斯的调子变了：

> 我在这里的第一年，主要是花时间搞清楚我在这里不能［原文如此］做的事情，而这些事情有很多……加州仪器和气候的结合很难搞定。不过，我们在这里可以利用视差和测光的巨大优势来做。但恐怕光电测光不行。我自然"在脑海中"有各种各样的计划改变这里的工作性质，但我逐渐认识到，我们所做的不仅是我们能做的最好的事情，也是我们今天最需要的领域。[14]

视差项目，是一个非常有分量的项目："就像那个'捕获'熊的人的古老故事，我们不能放弃它，甚至也不能放弃一部分，否则就会丧失过去所做很多事情的价值。"柯蒂斯估计还需"一年左右"，才能将工作量减少到其目标的60%。

天文台台长在给予员工多大自主权上有所不同。根据机构规模，最高职位以下可能有好几种不同的资历级别。在美国，资历最深的称为"天文家"或"助理天文家"，需要何等复杂的工资标准，则视情况而定。这些高级职员在德国称为"首席观测员"，在英国称为"首席助理"，在法国称为"天文家"或"副天文家"。在大型天文台，高级工作人员负责一个仪器和/或一个主要研究项目。在台长制定的指导方针范围内，他们可以自由选择进行什么研究。在较小机构中，这类职位很少有人担任，因为台长在请得起研究同事之前，通常需要助手。中层由"助理天文家"（美国）、"观测员"（德国）、"第二助理"（英国）和"助手天文家"（法国）充当。在大多数天文台，特别是蓬勃发展的研究中心，资历和工资等级是高级和中级职称之间唯一的实际差异。在天文台等级制度最底层，是“助理”（在德国是“辅助工”，在较大的英国机构有时是“第三助理”）、“计算员”、辅助人员、机械师和秘书。助理可能会执行一系列任务，如常规夜间观测，准备在研究计划中包括的恒星或其他天体的清单，冲洗照相底片和测量底片。计算员可以根据彗星、小行星或行星的一系列照片确定轨道，测量光谱线的位置并制成表格，或者计算恒星视差。在大型天文台，可能雇用一大批计算员，由首席计算员负责。在小型天文台，台长和一到两名助理可能构成整个工作人员。在现实中，助理们可能在更大地方完成天文学家的工作，这取决于台长的安排。

即使是在主要从事研究的大型天文台，助理们在工作上也可能有很大的自由度。希伯·柯蒂斯，将近20年后他提及刚开始在利克天文台做助理的岁月，就认为："在这个研究温床里，助理和天文家之间唯一的区别就是后者年龄更大，薪水更高。"[15] 并非所有助理都这么幸运。我们会看到，埃尔温·弗罗因德利希（Erwin Freundlich），一个在柏林皇家天文台的年轻助理，就在与台长赫尔曼·施特鲁韦（Hermann Struve）的交涉中遇到了麻烦。弗罗因德利希想对爱因斯坦理论进行观测验证，而施特鲁韦则想让他专注于常规观测和计算任务。[16]

天体物理学革命

19世纪下半叶，开创了两项新技术——照相术和光谱学。自人类开始观测天空以来，天文学家第一次可以研究恒星的运动和物理学。分光镜使天文学家能够在视线范围内研究恒星的化学成分及其速度。照相术提供了永久的图像记录，天文学家可以据此进行测量和详细分析。这些戏剧性变化，标志着从方位天文学古老传统转向天体物理学研究的开端。一个新的研究领域——天体物理学——由此诞生。[17]

这个羽翼未丰的学科在19与20世纪之交开始蓬勃发展，美国天文学界起了领导作用。美国天文学期刊开始出现，阻止了美国论文越过大西洋在欧洲期刊上发表的潮流。美国人以极大的热情设计和建造了新的研究天文台，并将先

图1.1　1923年左右，加州圣荷西附近，位于汉密尔顿山顶的利克天文台。巨大的圆顶室容纳了36英寸（91.4厘米）口径折射望远镜。（加州大学圣克鲁兹分校大学图书馆利克天文台玛丽·莉·沙恩档案馆提供）

进技术应用于天体物理问题。致力于天体物理研究的四大天文台，在这段时间开始运作：位于加利福尼亚北部的利克天文台（Lick Observatory）（图1.1）；亚利桑那州弗拉格斯塔夫（Flagstaff）附近的洛厄尔天文台（Lowell Observatory）；芝加哥附近威廉斯贝（Williams Bay）的叶凯士天文台（Yerkes Observatory）；南加州的威尔逊山天文台（Mount Wilson Observatory）（图1.2）。所有这些天文台，都是私人捐建的。

先进设备和优良观测条件结合，把诸多太平洋天文台推到了天体物理研究前沿。珀西瓦尔·洛厄尔（Percival Lowell）在弗拉格斯塔夫建立了天文台，因为那里在沙漠气候下有极好的“视宁度”（图1.3 a，图1.3 b）。天文学家维斯托·梅尔文·斯里弗（Vesto Melvin Slipher）利用有利观测条件、先进技术和聪

图1.2 1931年，加利福尼亚州帕萨迪纳市外圣加布里埃尔山脉的威尔逊山天文台。从左到右：水平斯诺望远镜，60英尺（18米）太阳塔，150英尺（46米）太阳塔，60英寸（152厘米）口径望远镜圆顶，50英尺（15米）干涉仪建筑，胡克100英寸（254厘米）口径望远镜圆顶。第一台投入使用的望远镜是1905年完成的斯诺望远镜（Snow telescope），由乔治·海尔（George Hale）使用。60英尺（18米）太阳塔建于1908年；60英寸（152厘米）望远镜于1909年完工；150英尺（46米）太阳塔于1912年完工；胡克100英寸（254厘米）望远镜于1917年得到成功验证。（华盛顿卡内基研究院提供）

明才智，利用洛厄尔24英寸（61厘米）口径折射望远镜，开创了暗星云光谱学的先河（图1.4）。洛厄尔主要对行星工作感兴趣，尤其是对火星的观测，尽管他允许斯里弗把一半时间花在自己兴趣上。1909年，洛厄尔分配给斯里弗的任务是拍摄旋涡星云的光谱，希望能更多了解太阳系起源。当时，他和许多其他天文学家认为，星云存在于我们自己的银河系，是恒星诞生地。到1912年，斯里弗拍摄到了仙女星系云（一个非常微弱的天体，在他之前无人成功拍摄过）的光谱。光谱显示，那些谱线向紫端有显著位移，说明有300千米/秒的趋近速度。斯里弗花了3年完善他的方法。一个晚上，曝光9个小时。[18] 他试图显示红移的下一个旋涡星系，表明了1 000千米/秒远离地球的巨大的退行速度。斯里

图1.3a　亚利桑那州弗拉格斯塔夫附近的洛厄尔天文台。穹顶内装有24英寸（61厘米）克拉克折射望远镜。（洛厄尔天文台提供）

弗将工作转移到其他旋涡星系，发现了更为巨大的红移。他多年领导着这个领域，直到100英寸（254厘米）口径反射望远镜在威尔逊山天文台投入使用。斯里弗的工作彻底改变了星云光谱学，开辟了直接发现膨胀宇宙的研究途径。洛厄尔去世之后，他接任了天文台的台长职务。

威廉·华莱士·坎贝尔1891年被任命为利克天文台的工作人员，在那里他使用了利克36英寸（91厘米）折射望远镜（图1.5 a，图1.5 b）。此种利克仪器，当时是世界上同类仪器中最大的，后来仅次于叶凯士天文台的40英寸（102厘米）折射望远镜。[19] 坎贝尔用36英寸（91厘米）折射望远镜设计了一种新的强大的摄谱仪。凭借这一发现，他确立了恒星光谱学精度的新标准。[20] 利克天文台台长詹姆斯·基勒（James Keeler）在世纪之交突然意外去世，利克的受托人就继任人问题咨询了12位顶尖天文学家。他们都选择坎贝尔。[21] 作为利克天文台台长，坎贝尔开始了系统项目来确定比特定值更亮恒星的视向速度。他的目

图1.3b 珀西瓦尔·洛厄尔正在用24英寸（61厘米）克拉克望远镜观测。（洛厄尔天文台提供）

标是，从统计学上确定恒星系的结构和太阳通过恒星系的运动。在（捐助坎贝尔摄谱仪的天文台的朋友）达利斯·奥格登·米尔斯（Darius Ogden Mills）资助下，利克天文台这位新台长建造了第二台摄谱仪。他在智利的观测站安装了它，这样天空南部就可以包括在他那大规模观测项目之中。[22]

1911年，天文学家第一次得知爱因斯坦的引力使光线弯曲预言，坎贝尔发

图1.4 维斯托·梅尔文·斯里弗用安装在24英寸（61厘米）望远镜上的布拉希尔摄谱仪（Brashear spectrograph）进行观测。（洛厄尔天文台提供）

表了利克视向速度项目的初步结果。他的论文引起了轰动。坎贝尔指出，某些类型恒星的光谱有系统位移。如用速度解释，这些位移意味着恒星正以4千米/秒的速度远离太阳。这一所谓K项的成因，成为一个重要研究课题。10多年后，坎贝尔K项用爱因斯坦广义相对论予以解释和误读。[23] 坎贝尔关于视向速度的精确和系统的项目，激励了许多其他天文台台长把类似项目放在其研究议程上。坎贝尔在该领域的技术和组织经验使他成了一名顾问，他和天文台的声誉迅速传播开来。

坎贝尔也是科学的拥护者和强大的美国科学界一员。他是一位经验丰富的资金筹集者和组织者，不断想方设法资助科学。看看他1915年作为美国科学促进会会长写给西部科学家的那封通函：

图1.5a　威廉·华莱士·坎贝尔在1893年用利克36英寸（91.4厘米）折射望远镜的目端。（加州大学圣克鲁兹分校大学图书馆利克天文台玛丽·莉·沙恩档案馆提供）

美国科学促进会太平洋分部，希望得到一份太平洋地区对知识进步和传播怀有友好兴趣的男士和女士的卡片目录……我们目前特别需要一份教育机构、美术馆、博物馆、图书馆等的受托人或支持者的名单；医生、律师、商人和其

图1.5b　30年后，坎贝尔在同一台望远镜上，在他宣布1922年澳大利亚日食观测结果的几个月前。（加州大学圣克鲁兹分校大学图书馆利克天文台玛丽·莉·沙恩档案馆提供）

他对其社区知识进步有兴趣的杰出公民名单；那些对某一科学分支有特殊兴趣的人名单。您是否愿意为您所在地区建立这样一份名单？我们需要知道他们的全名和邮政地址，头衔，职业或专业，最好有一行文字描述他们的主要兴趣或服务。[24]

这种组织能力和对更广泛科学支持的关注，使得加利福尼亚大学在1922年邀请坎贝尔担任校长。8年后，他退休了，美国科学院也提出请他做院长。[25] 20世纪头20年甚至更久的时间，坎贝尔在利克天文台独具匠心地指导研究。

坎贝尔的对手，威尔逊山天文台的乔治·埃勒里·海尔（George Ellery Hale），则是卓越的科学企业家（图1.6）。海尔（无出其右）对美国天体物理学研究的进步和建制化作出了贡献。他是叶凯士天文台和威尔逊山天文台① 背后的推手。1890年从麻省理工学院毕业后，他在家乡建造了12英寸（30厘米）望远镜，并建立了肯伍德天文台（Kenwood Observatory），运营了6年。1894年8月，他成为了芝加哥大学天体物理学副教授，创办了《天体物理学报》。他还是美国天文和天体物理学会创始成员之一。[26] 海尔是美国第一批致力于天体物理研究（与早期的方位天文学不同）的天文学家。孩提时候，他就有机会帮助乔治·华盛顿·霍夫（George Washington Hough），伊利诺伊州埃文斯顿市迪尔伯恩天文台（Dearborn Observatory）台长。虽然当时很喜欢做这份工作，但他认为这样的工作永远不会让他满意。“原因在于我生来就是个实验主义者，我一定要设法将物理学、化学与天文学结合起来。”[27]

成立叶凯士天文台，并使之成为世界领先的天体物理天文台后，海尔被西部外的万里晴空所吸引。他在南加州的威尔逊山建立了威尔逊山太阳天文台（Mount Wilson Solar Observatory），并成为第一任台长。威尔逊山的研究一开始，全世界的天文学家就对技术上的进步感到惊讶。1908年，沃尔特·悉尼·亚当斯（Walter Sydney Adams）发表了一项关于太阳自转的光谱研究的显著结果。好望角的天文学家雅各布·哈尔姆（Jacob Halm）就亚当斯的论文向海尔表示祝贺；但是，他承认，“我读到这篇文章的时候，无法抑制一种悲伤情绪，因为我花了整整一年进行辛苦的视觉观察，他却只用一张照相底片就能完成。”[28] 海尔的愿景是，建立世界领先的研究中心，包括天文台、物理实验室和附近的顶尖理论家。他在创建加州理工学院方面发挥了重要作用，为加州理工学院提供

① 威尔逊山天文台，于1970年改名为海尔天文台。见：《访美见闻》，李元著，科学普及出版社，2017年。

图1.6　天文学家乔治·埃勒里·海尔正在操作摄谱日冕仪，用它来研究太阳黑子的磁场。（华盛顿卡内基研究院提供）

了一流教育和研究机构，以补充天文台的工作。[29]

美国人在发展自己在天体物理研究方面的强大能力之时，领先的欧洲国家与之相比绝非无足轻重。早期天体物理学中一些最有影响的先驱，皆是英国人。20世纪头10年，从事天体物理工作的天文台绝大部分在英国。英国天文学家对太阳物理学特别感兴趣。英国的太阳研究，比欧洲其他主要国家和美国的要多。德国也对天体物理学和一般研究有着强烈承诺。第一次世界大战前夕，哈佛学院天文台（Harvard College Observatory）台长爱德华·查尔斯·皮克林（Edward Charles Pickering）可以自豪地说，“美国在新成立的天文系（即天体物理系）中取得了令人羡慕的地位。”然而，他怀疑美国的领先地位能否保持下去。他指出，“在欧洲，特别是在德国，最高等级的天文台和仪器正在建造中，政府极为慷慨地支持装备设施。”[30]

第一次世界大战爆发和随后几年国际动乱，彻底改变了这种局面。战后，德国陷入了金融危机，严重影响了科研资源。1921年夏天，华盛顿标准局的威廉·F.梅格斯（William F. Meggers）在欧洲旅行了4个月。他访问了英国、荷兰、法国、德国、奥地利、瑞士和意大利的科学家。他观察到，德国和奥地利科学家的处境很糟糕。德国人竟然负担不起订阅外国科学期刊的费用。在许多情况下，由于对战争的怨恨，他们甚至不愿尝试。通货膨胀严重损害了奥地利，维也纳大学每年对其物理研究所的拨款减少到1914年水平的1/60，即“少于15先令的英国货币！”[31] 在1923年秋天，忧心忡忡的梅格斯写信给波恩的海因里希·凯泽（Heinrich Kayser），怀疑地问他在美国报纸上读到的关于德国马克是真的，还是一个玩笑。梅格斯说：“你的国家将会生存下去，所以我在（德国）马克上下注，当时（德国）马克是3分兑换1分，现在是100万分兑换2分。”[32]

由于经济形势如此糟糕，德国无法在国际舞台上竞争。与协约国在科学上的隔绝，加剧了这种情况。法国天文学家坚决反对与德国同行有任何联系。尽管英国人在这个问题上没有那么一意孤行，但欧洲天文学家的普遍感觉是把德国排除在国际天文学联合会（协约国在战后建立）之外。[33] 美国的立场，同样是反德的。与一些跨大西洋国家的盟友不同，美国人不希望将禁令扩大到中立国家，并敦促他们尽早加入联合会。1919年7月在布鲁塞尔举行的国际理事会（International Council）会议上，中立国被邀请加入。[34] 德国则是另一个故事。在坎贝尔敦促下，[35] 太平洋天文学会董事会将柏林天文台（Berlin Observatory）从该学会布鲁斯奖章的6个提名天文台名单中移除。他们用位于科尔多巴的阿根廷共和国国家天文台取而代之。[36] 1922年春天，美国天文学会秘书乔尔·斯特宾斯（Joel Stebbins）就与德国人恢复关系的问题向会员们进行游说。在29名受访者中，有9人反对，20人赞成延期，“但或多或少有些保留，我们不应该做任何冒犯法国人、比利时人的事。”[37] 英国作为战胜国，没有同盟国遭受那么多的苦难；而且，由于与欧洲大陆的物理隔离，亦不如其法国盟友。美国总体上领先于欧洲。在天文学上，他们战前的强大地位在战后变成了世界领导地位。

欧洲人的头脑与美国人的金钱

1905年，亦即爱因斯坦发表第一篇相对论文章那一年，海尔成功启动了国际太阳研究联合会（International Union for Solar Research）。其第四次会议，于1910年8月和9月在威尔逊山天文台举行。大约有100名天文学家参加了这次活动，其中许多人来自欧洲。会议产生的主要决定之一是扩大联合会，将恒星天体物理学纳入其中。[38] 庆祝活动之一，是参观天文台，作为装置的一部分，海尔在那里建立了一个精致的光谱研究实验室。嘉宾包括：波茨坦天体物理台（Astrophysical Observatory）的动态台长卡尔·施瓦西（Karl Schwarzschild）；波恩的海因里希·凯泽；年轻的德国光谱学家海因里希·科嫩（Heinrich Konen）。科嫩对美国的天文台和实验室进行了长时间的访问，这是传统Studienreise（研修旅行年）一部分。他提交了一份关于这次旅行的报告，其中包括以下对美国天体物理学和物理学的评价：“人们不应该被报纸上那些善意的文章欺骗，这些文章重复着美国人有钱、有机构，但没有研究人员或思想的旧观点。也许这在其他领域仍然是正确的，但在天体物理学和物理学中，它已过时很长一段时间，并意味着一个致命错误。美国人既有人力又有思想，既有金钱又有仪器；而且，他们会不厌其烦使用它们。”[39] 欧洲人认为美国是科学领域的暴发户，这种看法在英国和德国依然存在。1911年2月，皇家天文学会会长在提到（英国出生的理论天文学家，跨大西洋到耶鲁任教）欧内斯特·W.布朗（Ernest W. Brown）计算的月球表时，使用了“英国人的头脑和美国人的金钱”

这一短语。讽刺的是，为了支持天体测量学和天体物理学这一较新的领域，天文动力学这一较古老的天文学学科正受到忽视。[40]

在研修旅行年中，科嫩意识到了美国天体物理学界的力量。像海尔这样的人，把它组织成了一个极端跨学科的小组。光谱学家和其他物理学家与天文学家相互交流。每个人都试图解决（直接或间接）涉及天体物理问题的难题。科嫩在这种环境下遇到的物理学家大多是实用者，他们与其他学科从业者的接触产生了令人兴奋的新研究思路。他们中的大多数，皆非理论物理学家。事实上，欧洲人对美国人理论能力的评估，并没有偏离太远。海尔、坎贝尔和其他试图在美国建立研究共同体的人，敏锐意识到他们在理论上的不足。

德国出现的相对论和量子力学等理论发展，越来越促使这些头脑加强他们在现代理论物理学方面的力量。他们依靠欧洲机构为年轻天文学家提供更多的物理培训。保罗·梅里尔（Paul Merrill）1913年在加州大学伯克利分校获得了天文学博士学位。在利克天文台完成论文后，他在密歇根大学找到了一份天文学讲师的工作。离开之前，坎贝尔告诉他“了解现代物理学的发展”会“对天文学家有价值”。2年后，梅里尔问坎贝尔战后是否应该出国到欧洲学习。坎贝尔回复：

> 对于一个天文学家来说，掌握现代物理学发展知识的重要性，我现在的看法比你在这里的时候更强烈。下一个学年可能是去剑桥、曼彻斯特、巴黎或者德国，只要战争能在几个月内结束，但这是不可能的；战争仍在进行之时，待在欧洲的计划可谓愚蠢。芝加哥大学密立根教授在现代物理学某些阶段是个英才，但你可以通过欧洲经验获得许多其他优势——我建议等待那里的条件改善。[41]

罗伯特·安德鲁斯·密立根（Robert Andrews Millikan），曾是1907年诺贝尔物理学奖得主阿尔伯特·亚伯拉罕·迈克耳孙（Albert Abraham Michelson）的学生。迈克耳孙在光学干涉测量方面的开创性工作，为他赢得了最高水准实验物理学家的国际声誉。按照同样传统训练的密立根，在测量基本电荷、实验验证爱因斯坦光电效应量子公式和测量普朗克常量方面，同样闻名遐迩。[42] 密立根是很棒的实验家，但不是理论家。他的朋友，物理学家弗兰克·B.朱厄特（Frank B. Jewett），美国电气工程师学会会长，1923年（也就是密立根获得诺贝尔物理学奖那一年）将学会的爱迪生奖章颁发给了密立根。朱厄特给他寄了一份将在演讲会上发表的演讲稿。在密立根要求下，他删除了下面这句话："我不认为密立根是我们在牛顿（Newton）、开尔文（Kelvin）、亥姆霍兹（Helmholtz）或J.J.汤姆孙（J.J. Thomson）意义上所认为的伟大物理学家，也就是说，作为一个已经或将会产生革命性思想的人。"朱厄特显然对密立根评价很高，但他知道密立根是实验主义者的特殊品牌。他提到的那些伟大理论家，都来自英国和德国。[43]

在英国，在剑桥大学受过训练的数学家，几乎垄断了物理学和天文学的职位。"牧马人"（wrangler）授予剑桥大学数学一级学位的毕业生。"高级牧马人"（senior wranglers）则在著名的荣誉学位考试中获得第一名。1914年，观测天文学家阿瑟·欣克斯（Arthur Hinks）抱怨道："剑桥和英格兰的整个政策趋势……就是以天文岗位为数学家的生计。"欣克斯感到痛苦，因为他被一个更年轻的人阿瑟·斯坦利·爱丁顿（Arthur Stanley Eddington）（图1.7）取代，接替罗伯特·鲍尔（Robert Ball）爵士成为剑桥天文台（Observatory at Cambridge）台长。欣克斯从1903年开始担任首席助理。爱丁顿是一位才华横溢、颇有前途的理论家。1904年，他成为剑桥大学历史上最年轻的大四"牧马人"，并成为世界上领先的理论天体物理学家之一。欣克斯是一位老派的方位天文学家，不喜欢向天体物理学方向的转变。他觉得自己理应得到剑桥大学的董事职位，故宁可辞职，也不愿留在爱丁顿手下做首席助理。"他们一定是疯了，怎么会想到一个有雄心壮志做我能做的事的人，会满足于低人一等的地位和一辈子没有乐趣的生活。"[44] 除了在英国天文学岗位上有数学大师之外，还有人发现理论天文学家在应用数学领域担任职务。例如，后来成为英国首屈一指天文理论家的詹姆斯·金斯（James Jeans），就在20世纪早期开始了职业生涯，在剑桥大

图1.7　阿瑟·斯坦利·爱丁顿，剑桥大学天文学普拉姆教授（Plumian Professor）。（AIP尼尔斯·玻尔图书馆提供）

学三一学院担任数学讲师。由于没能在学院获得一个教席，1905年他搬到了美国，在普林斯顿大学担任应用数学教授。只有当基督学院斯托克斯数学教席的现任主持者退休后，金斯才可以回到剑桥。[45] 20世纪20年代，金斯在威尔逊山天文台的理论研究方面发挥了重要作用。

海尔敏锐意识到欧洲在理论上的力量。他孜孜不倦与欧洲的理论家保持联系，那些理论家又看重威尔逊山天文台的观测优势。1917年秋天，詹姆斯·金斯当时正在准备他关于天体演化学的书，这本书后来成为该领域经典著作之一。他写信给海尔，要求允许他在书中加入一些威尔逊山的材料。“在挑选照片时，”他对朋友说，“我发现所有16张照片都是我想要的，对此我并不惊讶。要获得复制许可，必须无一例外地从威尔逊山获得。”金斯承认以下感觉，“要求完全从威尔逊山摄影公司（Mount Wilson photogs.）获得为我的书配图的许可，让我感到有点尴尬。不过你不妨大胆这么做，因为你的工作最出色。”1年后，海尔到英格兰贝克斯希尔的庄园拜访了金斯。他热情洋溢给妻子写信说：“我对贝克斯希尔的金斯一家进行了一次愉快访问。你可能还记得，他几年前是普林斯顿大学的教员。他是一位非常有能力的数理物理学家和天文学家，舒斯特（Schuster）说瑞利（Rayleigh）将他与庞加莱（Poincaré）相提并论。他最近提出了恒星演化理论，我们正与他合作研究旋涡星云的性质。”4年后，海尔使与他这位理论同事的非正式合作更加正式。他给了金斯1923年的威尔逊山研究助理职位。[46]

美国人认为必须到欧洲去寻找物理学的理论专家，这种看法一直持续到20世纪20年代。这10年的中期，量子理论的发展开始在德国大量涌现，这种观点得到了强化。[47]这些新思想在天体物理学上有重要应用。美国理论天体物理学家亨利·诺里斯·罗素（Henry Norris Russell）在此期间，几乎完全致力于使用量子理论，计算天体物理学感兴趣的化学元素的谱线频率。美国光谱学家非常依赖国外的理论家。华盛顿特区标准局的威廉·F.梅格斯，就新元素的光谱问题与罗素定期通信。然而，他也与慕尼黑的阿诺尔德·索末菲（Arnold Sommerfeld）①等理论家保持着密切联系，1923年，他邀请索末菲在标准局就量子理论和原子光谱发表演讲。索末菲后来向梅格斯推荐邀请他的学生奥托·拉波

① 《阿诺尔德·索末菲传》，米夏埃尔·埃克特著，方在庆，何钧译，湖南科学技术出版社，2018年。

特（Otto Laporte）在那里待一段时间。他离开后，梅格斯再三感谢索末菲：

> 过去一年，从沃尔夫冈·泡利（Wolfgang Pauli）、沃纳·海森伯（Werner Heisenberg）、弗里德里希·洪特（Friedrich Hunt）、马克斯·玻恩（Max Born）和帕斯卡·约尔丹（Pasqual Jordan）到埃尔温·薛定谔（Erwin Schrödinger）等人，理论发展如雪崩一般，拉波特博士忙于让自己和其他人了解情况。我们非常依赖他提供这方面的信息和应用这方面的知识，所以给他起了个绰号叫"枢密顾问先生"（Herr Geheimrat），将来我们会非常想念他的。他刚来不久就组织了讨论会，讨论会主要靠他的精力和热情来维持。所有人都从这些会议中获益匪浅，对领导精神消失感到遗憾。很多人都认识到，缺少一个拉波特博士这种类型的永久员工，是我们局里组织机构的严重缺陷。我已向枢密顾问先生建议，一旦他成为美国公民，就设法为他争取一个永久职位。[48]

到这时（1926年），美国天文学界非常强大，欧洲天文学家来美国研究和工作的次数要多于美国到欧洲研究和工作的次数。在很多情况下，欧洲人来到美国仅仅是为了使用那里的高级设备，尤其是大型望远镜。就像梅格斯和其他大多数在强大的实验和应用物理中心工作的研究人员，天文学家不断寻求与欧洲理论家的联系。

观测能力和理论专长的相互影响，就像贯穿美国天文学家如何判断爱因斯坦相对论故事的一条线索。天文学家和物理学家、美国人和欧洲人、科学家和公众之间的互动，都与这个基本主题有关。相对论源于物理学科内部，尤其是德国理论传统。美国人在技术能力上的领先地位，使其在相对论验证中扮演了重要角色。他们与英国人之间的竞争，往往突出了美国人自以为的优越性。然而，在理论方面，美国人依赖英国理论家解释这个理论的全部内容。战后，公众开始痴迷于相对论，天文学家不得不在一个他们根本不熟悉的领域中扮演专家的角色。

图1.8 希伯·柯蒂斯在克罗斯利反射望远镜前。（加州大学圣克鲁兹分校大学图书馆利克天文台玛丽·莉·沙恩档案馆提供）

加州天文学：全国领先

海尔和坎贝尔在威尔逊山天文台和利克天文台的成功，给国际天文学界留下了深刻印象。良好“视宁度”和大型望远镜的优势，使这些西部天文台迅速走向天体物理学研究前沿。战争年代，英国观测者在年度世界天文进展报告中提到了这一事实。“1915年值得注意，因为我们增加了对星云运动的了解，而这种增加主要是由于太平洋观测者的活动。”1917年：“这一年值得注意，因为太平洋海岸的天文学家在认识旋涡星云中的‘新星’方面的活动激增。”[49]

即使在美国，加州天文学共同体也是公认的领导者。海尔和坎贝尔在国内和国际上的领导和影响力都很重要。晴朗天空也与此有很大关系，正如希伯·柯蒂斯（图1.8）在离开利克天文台去领导匹兹堡阿勒格尼天文台后意识到的：“糟糕的天气，目前还不太冷，但大部分时间多云。我们在10月创造了纪录，连续23个夜晚可用，但11月和12月也有望如此纪录，带负号！我当然希望有一个好的汉密尔顿山之夜，再一次使用克罗斯利（反射望远镜）！”[50]

到20世纪20年代，加州共同体是培养天文学家的重要力量。利克天文台与加州大学伯克利分校的关系，确保了新一代天文学家将接受由加州两大天文台传承下来的天体物理学传统的教育。1927年，拥有博士学位的顶尖天文学家，有超过20%在加州获得过博士学位。其中近3/4，在学习期间就获得了教学或研究奖学金——在美国获得物质支持的最高比例。学生们接受理论天文学、方位实用天文学、天体物理学和现代物理学的训练。作为学位要求的一部分，他们可以在全国最顶尖的研究天文台之一——利克天文台进行研究。他们毕业后找到工作的机会很大。他们许多人，在威尔逊山天文台或利克天文台找到了阵地。在天文学研究和教育方面这一卓越成就，使太平洋天文学在美国共同体中处于领先地位。1927年，超过一半的天文学家成为著名的美国科学院院士，他们要么来自加利福尼亚，要么是当他们居住在加利福尼亚时当选的。[51]

接下来的故事中，加州天文学家成为围绕爱因斯坦相对论的研究和讨论的先锋。他们在观测上的巨大优势和理论上的相对劣势，将对他们如何评判爱因斯坦产生重大影响。

第 2 章　天文学家与狭义相对论：第一批出版物

随着爱因斯坦相对论论文的消息开始从德国传到其他国家，一些天文学家试图向同事解释发生了什么。天文学家开始对这个课题进行研究之前，天文学期刊上发表的第一批关于相对论的文章就向人们介绍了这个新理论。由于相对论最终吸引了巨大兴趣，对该理论的叙述在以后将非常需要。天文学家在期刊上搜寻关于这个话题的早期文章。因此，这头一批出版物，对人们对这一理论的态度和理解产生了一定影响。[1] 在美国，利克天文学家希伯・柯蒂斯1911年10月在天文学期刊上发表了第一篇明确论述相对论的论文。在参考文献中，柯蒂斯收录了4篇英国关于该主题的文章，几篇美国物理学家的著作，以及大量的德国出版物。英国的著作显示出对爱因斯坦的创新方法缺乏欣赏，并渴望用更熟悉的以太重新解释他的工作。

亨利・克罗泽・普卢默和光行差问题

牛津天文学家亨利・克罗泽・普卢默（Henry Crozier Plummer）是第一个在英国天文学杂志上发表有关“相对性原理”文章的天文学家。他的父亲威廉・爱德华（William Edward）也是一位天文学家，是牛津的大学天文台（University Observatory）高级助理。普卢默追随父亲脚步，进入牛津大学学习，以数学一级荣誉毕业。他比父亲晚11年拿到牛津大学硕士学位。1901年，他受聘为天文台第二助理。就在这里，他获悉了相对论。1912年，他被任命为都柏林大学皇家天文学家，邓辛克天文台（Dunsink Observatory）台长。普卢默的主要兴趣是动态天文学。1918年，他出版一本关于这个主题的书，至今仍被用作天体力学理论和实践的教科书和文献。[2]

普卢默的论文，是关于光行差理论两篇文章中的第二篇。[3] 天文学家在18世纪就注意到了这种效应。用望远镜观测恒星，此仪器必须使其稍稍倾斜于地球沿其轨道运行的方向。这种微小倾斜是必需的，这样进入望远镜的光线就会击中另一端的死角（图2.1）。在星光从一端传到另一端那一瞬间，望远镜已经沿着地球轨道移动了。当时，科学家们认为光是以太（一种弥漫整个空间的无形物质）中的波扰。你在以太中运动时，科学家们预计你的速度和光速会增加，这样你就会测量出稍微不同的光速，这取决于你的运动方向。当地球沿其轨道运行时，邻近恒星的位置相对于遥远恒星会有轻微位移。天文学家希望，通过比较邻近恒星在地球轨道不同区域的光行差角，来测量地球相对以太的速度。所有进行此种测量的尝试，统统失败了。理论家们能够证明，对于一级近似，"观测者不可能在以太中探测到自己的绝对运动。"普卢默指出，最近物理学领域升级了该问题。迈克耳孙-莫雷实验（Michelson-Morley experiment）表明，即使到二级近似，相对于以太的运动也无法检测。他叙述说，物质电子理论解释了这一新发现。"结果就是这个相对性原理的研究，以其深远影响，在现代科学中占有重要地位。"[4]

普卢默把"相对性原理"介绍给天文学同事，说这是"过去10年的成果"，"主要归功于洛伦兹教授"。在脚注中，他解释道："关于物质在运动中收缩的基本假说，是（爱尔兰物理学家乔治·弗朗西斯）斐兹杰惹（Geoyge Francis Fitzgerald）提出的。"他称赞奥利弗·洛奇爵士（Sir Oliver Lodge）是1892年第一个在出版物上提到斐兹杰惹建议的人。他感谢"惠特克教授"提供这一文献。[5] 20世纪50年代，埃德蒙·泰勒·惠特克爵士（Sir Edmund Taylor Whittaker）使人们相信狭义相对论主要是斐兹杰惹和洛伦兹的成果，只是被爱因斯坦放大了而已。[6] 普卢默的致谢最早表明，惠特克可能早在1910年就确立了自己的

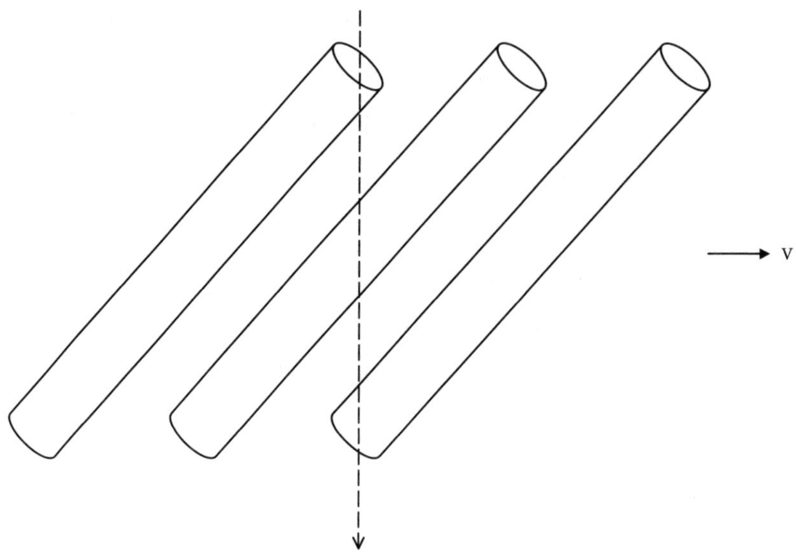

图2.1　星光的光行差。天文学家必须使望远镜沿地球轨道运动的方向（V）稍稍向前倾斜，这样当星光随着地球运动时，就会从望远镜的一端穿到另一端。（图中的望远镜倾斜角度非常夸张）

地位。事实上，我们将在下一节中看到他的言行。

对普卢默来说，重要结果在于，一切都可以用相对于静止以太的运动效应来表示。对他来说，这项创新直接来自物质电子理论和以太。他曾在文章中提到爱因斯坦："如爱因斯坦所示，恒星光行差定律和多普勒效应（Doppler effect）定律皆可立即推导出来。"[7] 在脚注中，他引用了爱因斯坦1905年论文。普卢默只对爱因斯坦的数学推导感兴趣，并未搞清楚爱因斯坦关于空间和时间本质的基本思想。

普卢默特别感兴趣的，是引力理论的蕴涵："在实践中，我们实际上并没有观察到太阳的视运动，并使用该结果来纠正所观测到的恒星方位。我们所使用的运动，通过引力理论的计算而得出。因此，若要保持一致，则必须尊重开普勒运动是一种表象，而不是实在。在这里，我们将接触到电子动力学一般问题，在历史意义上，它造成相对性原理的引入。"普卢默认为"相对性原理"标志着电动力学的优势，或许还包括重力。谈到长度、时间和质量的相对论性变换，他说："洛伦兹等人的工作结果表明，这些变换足以解释任何系统通过空间运动在整个电动力学领域以及光学领域所产生效应的完全补偿。如果重力（gravity）可用电动力实体表示，那么引力（gravitation）亦然。"[8] 后来的相对论评论家们也提出了同样希望，即引力也许可以被纳入电磁自然观中。[9] 普卢默总结道："现代物理理论的发展对天文学家的影响，不亚于对物理学家的影响。"[10]

1910年，同当时大多数英国物理学家一样，普卢默认为该理论提升了"相对性原理"的地位。他将洛伦兹变换解释为物质-以太相互作用的"补偿效应"，掩盖了被认为是通过以太运动而发生的光学效应。相对论从电动力学中出现，用来解释地球在以太中运动的不可探测性，现在可能会导致引力的电动力学理论。

埃德蒙·泰勒·惠特克：相对论和以太

英国天文学界发表的第二篇关于相对论的论文，作为一份委员会简报，次月发表在皇家天文学会《月报》（*Monthly Notices*）上[11]。论文作者E.T.惠特克，是爱尔兰皇家天文学家和都柏林大学安德鲁斯天文学教授，尽管他更多的是一名训练有素的职业数学家。同许多英国数学专家一样，惠特克活跃于皇家天文学会，从1900年到1906年担任学会秘书。在此期间，他在剑桥大学讲授数学、理论物理和天文学，在那里他被视为"对天文学有浓厚兴趣的数学家"。詹姆斯·金斯和阿瑟·爱丁顿都曾在剑桥同他一起学习。惠特克1906年成为爱尔兰皇家天文学家。[12] 这个位置，给邓辛克天文台带来了舒适的生活环境。他在大学的教学要求并不高，这给了他充足时间全面研究以太史。他评论说，这项工作"涉及大量的阅读和历史研究，由于邓辛克的自由和相对悠闲而成为可能。"[13] 惠特克在以太物理学方面的4年深入研究和阅读，深深影响了他。在写那篇天文简报同一年，惠特克出版了从笛卡尔（Descartes）时代到19世纪末关于以太理论的主要历史著作的第一版。1953年，写了更新、更全面的第二版。[14] 考查惠特克后来那本关于以太史的不朽著作（在爱因斯坦相对论首次发表几十年后才出版）的科学史学家，对惠特克刻意把爱因斯坦贡献最小化感到困惑。这篇1910年的天文学文章表明，早期惠特克对这个问题的看法是如何产生的。

惠特克开始关注天体力学，“基于牛顿运动定律受到近年来关于空间、时间和力的测量诸多发现的深刻影响。”[15] 他描述了科学家们如何做出三次不同尝试，来探测“绝对运动”和“绝对速度”。为了证明其观点，他在某种程度上歪曲了事实，但炮制了一个好故事。他声称，第一阶段是牛顿的功劳，因为相对性原理直接来源于牛顿运动定律。根据这一原理，所有具有彼此相对匀速的参考系都对表达牛顿定律成立。因此，“指望纯粹的动力学考虑来指导认识绝对静止，是无望的。”事实上，牛顿并不打算证明绝对空间存在，也不想探测相对于绝对空间的“绝对运动”。他用绝对空间概念推导出了运动方程——“静止”“速度”和一般运动，都相对于它来定义。然而，牛顿定律的结果之一是相对性原理：匀速运动（匀速直线运动）在原则上无法检测。这两个观念，从某种意义上说，一个是另一个的结果，在精神上相互矛盾。[16] 尽管如此，牛顿仍然保留了绝对空间概念作为加速度得以测量的标准。爱因斯坦试图推广相对性并设法使加速度相对，所面对的正是这种矛盾。早在1907年，他就意识到这种努力需要一个引力理论。然而，惠特克是在重构历史，以符合他的故事。

惠特克认为，探测绝对运动第二次“尝试”是19世纪对自行的天文学研究。[17] 他声称，这次尝试最终也失败了。“整个19世纪，人们认为，空间中的绝对运动，或无论如何，相对于一般恒星体的绝对运动，可以通过对自行的天文学研究来确定；太阳被假定具有‘15英里（约24.1千米）/秒的绝对速度，朝着武仙座（Hercules）的某个点’。……这个结果被雅各布斯·C.卡普坦（Jacobus C. Kapteyn）的努力推翻了。”[18] 事实上，天文学家一直在设法搞清楚，恒星如何在空间中分布。他们并非在寻找相对于空间的绝对运动。太阳的“绝对速度”，仅仅是天文学家用来表示相对于恒星系运动的一个方便表达。通常的做法是，假定恒星运动平均来说是随机的。那么，任何恒星的系统从尤运动都将因太阳朝相反方向运动所致。根据R.L.沃特菲尔德（R.L. Waterfield）的说法，“我们所能做的最好的就是，取天空所有可用恒星的自行，求其平均值，并考虑这个恒星系相对于太阳系的速度和方向，或者等价而言，太阳系相对于恒星系”。[19]

英格兰的威廉·赫歇尔（William Herschel）是第一个计算太阳运动的天文学家。早在1783年，他就推断出太阳在朝武仙座运动。他的分析乃基于14颗恒星的自行，并假设它们的运动是随机的。[20] 在19世纪与20世纪之交，荷兰天文学家雅各布斯·C.卡普坦挑战了恒星系中所有恒星运动都是随机的这一假设。自19世纪90年代以来，他一直在进行恒星自行的统计研究。1904年，他发表的研究结果表明，相对于太阳，有沿不同方向漂移的两个恒星流。爱丁顿证实了卡普坦的双星流理论，即双漂移假说，并发展了它① 。德国的卡尔·施瓦西提出了一个与之竞争的椭球速度分布假说，该假说基于视向速度而不是自行。这些研究，开创了研究恒星运动和恒星系结构的新领域。[21] 惠特克提及卡普坦的研究表明，天文学家再也不能利用自行运动研究来确定太阳在空间中的绝对速度。他再一次在重构历史，以适应他的相对论发展故事。

在科学家们探索的第三阶段，亦即最后一个阶段，惠特克转向电动力学：“但是，即使承认动力学和天文学未能揭示绝对运动，人们仍然希望借助光理论和电理论找到答案。”[22] 惠特克介绍了人们如何进行“大量的光电实验”来确定“地球的绝对速度”。预期效应“总是没有显现出来”。他告诉天文学读者：“物理学家们终于得出了结论：一种以前未被认识到的补偿性影响必然存在，它将通过以太产生的所有运动效应从实验中可测量的量中消除。”惠特克报告说：“这种补偿性影响的性质，首先由斐兹杰惹发现。”他在脚注中补充说：“洛伦兹在同年（1892年）11月26日给阿姆斯特丹科学院的一封信中，采纳了这一假说。”[24] 据惠特克说，斐兹杰惹“发现了”：“当物体相对于以太运动时，物体尺寸会发生轻微变化，物体在运动方向上的线性尺寸会按比例

① 《恒星运动和宇宙结构》，阿瑟·斯坦利·爱丁顿著，张建文译，湖北科学技术出版社，2016年，第六章“两个恒星流”。

$(1-v^2/c^2)^{1/2}$: 1收缩。”[25]

惠特克根据洛伦兹等人建立的现有的电子和物质理论，以及用纯电磁解释自然现象的可能性，来理解收缩效应。[26] 惠特克认为，如果人们接受“决定物体大小的凝聚力从一开始就是电力”这一观点，那么“斐兹杰惹收缩是一个必然结果”。[27] 爱因斯坦从空间、时间和运动（运动学）的考虑中，推导出了变换方程（包括收缩效应）。然后，在电动力学一节中，他利用这些纯粹的空间坐标和时间坐标的运动学变换，推导出电场和磁场的变换。他并没有求助于物质理论。[28] 阿尔伯特·爱因斯坦的名字，并没有出现在惠特克的文章中。没有迹象表明，他抓住了爱因斯坦对基本运动学概念的论述以得出相对性理论。

在那篇简报的后半部分，惠特克介绍了赫尔曼·闵可夫斯基对爱因斯坦理论的四维表述。这位哥廷根数学家的思想吸引了爱因斯坦理论更广泛的科学听众，惠特克在1910年为天文学家所做的叙述，与爱因斯坦的观点相去甚远。事实上，闵可夫斯基并没有真正把握爱因斯坦工作的物理蕴涵，尽管他承认爱因斯坦理论渗透到物理学的基本概念。闵可夫斯基相信，他发现了物理学家一直希望在以太中找到的绝对世界。只不过，那是一个四维时空世界。[29] 惠特克如法炮制，明确将其与以太绑定在一起。

惠特克根据（爱因斯坦完全摈弃的）以太，解释爱因斯坦的第二个假设——光速不变性：

我们看到了假定物理科学的基本分支是以太理论的理由，因此我们被引导以这样一种方式测量空间、时间和力，以便以最简单的可能形式解释以太扰动定律。于是，两位分别位于两颗彼此相对运动的恒星上的哲学家，不会选择同样的长度和时间标准；事实上，他们各自都会选择自己的标准，以便满足这样一种条件：以太扰动相对于一个与自己恒星一起运动的参考系的传播速度，在各个方向上应被认为是相等的。

对惠特克来说，出于简单性考虑，每个观察者皆选择自己的坐标，这样他就可以测量光在以太中所有方向的速度。“空间和时间四维世界，投射到三维空间世界和一维时间世界，因此是任意的。”这是通过“无数种方式”完成的，没有一种方式“绝对高于其他方式”。[30]

惠特克认为，闵可夫斯基表述提供了一种超越各种观察者任意选择的方式。“如果我们希望以一种独立于特定观察者偏见的方式描述自然现象，就必须求助于四维分析的语言。”他的描述揭示了他的信念，即一种处理诸多绝对的方法已到来：“我们从‘质点’开始，它代表一个特定粒子的位置，以及该粒子占据该位置的时刻……然后我们继续定义各种四维向量，‘绝对速度’‘绝对加速度’和‘绝对力’，以下列形式表述运动定律：质量 × 绝对加速度 = 绝对力。”[31] 惠特克继续说明，如何使用四维“绝对”向量，人们可以解析表达运动定律。他的结论是，“由于 $(1 - v^2/c^2)^{-1/2}$ 这个因子的存在”，这些方程与牛顿定律给出的方程有所不同，“这样看来，牛顿定律从此只能被认为近似正确”。[32] 惠特克认为，闵可夫斯基的贡献在于建立了四维分析的分析工具和绝对时空的概念框架，而以太是绝对时空的完美体现。

惠特克1910年那篇论文，反映了英国盛行的观点，即相对论起源于以太物理学，特别是对地球在以太中的绝对运动的研究。根据这种观点，物质电子理论解释了为什么不可能测量这种绝对运动。在这个图景上，著名的1887年迈克耳孙–莫雷以太漂移实验扮演了一个关键的历史角色。事实上，大多数关于爱因斯坦1905年相对论（1916年后更名为“狭义相对论”）的书都宣称或暗示，爱因斯坦发展他的理论是为了回应迈克耳孙–莫雷实验。科学史学家已经证明，这种观点在历史上并不准确。一种强调观察和实验是任何理论之先导的科学观，强化了这种历史的不确性。① 尽管如此，教科书上对相对论的描述，在教学上还是有用的。毫无疑问，这两个因素在物理学家试图吸收这一新进展的早期都起了作用。此种对待狭义相对论的做法持续至今，无论它们是在20世纪20年代还是60年代以后由批评者或支持者写的普及读物或专业论文。[33]

① 《论狭义相对论的创立》，李醒民著，四川教育出版社，1994年，58页。

30年后，惠特克出版了《以太史》的增订版，涵盖了到1926年围绕相对论的20世纪发展。[34] 在这个版本中，他提出，爱因斯坦只是放大了洛伦兹和法国数学家亨利·庞加莱（Henri Poincaré）的工作。当惠特克准备其手稿时，熟知爱因斯坦和洛伦兹研究成果的马克斯·玻恩（Max Born）就在爱丁堡。[35] 尽管玻恩向惠特克展示了相反证据，① 但惠特克坚持出版他的版本。他还保留了几年后写给伦敦皇家学会的一本关于爱因斯坦的传记中的评价。[36]

有证据表明，惠特克的动机是出于对相对论的厌恶，尤其是假设宇宙在膨胀的爱因斯坦广义相对论的宇宙学诠释。[37] 1953年11月，他在给宇宙学家乔治·麦克维蒂（George McVittie）的信中写道："如果我的《以太与电理论史》第二卷出版，一定会让一些人名声扫地。在把诸多发现归咎于错误的人方面，20世纪和之前的任何时代一样糟糕。"一个月后，他又写信给麦克维蒂，要求他澄清关于膨胀宇宙的理论工作的早期历史。"你会发现，我对膨胀宇宙越来越持怀疑态度，甚至对广义相对论也持怀疑态度。"[38] 惠特克对科学发展方向不满意，觉得自己有责任澄清事实。

理论物理学目前处于一片混乱之中，我很难写出《以太与电理论史》第三卷。第二卷（涵盖1900—1928年）已经付印，应该在晚春出版。它将讨论很多有趣的对象——狭义与广义相对论，量子理论，现代光谱学，矩阵力学，波动力学等发现，我认为这将是一部比第一卷更好的书。第一卷是基于文件的历史，而第二卷则是我自己目睹的事件，我认识的诸多人士的说明。他们大多数现在都死了，所以我可以直言不讳地说出关于他们的真相。[39]

惠特克显然认为，他作出了重大贡献。我们将看到，人们对爱因斯坦后来的广义理论工作的反感影响了相对论评论家们，这并非不同寻常。

---

① 《我这一代的物理学》，马克斯·玻恩著，侯德彭等译，商务印书馆，2015年，249页。

相对论与主观主义

1910年11月，加文·伯恩斯（Gavin Burns）向英国天文协会（British Association）提交了一篇关于“相对性原理”的论文。他发表的演讲，既没有提到爱因斯坦、洛伦兹、普卢默或惠特克，也没有提到任何欧洲人。伯恩斯只引用了“愿意继续研究这个有趣问题”的美国的论文。[40] 伯恩斯观察到：

> 相对性原理的提倡者，并没有断言质量、空间和时间诸单位的变化是真实的物理变化。为了使观察现象符合寻常力学定律，所假定的诸多变化皆属于装置的性质……物理科学假定物理世界是绝对实在，所有对现象的解释都基于这个假定。相对性原理使我们清楚认识到这样一个哲学真理：物理世界并不是终极实在，而是人类心智所臆想的。

这种纯粹主观主义观点，乃是后来许多相对论讨论的典型。伯恩斯在他引用的美国化学家理查德·蔡斯·托尔曼（Richard Chase Tolman）和吉尔伯特·刘易斯（Gilbert Lewis）的著作中，找到了支持其诠释的证据。刘易斯和托尔曼将洛伦兹早期关于长度收缩是真实的观点与他们认为的正确情况进行了对比，也就是说，运动物体的变形并不是物体本身的真实物理变化。然而，他们小心翼翼避免落入伯恩斯所偏爱的主观主义。想象一个电子和几个观察者向不同方向运动，刘易斯和托尔曼描述了每个观察者如何认为自己是静止的。他们会看到电子在不同方向和不同程度上被扭曲。他们强调说：“电子的物理状况，显然不取决于观察者的心态。”他们接着说：“虽然这些空间和时间单位的变化在某种意义上是心理上的，但我们采用空间、时间和速度的概念，这些概念是现在物理科学所依赖的。目前，似乎没有其他选择。”[41] 伯恩斯选择强调心理方面的问题。他认为，科学定律，包括引力原理，都不是客观的，而是人类心智的产物。普卢默和惠特克相信，诸如长度收缩之类的相对论性效应是真实的。与他们不一样，伯恩斯没有使用基于以太诠释呈现相对论的发展。他认为这种效应并不真实。

爱因斯坦的观点，与所有这些都不同。他把理论描述为“人类理智的自由发明”。① 科学把这些发明与经验事实联系起来。[42] 他并没有得出这样的结论：这一过程不能揭示客观实在。相反，他相信只有从一些具有深远影响的原理中建立理论，才能揭示大自然的奥秘。他认为，相对论是朝着更清楚理解物理世界迈出的一步。它揭示了在这个世界上什么是不变的（独立于观察者），而不是下降到纯粹主观主义。令他沮丧的是，在爱因斯坦一生中，这种哲学辩论经常闯入相对论的讨论。

在进一步讨论“该原理的应用”例子时，伯恩斯表现出一种经验主义倾向，类似于1910年之前美国物理学家对相对论的讨论所描述的那种倾向。他引用了1887年迈克耳孙-莫雷实验是“物体在其运动方向上缩短的直接实验证据”。他把阿尔弗雷德·布赫雷尔（Alfred Bucherer）1908年所做的实验称为“物体质量是可变的直接实验证据”。他还指出了C.V.伯顿（C. V. Burton）提出的一种方法，即“通过观察木星卫星的食蚀，确定太阳在太空中运动的绝对值”。他指出，根据相对性原理，“不可能有这样的确定”。[43]

伯恩斯在科学界并不是一个重要选手。尽管如此，他对相对论的解读表明了纯粹主观主义的首要地位，预示着一个主导主题将被大众文化所采纳。直到今天，“一切皆相对”这一观念，仍然被普遍地——错误地——归于爱因斯坦。

用相对论计算行星轨道

1911年，荷兰天文学家威廉·德西特（Willem de Sitter）在一份英国天文学杂志上发表文章，此文首次超越了仅仅向天文学家描述相对论的范畴。他指出，相对性原理，“起先在与光的电磁理论相联系方面而建立，近年来越来越多被认为是普遍应用，我们整个物理科学皆应符合它。”[44] 德西特提出了关于行星

---

① 《我的世界观》，阿尔伯特·爱因斯坦著，方在庆编译，中信出版集团，2018年，370页。

轨道的详细论述，“从实用天文学家角度来看，只研究那些能产生该原理的经验验证可能性的效应”。他指的是“普卢默先生和惠特克先生”以前的论文，并加了一个脚注，惩罚他们对以太概念的依赖：

两位作者都可以自由使用“以太”这个词。由于现在有许多物理学家倾向于完全放弃以太，很有必要指出，相对性原理在本质上独立于以太概念，而且确实，有些人认为，导致否定以太的存在。天文学家与以太没有任何关系，以太是否存在也不需要他们操心。如把“以太”从普卢默先生的术语中去掉，他的所有研究结果仍然成立，且保留其全部价值。在惠特克先生的简报中，“以太”一词也并非必不可少，当然，从历史角度来看除外。[45]

德西特没有提到爱因斯坦。“我研究的出发点，”他说，“是庞加莱和闵可夫斯基的论文。”他将自己对运动方程的推导归功于庞加莱的论文，并补充道：“我也非常感谢与我的同事洛伦兹教授的对话和提示。”[46]

德西特从一般参考系或任意参考系（“牛顿称之为绝对空间，以及……绝对时间”）和为了方便而选择的特殊参考系，对行星运动进行了详细论述。然而他强调，一般坐标系并不像牛顿——和以太拥护者——所使用意义上那样“绝对”。

“一般”参考系与其他可能参考系的唯一区别在于，它的原点和轴的方向没有约定。因此，就相对性原理观点而言，不可能谈论“绝对”速度或位置，而是相对于任何未指明的“一般”参考系的速度或位置。若在这种意义上使用“绝对”这个词，它无可非议，但没有必要。当然，自然法则必须首先以一般参考系为框架。这并不意味着它们断言任何关于“绝对”运动或“绝对”时间的东西，而只是意味着它们必须在我们选择使用的任何参考系中都成立。[47]

德西特问道：“什么样的力定律，可以取代牛顿定律？在这个定律下，行星运动是什么样子？”如果这个定律不同于寻常开普勒运动，“我们将不得不考虑这个问题，这种差异是否大到足以通过观测来验证”。

德西特能够证明，相对性原理预言的行星运动与开普勒定律预言的稍有不同。椭圆轨道的轴将非常缓慢旋转，以便最接近太阳的点（近日点）将移动。牛顿理论和相对性原理的所有差异被证明“小到观测不到”，除了水星。[48] 然而，德国天文学家胡戈·冯·西利格（Hugo von Seeliger）假设，在太阳系中分布的尘埃可以解释所有牛顿理论无法解释的行星近日点残差运动。这种尘埃，并非直接可观测。冯·西利格认为黄道光是其存在的间接证据，因为他提出的尘埃环散射了日光。德西特指出：“在我们有一些独立手段准确测定这些（尘埃）质量之前——这确实是一种非常遥远的可能性——水星近日点在合理范围内的任何运动皆可这样解释。”[49] 德西特证明，将相对性原理和冯·西利格三个建议中的两个结合起来，可以满足不同行星的许多特定残差。通过改变冯·西利格提出的尘环中一个或另一个的密度，德西特可以匹配大部分（尽管不是全部）不同行星的近日点运动。此种情况，还没有定论。

德西特研究了C.V.伯顿的建议，“通过对木星卫星的食观测，确定太阳系‘相对于以太’的速度”。[50] 他表明，从原理上讲，这个实验可以用来证明或否证相对性原理，但是发现要测量的数量太少，无法提供实际验证。德西特还考虑了太阳系相对于恒星的速度是否“在任何参考系中是相同的”。[51] 他的结论是：“引入相对性原理，这个问题不会改变，我们在这里不必进一步讨论。”[52] 关于天文时的定义，他得出了类似结论。他通过两种方法计算地球运动：一种是从地球参考系测量的时间，另一种是从太阳参考系测量的时间。其差异“已被发现是感觉不到的”。[53] 同样，从实用天文学观点来看，不可能确定新旧理论之间有任何可观测差异。“就观测结果解释而言，我们可以用任意参考系的变量t确定天文时。”[54]

德西特的彻底处理表明，只有一种可观测效应可能决定相对论原理的有效性。水星近日点进动，足以显示牛顿理论和需要解释的观测之间的差异。西利格的尘埃假说是特设的，很难通过观测来验证。德西特没有回答这个问题。随着爱因斯坦进一步发展相对论，水星近日点进动将发挥关键作用。

美国天文学家引入相对论

利克天文台的希伯·道斯特·柯蒂斯，写了第一篇发表在美国天文学杂志上的相对论文章。跟普卢默、惠特克和德西特不同，柯蒂斯并没有理论倾向。他是一个完美的观测者和仪器制造者。他的职业生涯，始于加利福尼亚州纳帕学院的希腊语和拉丁语教授。他在校园里发现一个小型克拉克折射望远镜后，就被天文学所吸引。1896年，学院在圣何塞与1911年改名的太平洋学院合并，柯蒂斯获许使用小型天文台。[55] 他将自己的头衔改为数学和天文学教授，并在1900年获得了范德比尔特奖学金，去弗吉尼亚大学攻读博士学位。他暑假在利克天文台，自愿成为两次日食远征观测队的助手，一次是1900年与利克天文台一起，另一次是1901年与美国海军天文台一起。坎贝尔邀请柯蒂斯获得学位后加入利克天文台。柯蒂斯1902年毕业后，接受了坎贝尔录用。接下来8年，他继续着坎贝尔对亮星视向速度的研究，一半时间在利克，一半时间在利克位于智利圣地亚哥附近的南站。1910年，柯蒂斯从智利回来，开始使用克罗斯利反射望远镜进行星云照相项目，这是由前台长詹姆斯·E.基勒（James E. Keeler）在1900年去世前几年创立的。[56]

柯蒂斯在人们对相对论越来越感兴趣的时候，回到利克天文台。他偶然发现了英国天文学期刊上的论文，也阅读了爱因斯坦等人的论文。1911年，他发表了一篇对天文学家的综述文章，其中包含了大量参考文献，包括之前讨论过的三篇英国文章，伯恩斯引用的所有美国资料，以及爱因斯坦、洛伦兹、庞加莱、马克斯·冯·劳厄（Max von Laue）、闵可夫斯基、普朗克、阿诺尔德·索末菲、埃米尔·维歇特（Emil Wiechert）和保罗·艾伦菲斯特（Paul Ehrenfest）的论文。[57] 他以文学辞藻开始论述：

沃尔特·斯科特爵士（Sir Walter Scott）描述说，高贵的撒拉逊人礼貌地接受了十字军的说法，即水在足够冷的时候，会变得非常坚固，军队可以在其上行进；毫无疑问，即使是中世纪最敏锐的头脑也会对物体尺寸随温度而变化这一论断表示怀疑。物质和质量的新理论同放射性的结果仅仅最近才撕裂我们信仰停泊处（被视为如永恒真理不可变易），让我们心甘情愿接受任何物理理论的变化（无论多么惊人）。然而，我们接受一些新的相对论的结论，对保守主义有着相当大的冲击［原文如此］，过去几年建立的物理理论体系，如今被世界物理学家中许多敏锐头脑接受，有些甚至还称之为自牛顿时代以来物理理论最大的进步。[58]

柯蒂斯告诉读者，该理论的结论“不啻是革命性的”——物体在空间中运动的速度会影响其尺寸；质量和时间也受到影响；任何速度都不能超过光速。长度收缩，会使旋转圆盘的形状变形。能量和质量是等价的。柯蒂斯指出：“相对论若是正确的，牛顿动力学就必须被抛弃。”他引用“不亚于庞加莱的权威”来提高引力以光速传播的可能性，“将引力原理从目前神秘的孤立状态引入与光和电的亲缘关系。”[59]“很明显，一个具有这种可能性的物理理论，可能会引起天文学家的许多兴趣。无论如何，它已经引起和正在引起的注意，乃是在此予以考虑的充分理由。”[60] 柯蒂斯提醒读者：“过去物理理论的历史一度被认为由完整实验证明和严格数学支持，这足以引起一些保守主义。”而“那些已接受该理论的人的名字，则构成了该理论价值的保证”，他引用J.J.汤姆孙爵士的话：“物理理论应该被视为一种政策（policy），而不是信条（creed）。”[61]

柯蒂斯简要总结了迈克耳孙由理论所预言的“以太和物质的相对运动”所致次级效应的失败尝试。他指出，对否定结果所采用的解释，是“斐兹杰惹和洛伦兹不考虑当时尚未建立的相对论各自独立提出的”。他把后者归功于爱因斯坦：“相对论主要由苏黎世的爱因斯坦教授提出，这部分是由于需要一个物理定律体系符合现代物质电子理论，且应该解释这些否定结果。它的追随者是一个冗长名单，以洛伦兹和庞加莱为首；迈克耳孙、拉莫尔（Larmor）等人对此提出了异议，但公平地说，这一理论在今天已被广泛接受。”[62] 柯蒂斯显然欣赏爱因斯坦方法。关于长度收缩和时间延缓，他写道："尽管上述一些比率可从几何导出，但任何一个欣赏优美表达、清晰数学论述的人都会援引爱因斯坦的原始论文，或者援引埃米尔·维歇特对该理论的优秀概括，[63] 其中该系统由简单基本假定而建立，追溯至光的电磁理论和物质电子理论。"[64]

柯蒂斯根据爱因斯坦方法，推导了两个相对匀速运动系统之间的变换方程。他解释说："这种变换被称为洛伦兹变换，非常重要。它被证明是保持电磁理论定律不变的唯一变换。"[65] 导出洛伦兹变换之后，柯蒂斯对长度收缩和时间延缓的关系，速度加法律（"一些物理学家对此表示反对"），以及光速乃是极限速度这一事实，做了同样研究。他指出，唯有ß射线具有能够验证后一种说法正确性的物理速度，这些速度"从光速的1/3到9/10"。[66]

柯蒂斯彻底呈现了这个理论，展示了他对爱因斯坦基本假设和基本结果的熟知。他没有发表意见，而是依靠解释和发展该理论的物理学家共同体的断言。鉴于美国和英国对相对论的公众反应，他对洛伦兹和爱因斯坦之间差异的欣赏尤其引人注目。柯蒂斯所以具有如此独特的视角，很大程度上是因为他系统阅读了爱因斯坦的原著，以及大多数讲德语的理论阐释家的著作。

柯蒂斯总结了反对相对论和赞成相对论的观点，以此结束他的综述。反对方：①"一些物理学家发现加法律难以接受"；②除了布赫雷尔和考夫曼（Kaufmann）对ß射线的质量随速度增加的实验验证外，"目前不可能以这种或那种方式证明这个理论"。支持方：①它"与已知事实没有什么不一致"；②它"对迈克耳孙等人所保证的否定结果给出了令人满意的解释"；③它"由考夫曼和布赫雷尔的实验证明（运动电子的横质量是其速度的函数）所直接支持"；④"它可能提供一种引力理论，将这种力引入其他以光速运动的物理力的领域。"[67]

至于相对论的天文学结果，柯蒂斯明言"无话可说"。他提到了德西特最近一篇文章，该文章表明，相对论预言了一个周期性偏离寻常开普勒运动的现象，但它太小了，无法探测到。柯蒂斯还复制了德西特的近日点运动表，包括水星、金星、地球和两颗彗星。唯一值得注意的量，水星7.15角秒/百年，"代表了观测值超过理论值的著名过剩，胡戈·冯·西利格解释说，这是由于形成黄道光的质量的吸引”。柯蒂斯总结道：“由于相对论，目前没有其他可以用天文学来测定的效应。”[68] 这种局面，不久就焕然一新。

第二部分

1911—1919 年

天文学家遇到爱因斯坦

第3章　早期介入，1911—1914年

爱因斯坦两个预言

1911年6月，阿尔伯特·爱因斯坦向著名的《物理学杂志》投递了一篇新论文，题为《关于引力对光传播的影响》。[1] ① 4年来，他一直在思考引力相对论的蕴涵。他1905年相对论的基本原理是，任何作匀速运动（匀速直线运动）的观察者可以假设他是静止的，物理学定律对所有这样的观察者皆同。没有任何实验可以证明实验者处于静止还是匀速运动。这个原理，可以推广到加速度吗？我们感受到加速度的影响，所以加速的观察者知道他在运动。他不能假定他处于静止。因此，牛顿觉得有必要保留绝对空间的概念来解释加速度。爱因斯坦想看看他是否能完全消除绝对空间。他很快意识到，将相对论推广到加速度将涉及引力。1907年，他在一篇关于相对论的综述文章中发表了第一次讨论。在那里，首次提出了一个他称之为“等效原理”的新概念。[2] ②

爱因斯坦想象自己从屋顶上掉下来。在下落过程中，所有身体因重力而产生的感觉都会消失。如果把他关在一个封闭箱子里，去掉与周围环境的所有接触，他就不会有任何视觉或其他感官线索来判断他在下落：他感觉自己好像是

① 《爱因斯坦全集》第三卷，戈革译，湖南科学技术出版社，2002年，383—392页。《爱因斯坦文集》（增补本）第二卷，范岱年等编译，商务印书馆，2009年，231—243页。

② “关于相对性原理和由此得出的结论”，《爱因斯坦全集》第二卷，范岱年主译，369—418页。《爱因斯坦文集》（增补本）第二卷，范岱年等编译，商务印书馆，2009年，164—228页。

静止的，重力也消失了。今天，我们称这种下落状态为“自由落体”或“零重力”。在下落过程中，此人会觉得自己好像只是漂浮在一个地方。爱因斯坦考虑了相反情况。他想象一个无重力的地方，在遥远的外太空。如果他在一辆封闭的车里，加速的速度和一个人因地球重力掉下去的速度一样，他会被压在一边，称之为“地板”。他也会有同感，仿佛他在地球重力影响下，在地球表面一动不动。爱因斯坦迈出了大胆一步，假设加速度和引力是等效的。“等效原理”指出，均匀、静止的引力场在物理上与无任何引力、以恒定加速度运动的系统是不可区分的。这就是他将相对论推广到加速度的开端。实验者无法判断，他是在引力场中静止，还是在无重力情况下以“自由落体”的速度加速。

爱因斯坦用等效原理探索引力对光的影响。他指出，太阳表面的时钟比距地球表面9 300万英里（约14 966.9万千米）外的时钟运行速度慢。因此，太阳表面的原子发出的光比地球上类似原子发出的光的频率要低。将太阳光通过分光镜，并将其光谱的谱线与来自地球的相同谱线进行比较，太阳谱线将向光谱红端移动——引力红移。接着，爱因斯坦设想他的房间在无重力情况下以“自由落体”速度加速。一面墙上的灯，将光束发送到对面墙上。在光线穿过房间那一刻，房间“向上”加速了一点点。灯光只打在对面墙上比光源略“低”的一点。光线轻微地“向下”弯曲。利用等效原理，爱因斯坦预言，在地球重力作用下的静止房间里，也会发生同样情况。光线在引力场中弯曲。

在1911年那篇论文中，爱因斯坦回到了这个主题。

在4年以前发表的一篇论文中，我曾经试图回答这样一个问题：光的传播是否受引力的影响。我之所以再回到这个论题，是因为以前关于这个论题的讲法不能使我满意，还有一个更强原因，因为我现在看到，我之前论述一个最重要的结果能够被实验验证。根据这里要加以推进的理论可以得出这样的结论：经过太阳附近的光线，要经受太阳引力场引起的偏转，使得太阳同出现在太阳附近的恒星之间的角距离表观上要增加将近一角秒。[3] ①

① 《爱因斯坦文集》（增补本）第二卷，范岱年等编译，商务印书馆，2009年，231页。译文有所改动。

爱因斯坦用一种新方法导出了谱线的引力红移。“太阳光的谱线，与地球上光源的相应谱线相比，”他总结道，“一定会在某种程度上向红端移位。”倘若知道太阳谱带产生的条件是准确的，则这种红移是可测量的；但正如压强、温度等其他因素影响谱线位置，他总结道：“很难发现引力势的此种推论影响是否真的存在。”[①][②]

爱因斯坦随后描述了引力光线弯曲，并提出天文学家如何发现光线是否被太阳引力弯曲。首先，天文学家会在日食期间拍摄太阳附近的恒星，并测量恒星在天空中的位置。然后再等几个月，让地球沿其轨道运行并拍照当太阳不在的时候，同样的恒星在晚上出现的位置。在日食期间，恒星离太阳的距离看起来应该比它们离太阳不近时稍微远一点。这种效应，乃由于来自恒星的光线在到达地球过程中稍稍向太阳弯曲所致。（图3.1）

爱因斯坦推导出了角偏转a的公式（单位：角秒）：

$$a = \frac{2kM}{c^2D} \tag{1}$$

其中，k是引力常量，M是太阳（或任何引力天体）的质量，c是光速，D是从光路到引力中心的距离。光线离日面中心越远（D越大），角偏转就越小。对于刚刚经过日面边缘[③]的光线（D = 太阳半径），爱因斯坦计算出，朝向日面中心的角偏转大约为0.83角秒。在日食期间，太阳附近的恒星看起来应该与太阳远离时的位置相比，向外移位了这个量。

在这篇论文末尾，爱因斯坦呼吁天文学家接受寻找这些效应的观测挑战。“迫切希望天文学家接受这里所提出的问题，即使上述考查看起来似乎是根据不足或者完全是冒险行事。因为，除了各种理论问题以外，人们还必然会问：究竟有没有可能用目前的装置来检验引力场对光传播的影响。”[4][④]

---

① 《爱因斯坦文集》（增补本）第二卷，238—239页。译文有所改动。

② 《爱因斯坦全集》第三卷，388—389页。译文有所改动。

③ 太阳圆面（solar disk，日面）的边缘。——原注

④ 《爱因斯坦文集》（增补本）第二卷，242—243页。

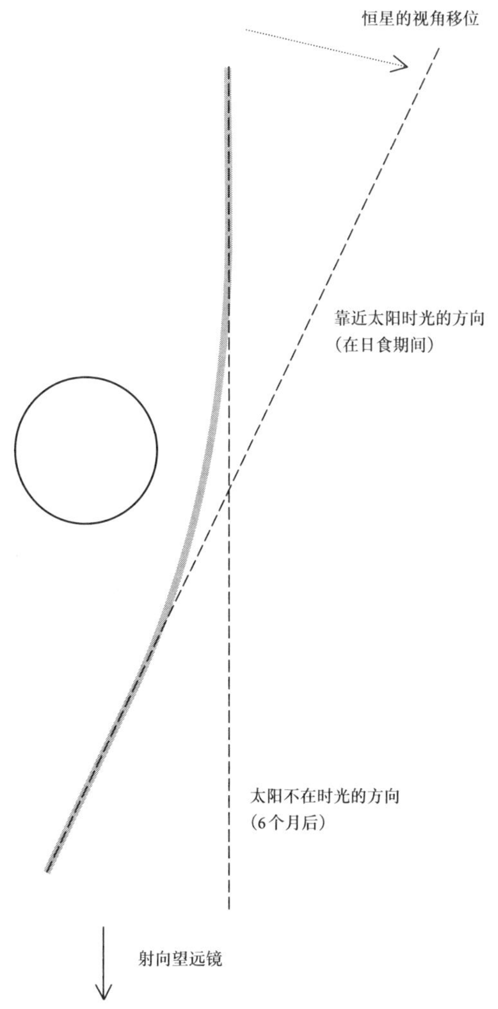

图3.1 星光在太阳引力场中的弯曲。观察者看到，与太阳不在那里时的恒星位置相比，恒星在天空中远离太阳位置向外移动。

几年内，美国两个天文台——利克天文台和威尔逊山天文台——相继把爱因斯坦预言纳入其研究项目。然而，他们并没有启动这些项目验证相对论。这项工作早在几年前就开始了，且已进行一段时间。一些研究人员意识到他们可以应用现行方法验证爱因斯坦预言，于是将此项验证纳入了工作之中。

日食、“祝融星”与相对性原理

19世纪天体照相术的发展，彻底改变了太阳研究。在那之前，太阳表面研究主要是观察太阳黑子。照相底片揭示了太阳表面的精细结构，天文台很快建立了新的项目监测每天的变化。大约这个时候，业余天文学家弗朗西斯·贝利（Francis Bailey）在1836年“日环食”中做出一项发现，激发了人们在日食时观察太阳周围发光现象的兴趣。贝利观察到，就在月亮成为太阳的中心位置之前，被月亮覆盖的日面边缘分裂成耀眼的光滴或光珠，这种现象现称“贝利珠”①。在1842年日食中，天文学家第一次系统研究了日冕和日珥。这次日食期间，观察者们尝试了照相，但没有成功，他们在1851年日食中仅有有限结果。首次大规模使用照相术，并在1860年日全食中取得了巨大成功。照相底片证实了日珥的太阳起源，此前人们认为日珥是月球大气的射气。从那时起，天文学家们就远行到每一次日食的全食带，以便利用几分钟时间尽可能多地拍照。[5]

组织一次日食远征观测队，需要长期策划和巨大开支。专门从事这方面研究的中心，迅速在世界各地涌现。1894年，英国天文学家集中了行政机构来策划日食。他们建立了联合常设日食委员会（JPEC），由英国皇家学会和英国皇家天文学会管理。JPEC组织了所有主要的英国日食远征观测队，并协调政府资金的保障资助。[6]

在美国，则是独立的天文台资助并派出各团队观测日食。利克天文台成立后不久，就在猎捕日食活动中崭露头角。天文台投入使用不到一年，台长爱德华·S.霍尔登（Edward S. Holden）派了一支远征队去观测1889年1月1日在加利福尼亚可见的日全食。这次广为人知的远征队激发了公众对天文学的兴趣，并促成了太平洋天文学会成立。[7] 坎贝尔在1901年成为台长后，领导了一系列远征队活动，使利克天文台跻身于专门研究日食的顶尖机构之列。就像在坎贝尔的大型视向速度项目中一样，他对光谱学和照相术新技术的有利使用表明了他

---

① 《日全食》，杰克·B.奇克尔著，傅承启译，上海科技教育出版社，2002年，11页。

对日食领域的贡献。

坎贝尔在整个利克日食计划中包含的一个纯粹照相问题，是搜寻那颗假想行星“祝融星”。19世纪上半叶，法国天文学家厄本·让·勒威耶（Urbain Jean Leverrier）根据对观测到的天王星运动的分析，预言了在已知太阳系的外围存在着一颗大行星。1846年，天文学家用勒威耶的计算发现了海王星。然而，即使把这个太阳家族的新成员考虑在内，勒威耶也不能完全用牛顿引力定律解释观测到的行星运动。最大的差异，在于水星：水星椭圆轨道近日点的进动速度，比其他行星的引力所能解释的要快。1859年，勒威耶假设有一颗行星绕太阳接近太阳运行，以解释此种剩余差异。同年，一位法国业余天文学家报道，一个黑点凌过太阳表面。勒威耶假设他那颗假想行星已被发现，并将其命名为“祝融星”。勒威耶计算了它的轨道，预言了其他凌日。尽管在1859年至1878年间，人们报道了200次有关“祝融星”的虚假目击事件，但从未有人观测到过。[8]

在1878年一次日食中，两位美国天文学家，刘易斯·斯威夫特（Lewis Swift）和詹姆斯·克雷格·沃森（James Craig Watson）报道，太阳附近有两个明亮的恒星状天体。两者都不能被认为是任何恒星。沃森和斯威夫特是细心的观察者，同事认为他们发现了水内行星。他们的“发现”重新激起了人们对搜寻“祝融星”的兴趣，然而它再也没有被发现过。多年后，天文学家塞缪尔·阿尔弗雷德·米切尔（Samuel Alfred Mitchell）抱怨道：“这两位天文学家仔细观察的声誉如此之大，使得在最终决定并不存在如同据说看见过的那般大或那般明亮的水内行星之前，它将天文学（这门学科）25年耗费在日食观测。”[9]

坎贝尔建立了一个系统项目解决这个问题。① 他订购了特殊的镜头，以便在日食期间拍摄太阳附近的照片。他让查尔斯·狄龙·珀赖因（Charles Dillon Perrine）（图3.2）负责他所谓的“祝融星难题”。珀赖因在1901年、1905年和1908年研究了3次日食，只发现了一些著名的恒星，在1908年的底片上至少

① 详见《追捕祝融星》，托马斯·利文森著，高爽译，民主与建设出版社，2019年。

发现了三四百颗。① 那年8月，坎贝尔报告了他关于“祝融星”的最后结论：“人们认为，1901年、1905年和1908年的利克天文台观测，明确得出了这个著称半个世纪难题的观测方面的结论。”[10] 坎贝尔保留了一种可能性，即不是行星，而是那些小到无法直接探测到的物质，可能会均匀地围绕着太阳扩布。这一想法是柏林的胡戈·冯·西利格系统地提出的。冯·西利格假设了一个由微小颗粒物质或尘埃组成的环，相当于假想“祝融星”，但扩散开来，故并非立即可观测。为得到观测支持，他求助于黄道光的存在，将黄道光归因于他所假设的尘环反射日光。他提出了几种形式的想法来解释那些带内行星轨道上的不同残差，水星是其中最大的一颗。[11] 坎贝尔在珀赖因完成1908年日食底片工作之后给冯·西利格写道：“过去一年，我一直非常感兴趣你的论文，证明水星和其他较小行星的运动中的显著残差是由于造成黄道光的材料所致的吸引。我仔细阅读了你的论文，不能提出任何负面批评。我也没看到了其他人的批评……我觉得，我们的观察和你的理论推论，使我们对黄道光作为一个研究课题又产生了兴趣。”冯·西利格回复，据他所知，他的工作并没有受到批评，但在很大程度上被忽视了，尤其是在英国。他很高兴这件事在美国引起了兴趣。[12]

坎贝尔和冯·西利格在这个课题上没有进一步的通信，尽管坎贝尔仍然对这个问题感兴趣。1910年，耶鲁的理论家欧内斯特·威廉·布朗发表了对冯·西利格在英国工作的批评。布朗指出，勒威耶和美国天文学家西蒙·纽康（Simon Newcomb）② 在冯·西利格之前就提出过类似的解决方案，但没有一个令人满意。他坚持认为，冯·席利格的假说没有什么不同，他的不同假说都是特设的，只是为了解释每一个反常现象。1911年4月，坎贝尔参加了一个会议，会上布朗提出了他对冯·西利格尘埃假说的批评。由于没有看到发表的论文，他向布朗讨要文献。在通信中，布朗告诉坎贝尔，他对冯·西利格的想法是“试图通过**好几个**（尘埃）假说来解释**好几个**反常现象……由于会反射大量

① 《太阳的面具》，约翰·德沃夏克著，金泰峰译，商务印书馆，2019年，246页。

② 《通俗天文学》，西蒙·纽康著，金克木译，北京联合出版公司，2019年。

图3.2　大约1897年，在利克天文台工作时的查尔斯·狄龙·珀赖因。(加州大学圣克鲁兹分校大学图书馆利克天文台玛丽·莉·沙恩档案馆提供)

的光，所以太阳周围有这么多物质的存在绝不是肯定的。”出于对观测同事的尊重，他补充说：“然而，我在这方面不是专家。”[13]

听说坎贝尔“对难以捉摸的‘祝融星’感兴趣”，布朗请他帮忙验证祝融星假说是否可以“解释月球运动中的巨大不等性”，在这个问题上，布朗是公认的专家。坎贝尔回答说，之前用视觉法对祝融星作的搜索，导致了“纯粹的否定结果，还有许多争论”，而珀赖因使用的“照相搜索法”是否定的。尽管如此，坎贝尔还是提出，只要布朗能找到利克天文台收藏的“壮丽的大尺度照片”，他就会去搜寻任何区域。布朗回复，利克的调查“把作为此种水内行星的不存在毫无疑问作为。我不认为带着这么微弱的希望重新检查那些底片是值得的”。[14]

大约在这个时候，天文学家关于“相对性原理”的讨论开始涉及反常近日点运动。荷兰天文学家威廉·德西特在1911年发表的关于相对论的文章（见第2章）中，提到了冯·西利格在计算相对性原理的天文结果方面的工作。如此确定的行星近日点运动，符合冯·西利格的假说所预测的顺序。德西特表明，通过结合相对性原理和西利格三个建议中的两个，他可以解释许多观察到的不谐和。[15] 两年后，德西特在“天文学中的一些问题”系列文章中扩展了他关于行星近日点的研究。坎贝尔监测了这些进展，并发表了一篇短文，总结了试图解释天体在太阳系中所观测到的位置与牛顿引力理论所预测的位置之间的差异。他提到“弗里茨·瓦克（Fritz Wacker）、洛伦兹和德西特讨论了相对性原理，作为解释行星近日点运动中现存残差的一个可能重要因素”。[16]

坎贝尔发表这些评论的时候，他对“相对性原理”一种全新研究的观测方面产生了浓厚兴趣。“壮丽的”日食底片集说服布朗放弃了与月球运动理论有关的“祝融星”的想法，而拍摄这些底片的镜头是新的研究工具；但该项目与行星近日点运动中的反常无关。日食底片和镜头帮助人们首次探索了光线在引力场中的弯曲。这项工作在1912年以后的利克日食观测队的研究议程上，演变成一个新问题——“爱因斯坦难题”。

爱因斯坦找到一个天文学家

弗罗因德利希，一名位于巴贝尔斯堡的柏林天文台的初级观测员，很可能是第一个听说爱因斯坦关于相对论天文学结果新工作的天文学家（图3.3）。1911年8月，布拉格的德语大学宇宙物理研究所的一名演示员莱奥·文

图3.3　弗罗因德利希1929年在日食远征观测队。（波茨坦天体物理研究所提供）

策尔·波拉克（Leo Wentzel Pollak）参观了天文台。带领游客参观，是弗罗因德利希工作的一部分。波拉克对爱因斯坦很友好，因为爱因斯坦最近来到布拉格，担任理论物理学教授。他向弗罗因德利希讲述了爱因斯坦关于引力对光传播影响的新论文，并呼吁天文学家验证爱因斯坦的天文预言。弗罗因德利希顿时被这个消息迷住了。他在天文台的工作主要是例行观测。1905年至1910年，他在哥廷根接受数学和天文学方面的训练，师从包括天体物理学家卡尔·施瓦西和数学家费利克斯·克莱因（Felix Klein）在内的杰出教师。弗罗因德利希毕业后，克莱因帮他在天文台找到了一个职位，担任台长赫尔曼·施特鲁韦的助理。弗罗因德利希抗议说他几乎不懂实用天文学，老师告诉他："你上大学不是为了学东西，而是为了学会如何学。你要去柏林。"弗罗因德利希在天文台的工作，在智力上并不具有挑战性。它包括编纂极星的分区星表，光度观测，以及与莱奥·库瓦西耶（Leo Courvoisier）合作研究子午环。波拉克关于爱因斯坦工作的消息，预示着一个令人耳目一新的变化。[17]

同一天晚上，弗罗因德利希给爱因斯坦写信，提出帮助寻找太阳或木星附近的光线弯曲。早在布拉格，波拉克告诉爱因斯坦关于这位年轻的柏林天文学家的事情，爱因斯坦就允许他给弗罗因德利希寄其文章的证明。“爱因斯坦教授给了我严格的命令，”波拉克写道，“我要告诉你，他本人非常怀疑这些实验能否成功地用除了太阳以外的任何东西来完成。”他敦促弗罗因德利希“把你对天文验证的看法进一步报告给我，或者给爱因斯坦教授”。[18]

弗罗因德利希和爱因斯坦开始就这个课题通信，研究测量光线弯曲的各种可能性。弗罗因德利希担心太阳的大气层会给观测带来困难，并希望此种效应在木星附近可能是可探测的。爱因斯坦确信这颗行星太小，无法测量。“我完全清楚，通过实验来解答这个问题并非易事，”他写道，“因为太阳大气层的折射有可能会产生干扰。不过，有一点可以肯定：如果此种偏转不存在，那么这个理论的这些假设就是错的。必须记住，这些假设尽管似乎是合理的，但它们毕竟是十分大胆的假设。要是我们有一颗比木星大得多的行星就好了。但是，大自然并不认为让我们能更容易发现她的定律是她份内的事。”[19]① 爱因斯坦提出弗罗因德利希测量过去一次日食的底片，这次日食是由天文学家当年晚些时候在汉堡天文台拍摄的，弗罗因德利希用旧的日食底片开启了这条研究思路。

为了避免等待日食，弗罗因德利希提出，可能能够随时拍摄太阳附近的恒星。爱因斯坦则持怀疑态度。对密友海因里希·灿格（Heinrich Zangger），他提到了弗罗因德利希的计划，“在明亮的白昼，用一种精明的方法测量恒星在太阳附近的视位置。但我还不能相信这一点。”② 他礼貌地问弗罗因德利希这是否“真的可能”，接着写道，如果这点能实现，“那么毫无疑问，您在确定这个理论是否正确方面将会取得成功”。③ [20]

幸运的是，那年11月，一位柏林天文台的访客为弗罗因德利希打开了研究这个问题的另一条途径。在利克天文台工作期间，成功解决了“祝融星难题”

① 《爱因斯坦全集》第五卷，298页。

② 同上，305页。

③ 同上，306页。

的查尔斯·狄龙·珀赖因于1909年离开利克，成为科尔多瓦南半球天文台的台长。当弗罗因德利希告诉他爱因斯坦关于光线弯曲的预言，珀赖因建议他写信给各路天文学家，他们可能有旧的日食底片，可以在底片上面测量星像的偏折。当然，他提到了利克的“祝融星底片”。弗罗因德利希立即起草了一封通函，寄给了包括利克在内的好几个天文台，请求“拥有日食底片的天文学家的支持”，以验证爱因斯坦所预言的太阳所致光线偏折。[21]

第一个回应，是哈佛学院天文台台长爱德华·查尔斯·皮克林。他称赞弟弟威廉（William）① 发明了“拍摄日食和恒星在同一底片上的最佳方法”。威廉曾在1900年5月28日的日食期间尝试过，但它抹掉了暗星的图像。皮克林告诉弗罗因德利希，史密森学会的塞缪尔·皮蓬特·兰利（Samuel Pierpont Langley）改进了他弟弟的方法，而利克的坎贝尔也如法炮制，“取得了更好结果”。他没有详细说明兰利和坎贝尔如何改进这项方法，但他向弗罗因德利希暗示，他们的底片可能记录了他想要的信息。皮克林不认为哈佛日食底片藏品是有用的，但提到他的天文台有许多恒星“经过木星非常近”的照片，指出这些照片可能也显示了此种效应。[22]

弗罗因德利希告诉皮克林，对木星的影响太小，无法测量，但他继续研究日食底片的问题。[23] 他又寄了一份通函给史密森学会的秘书，后者回报了他兰利的若干旧底片。美国海军天文台（U.S. Naval Observatory）提供了1905年8月30日那次日食时拍摄的两张照片。[24] 弗罗因德利希对来自诸多美国天文台的回应十分震惊，因为“在欧洲几乎根本不存在（这样的底片）”。[25]

爱因斯坦很高兴弗罗因德利希成功得到了天文学家们的支持。“你能如此热情地从事光线偏折问题的研究，我感到十分高兴，并很好奇想知道对现有底片进行检查会得出什么结果。这是一个非常重要的问题。从理论观点看，这种效应很可能确实存在。”[26] ②

---

① William Henry Pickering, 1858–1938；Edward Charles Pickering, 1846–1919。兄弟俩皆为美国天文学家。

② 《爱因斯坦全集》第五卷，362页。译文有所改动。

弗罗因德利希的通函，从未送到利克天文台合适的办公桌上。由于没有收到任何回复，他又直接给坎贝尔写了第二次信，提到珀赖因的建议“特别适合您”。他要了所有显示太阳和恒星在同一视场的日食底片的玻璃复制品。“我不必向您保证，我整个调查的结果在很大程度上取决于您的热心支持，您可以想象我将多么感激您。”他告诉坎贝尔，他已经收到皮克林、艾博特（Abbot）、“海军天文台和英国天文台”的来信，他们都承诺“支持我的调查”。[27]

坎贝尔告诉弗罗因德利希，他看过爱因斯坦的论文，“我们将很高兴尽可能帮助你验证这个问题”。他让弗罗因德利希参考三份利克出版物中描述珀赖因“在搜寻水内行星的过程中”拍摄的照片。坎贝尔承诺，将所有貌似适用的珀赖因底片，连同日食发生前几个月用相同仪器拍摄的同一恒星区域的对应的图底片玻璃上的正片，都寄出去；但他对底片的适用性仍持保留态度。“不幸的是，这些底片都没有太阳在视场中心的图像；我相信，在任何情况下，太阳的图像都在或接近底片的边缘”。坎贝尔担心由此产生的像差会“很麻烦”，但他继续告诉弗罗因德利希大底片的尺寸，以便他可以设计出合适的测量仪器。[28]

鉴于“祝融星底片”很可能不适用于手头的任务，坎贝尔提出把“祝融星”照相机借给珀赖因，尝试一下在1912年10月9日至10日巴西日食中弗罗因德利希的问题。这些照片将以太阳图像为视场中心拍摄。坎贝尔建议弗罗因德利希给珀赖因写信，他同日也致信珀赖因催促他去，并建议使用的程序。[29]

弗罗因德利希很高兴坎贝尔的回应，急切等待着利克底片的到来。“幸运的是，”他给坎贝尔写道，“爱因斯坦先生所宣布的效应随着距太阳距离的增加而迅速减小，因此，通过测量两颗恒星距太阳或多或少的距离，我至少能够测量出这种简单效应几乎没有减弱。也许，在太阳的南北两侧也会发现一些恒星。”[30] 至于即将到来的日食，弗罗因德利希接受了坎贝尔的好意，他本人和台长赫尔曼·施特鲁韦（“也很高兴，如果有人能在未来的日食中为我的目的弄到好的底片。”）都表示感谢。然而，施特鲁韦后来却对弗罗因德利希的计划产生了不满。

珀赖因同意扩大他的日食项目，包括弗罗因德利希的调查，并亲自拍摄照片。坎贝尔通过天文学家威廉·约瑟夫·赫西（William Joseph Hussey）寄来了镜头。珀赖因于1912年9月13日离开布宜诺斯艾利斯，日食发生在10月10日。几天后，坎贝尔收到一封来自哈佛（美国天文学通信中心）爱德华·C.皮克林的电报："来自巴西的皮克林电报，下雨。"[31]

与此同时，对旧"祝融星底片"的测量工作开始放缓。底片对复制足够敏感，必须从纽约运来。底片于1912年4月30日到达利克，坎贝尔安排希伯·道斯特·柯蒂斯生产副本。[32] 柯蒂斯追踪了爱因斯坦的著作，知道光被太阳弯曲的那个公式。他把它写在一张小纸片上（图3.4a），计算了距太阳三个不同角距离的偏离值：

在边缘处	0.83秒
离边缘1度处	0.28秒
离边缘6度处	0.06秒

"应该有可能，"他说，"从几百颗恒星上肯定得到这个结果。"包含这些计算的那张纸，与柯蒂斯对诸多底片的评估（图3.4b）相吻合。柯蒂斯总结道："为弗罗因德利希调查的目的，怀疑如果多于6或8张（底片）就很有用了。"[33]

柯蒂斯选择了一些来自西班牙日食和弗林特岛（Flint Island）日食的底片。他拒绝了在埃及阿斯旺拍摄的照片，因为对于弗罗因德利希的测量，"这些底片上只显示很少的恒星，而且图像落后到让它们毫无用处的程度"。1912年6月6日，他通过史密森学会国际交流局把这些底片寄到柏林。柯蒂斯提醒弗罗因德利希，很难做出此种测量："即使是在原始负片上，许多星像也非常微弱，要辨认出来非常困难；我担心在许多情况下，你在副本上根本看不清它们，尽管我故意把正片印得很薄，以免由于曝光过度而把这些非常模糊的图像涂掉。"更糟糕的是，1908年的弗林特岛底片有两次曝光，柯蒂斯提醒弗罗因德利希"避免在小斑点或瑕疵上校正"，而不是在星像上。柯蒂斯指出，为充分解决这个问题，"底片应该与日面中心一起拍摄，照相机应该按照恒星速率而不是太阳速率，如同所有这些日食底片的情况一样"。[34]

在珀赖因的日食远征观测队因雨而取消的第二天，乐观的弗罗因德利希没

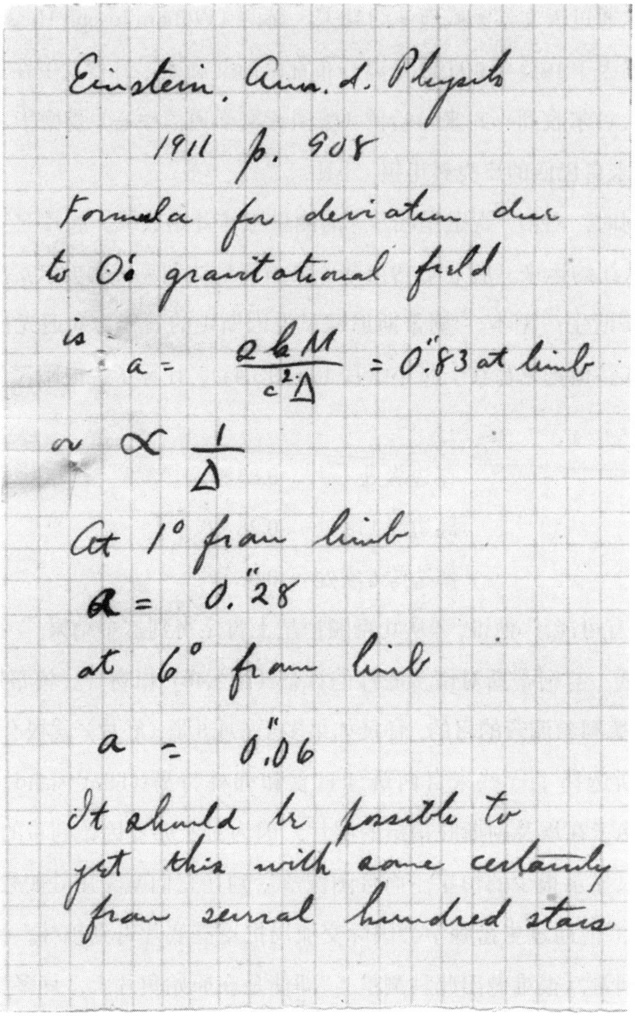

Einstein. Ann. d. Physik
1911 p. 908
Formula for deviation due
to ☉'s gravitational field
is $a = \frac{2kM}{c^2\Delta} = 0''.83$ at limb
or $\propto \frac{1}{\Delta}$
At 1° from limb
$a = 0''.28$
at 6° from limb
$a = 0''.06$
It should be possible to
get this with some certainty
from several hundred stars

图3.4a 希伯·柯蒂斯在1912年春天的笔记，计算光线在与太阳不同角距离下的弯曲。“☉”意为“太阳”。（加州大学圣克鲁兹分校大学图书馆利克天文台玛丽·莉·沙恩档案馆提供）

有意识到巴西的失败，写信给坎贝尔说，“祝融星底片”到了。几个月前，收到来自史密森学会的底片，弗罗因德利希用从波茨坦的卡尔·施瓦西那里借来的仪器测量了其中一张底片上所有恒星的坐标。来自海军天文台的底片，却在运输途中损毁了。弗罗因德利希对史密森学会和利克底片的可能性持乐观态度，

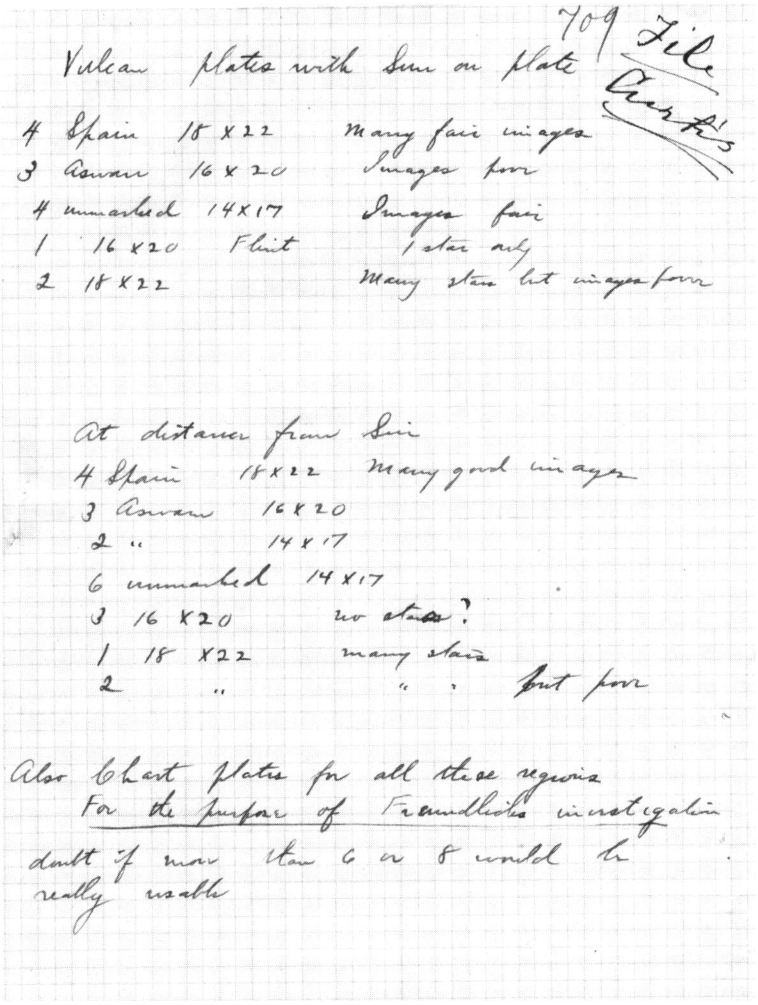

709 File
Curtis

Vulcan plates with Sun on plate

4 Spain 18 x 22 Many fair images
3 Aswan 16 x 20 Images poor
4 unmarked 14 x 17 Images fair
1 16 x 20 Flint 1 star only
2 18 x 22 Many stars but images poor

At distance from Sun
4 Spain 18 x 22 Many good images
3 Aswan 16 x 20
2 " 14 x 17
6 unmarked 14 x 17
3 16 x 20 no stars?
1 18 x 22 many stars
2 " " but poor

Also Chart plates for all these regions
For the purpose of Freundlich's investigation

doubt if more than 6 or 8 would be really usable

图3.4b 柯蒂斯对测量“爱因斯坦效应”的“祝融星底片”的评估。（加州大学圣克鲁兹分校大学图书馆利克天文台玛丽·莉·沙恩档案馆提供）

并未要求更换新的底片。[35]

旧的日食底片，结果证明和来自巴西的消息一样令人失望。在弗罗因德利希收到的所有底片上，包括“利克天文台非常珍贵的底片”，这些不够清晰的星像构成了“成功测量底片的错觉”。波恩的卡尔·弗里德里希·屈斯特纳（Karl

Friedrich Küstner）检查了一个较好的利克底片，并且一致认为，因为它们用来寻找水内行星，所以它们对于光线弯曲问题毫无用处。[36]

弗罗因德利希测量日食底片的方法，与后来公认的程序不同。他测量了日食底片上每颗星的直线坐标，测量了图底片上比较星的坐标，然后根据每颗星两个测量值的差值计算出偏折。这种绝对测量法是这个时期典型的托普费尔机，弗罗因德利希从施瓦西那里借来的。[37] 尽管对图像的跟踪和对复制品的依赖使弗罗因德利希的事业流产，但绝对测量法在任何情况下都会产生不可容忍的巨大误差。柯蒂斯也喜欢绝对法，但坎贝尔更喜欢较差法，即日食底片的正片叠加在比较底片的负片上，只测量星像之间的差异。这个事项，在随后针对这个问题的攻击中变得至关重要。

爱因斯坦感谢弗罗因德利希，"非常感谢您的详细报告以及对我们的问题所表现的强烈兴趣。很可惜，迄今为止，已有的观测照片都不够清晰，无法进行这样的测量"。他一直在思考弗罗因德利希早些时候提出的在白天拍摄太阳附近恒星的建议。他现在认为这是可能的，即使他在大学的天文学家同事"明确否定了这种想法，理由是靠近太阳的大气亮度增加非常迅速"。爱因斯坦认为，在海拔较高、纬度非常干燥的地区，"白天，应该有可能观察到靠近太阳的恒星，并对它们进行测量。"[38] ① 爱因斯坦告诉这位年轻的天文学家合作者，他的理论研究"经过难以形容的艰苦工作之后，进展顺利，所以机会很好，引力的普遍动力学方程式很快就要提出"。②

爱因斯坦在讲德语的欧洲声名鹊起。过去一年，几家机构向他示好，他最终接受了苏黎世的一份工作。他的老朋友、前同学马塞尔·格罗斯曼（Marcel Grossmann），1911年被任命为数学系主任，引诱他回来。1912年8月，爱因斯坦一到苏黎世，就开始与格罗斯曼合作，试图建立一个广义引力理论（图3.5，图 3.6）。在布拉格，他隐约感觉到引力与几何有关。他知道高斯曲面理论的数

① 《爱因斯坦全集》第五卷，466页。

② 同上。

图3.5　爱因斯坦1912年回到苏黎世当教授。（苏黎世ETH图书馆图片档案馆提供）

图3.6　数学家马塞尔·格罗斯曼，爱因斯坦的校友，他把爱因斯坦带回苏黎世，并在广义相对论上与他合作。（苏黎世ETH图书馆图片档案馆提供）

学会很有用。他需要一位数学家帮他找到正确的几何，于是爱因斯坦求助于朋友。“格罗斯曼，你一定得帮我，不然的话，我会发疯的！”[39] ① 他帮了忙。格罗

① 《上帝难以捉摸：爱因斯坦的科学与生平》，亚伯拉罕·派斯著，方在庆译，商务印书馆，2017年，270页。

斯曼向爱因斯坦介绍了黎曼几何，黎曼几何虽然很难，却保证了用一种完全独立于观察者坐标的方式表达物理定律。在这两人共同研究的理论中，引力被表示为一个四维实体，称为张量。张量有16个分量。具有多个张量的方程，其中的关系很复杂。你若把两个张量相乘，则必须记录每个张量的16个分量。在爱因斯坦方程中，一个张量代表质量和能量（应力–能量张量）。另一个代表时空几何。大约在此期间，爱因斯坦写信给物理学家阿诺尔德·索末菲，说他一直在研究引力问题，并且相信“在我一位数学家朋友的帮助下”自己一定能克服困难。这段经历使他“对数学产生了极大尊重，数学中更微妙的部分直到现在，在我无知的时候，我还认为这是纯粹的奢侈！”与这个问题相比，他告诉索末菲，“最初的相对论是小儿科”。[40] 索末菲希望爱因斯坦能来哥廷根谈论量子理论，他写信告诉数学家大卫·希尔伯特（David Hilbert），“显然，爱因斯坦如此沉迷于引力，以致对其他一切都充耳不闻”。[41]

又过了3年，爱因斯坦才能够为广义引力理论提出一个令人满意的表述。与此同时，弗罗因德利希把注意力转向了日食观测，以发现爱因斯坦光线弯曲。他还转向了太阳光谱学设法验证爱因斯坦引力红移预言。

太阳光谱之谜

自从亨利·罗兰（Henry Rowland）在19世纪晚期开始绘制夫琅和费线（Fraunhofer lines），研究人员就注意到谱线有系统的（尽管复杂的）向红端位移。美国光谱学家刘易斯·E.朱厄尔（Lewis E. Jewell）在19世纪90年代后期进行了论证，这种位移是有系统的，由于一些物理原因，而不是多普勒效应。朱厄尔比较了电弧中太阳吸收线和相应发射线的波长。他能够表明，除了少数例外，太阳谱线相对于电弧谱线，是朝着光谱的红端位移的，故有了这个术语“红移”。就在朱厄尔宣布研究结果后不久，其他人的实验室工作揭示，造成红移的原因似乎是压强，而不是温度。10多年后，法国光谱学家夏尔·法布里（Charles Fabry）和亨利·比松（Henri Buisson）用干涉仪检测了太阳中的中性铁、空气中的电弧和真空电弧的谱线。他们能够确定，压强倾向于以一种复杂方式拓宽和移位电弧谱线，这种方式与他们在太阳中观测到的情况类似。[42]

威尔逊山天文台的阿瑟·斯科特·金（Arthur Scott King）研究了压强如何影响几种不同元素（尤其是电炉中产生的铁）的谱线。在20年（1908—1929年）里，他证实了压强效应与熔炉温度、铁蒸汽密度或蒸汽样品中的杂质无关。[43] 当金开始这项工作时，威尔逊山太阳天文台仍然主要从事太阳工作。60英寸（约152.4厘米）口径反射望远镜尚未开始工作，大部分工作人员从事关于太阳的日间工作。望远镜安装的各个部件，包括5吨重的叉座，到1908年6月都在山上，60英寸镜面终于在12月7日安全就位。20日，人们用该仪器拍摄了第一批照片。[44] 沃尔特·悉尼·亚当斯在叶凯士天文台从事恒星光谱学工作，海尔时任天文台台长。1904年，他决定跟着海尔去威尔逊山天文台。60英寸反射望远镜投入使用，亚当斯又回到了恒星光谱学领域。在这一领域，他因发现了测量恒星距离的光谱学方法而声名远扬。在重返恒星光谱学之前4年期间，亚当斯与海尔等人一起研究太阳光谱学。[45]

亚当斯研究的问题之一，是比较日面边缘和日面中心太阳谱线的波长。在不参考实验室波长的情况下，对来自太阳不同部分的谱线进行相对比较，可以避免实验室光谱的模糊性。① 好望角天文台的雅各布·哈姆于1907年率先报告，日面边缘的铁线相对于日面中心的铁线会发生红移。2年后，法布里和比松证实，这种效应适用于除铁以外的其他元素；但是天文学家尚未得出明确结论，需要改进分辨率更高的设备。[46] 测量太阳中的边缘-中心位移，成为一个重要研究问题。

在威尔逊山天文台，早些年用于太阳光谱学的主要仪器是斯诺望远镜（图3.7a），这是海尔在叶凯士天文台设计的一种水平仪器，并把它带到加利福尼亚，以便建立威尔逊山太阳天文台。[47] 海尔断定，垂直太阳望远镜会更好。光学部件将在顶部，将太阳图像直接投射到一个包含摄谱仪的地下温控观测室。

---

① 金和其他人在铁弧的实验室研究揭示了实验室光谱的复杂性，当直接将实验室光谱与太阳光谱进行比较时，会引入可能的误差源。——原注

他设计了60英尺（约18米）口径塔式望远镜，于1908年投入使用（图3.7b）。[48]

在用塔式望远镜第一年进行的研究项目中，亚当斯研究了太阳谱线的边缘-中心位移。由于光学部件高于地面上热效应的高度，新仪器具有高色散[①]和稳定的太阳图像，允许进行决定性测量。1908年，海尔报道："对日面边缘和日面中心光谱的比较研究，有利于得出边缘（消除多普勒效应后）附近谱线的相对位移是压强所致的结论。"[49] 1910年，亚当斯发表了他研究的最终结果。[50] 情况比海尔两年前所描述的要复杂一些。对于大多数谱线，红移随波长的变化有利于压强诠释，但对于氰所致的谱线，压强诠释不起作用。实验室实验已经证实，氰线对压强不敏感，但它们在太阳中的边缘-中心位移为非零。为了解释这一肯定结果，亚当斯求助于速度（多普勒）效应（图3.8a）。他认为，氰气体是从太阳径向向外辐射出来的。从地球上看，日面中心的气体会接近望远镜，而边缘的气体会与视线正交移动。来自中心的谱线会向紫端移动，而来自边缘的谱线则不会（图3.8 b）。这种模式将导致边缘谱线对比中心谱线的相对红移。

当亚当斯在威尔逊山天文台用这台强大仪器进行开创性工作时，另一位研究者在地球另一端的太阳天文台——英国光谱学家约翰·埃弗谢德（John Evershed）在印度南部的科代卡纳天文台（Kodaikanal Observatory）——也在考虑同样的问题。作为英国的许多业余人士之一，埃弗谢德开始其科学生涯是在萨里郡肯利建立的一个私人天文台从事光谱研究。1906年，埃弗谢德接受了科代卡纳天文台助理台长的任命。这是他作为天文学家获得的第一个专业职位，时年42岁。在去印度的途中，他拜访了美国的天文学家，驻留威尔逊山一个月。他于1907年1月21日到达科代卡纳。[51]

一年之内，埃弗谢德从事了好几条光谱研究思路。他包括"确定（太阳）黑子和边缘光谱中某些谱线的相对移位；选择的谱线是那些承受巨大压强位移的谱线"。他还在研究"哈姆在日面边缘处发现的谱线向红端总体位移的量

① 扩展到光谱之外，使测量单个谱线更加容易。——原注

图3.7a 威尔逊山上的水平斯诺望远镜。(华盛顿卡内基研究院海尔天文台提供)

图3.7b 威尔逊山上的60英尺(约18米)塔式望远镜。(华盛顿卡内基研究院海尔天文台提供)

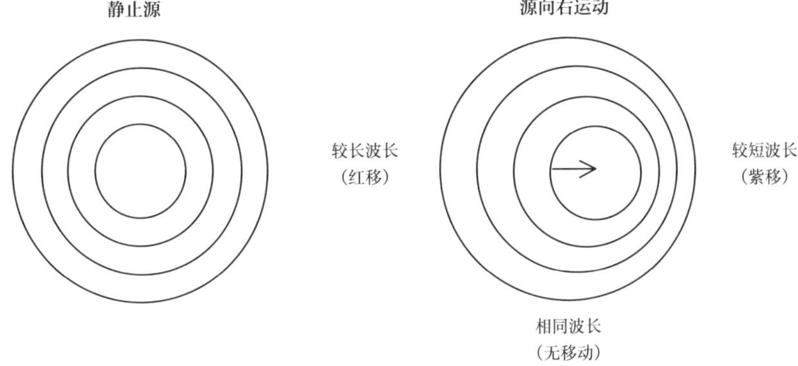

图3.8a 天文学家利用多普勒频移确定恒星沿视线的速度（视向速度）。他们拍摄恒星的光谱，并将恒星的谱线与摄谱仪上铁弧的谱线进行比较。朝向地球运动的恒星发出的光对比弧光谱线会向紫端位移，而远离地球的恒星的谱线会向红端位移。此种移位的量，使天文学家可以计算这颗恒星相对于地球的速度。

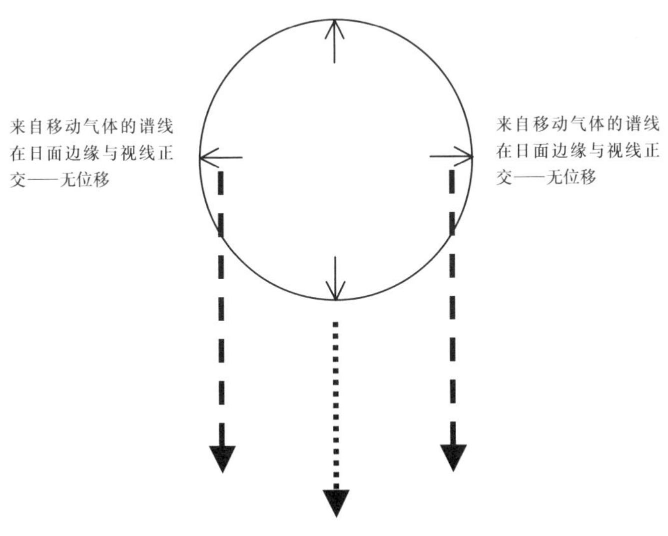

图3.8b 氰气体非零边缘-中心位移的速度诠释。若氰气体上升，则在日面中心上升的气体将向观测者移动，吸收线将向紫端移动。边缘处的氰气体与视线正交，吸收线不会移动。相对于来自中心的谱线，来自边缘的谱线向红端位移，故有非零红移。

图3.9　约1909年，约翰·埃弗谢德在印度的科代卡纳尔天文台。他于1911年至1923年担任台长。（印度天体物理研究所档案馆提供）

的决定因素和可能原因”。[52] 他对边缘–中心位移的初步观测，表明了其复杂性。总之，“这些测量，清楚显示出边缘的所有谱线都向红色端位移”。然而，与中心的相同谱线相比，受压强影响最大的某些谱线被移向相反方向——向紫端位移。埃弗谢德还不能确定红移的精确量。[53]

在进行太阳黑子光谱的研究时，埃弗谢德做出了一个以前所有研究人员都忽视的重要发现。其他人通常研究接近太阳中央子午线的太阳黑子。埃弗谢德在不同位置（中央子午线两侧可达50度）观测黑子。他发现黑子离边缘越近，谱线在黑子外部区域的位移就越明显。这个模式表明，物质从黑子中心与太阳表面平行呈放射状向外流动。[54] 这个所谓“埃弗谢德效应”的发现，确立了埃弗谢德作为一个细心观测者的声誉（图3.10）。

同一年，也就是1909年，埃弗谢德提出了挑战公认的解释，即压强是太阳谱线红移背后的主导力量。[55] 他使用了实验室和太阳光谱的最新数据。对于铁

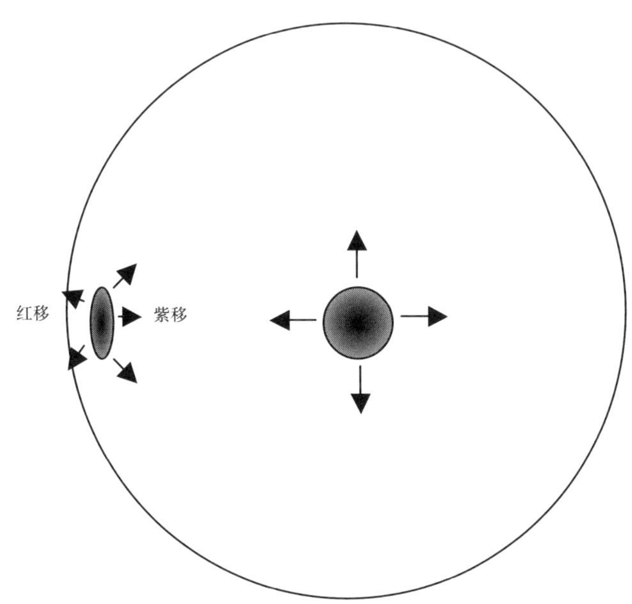

图3.10　埃弗谢德效应。从日面中心的太阳黑子向外径向辐射的气体与视线正交，故谱线没有位移。在边缘附近，黑子对观测者成一个角度。黑子远侧的气体在远离观测者，而黑子近侧的气体在接近观测者；这就是谱线的位移。

弧，他有海因里希·凯泽在正常压强下弧中的铁线表。就太阳而言，他使用了亨利·罗兰的太阳谱线初步表。埃弗谢德将谱线分成两组，一组受压强影响最小，另一组受压强影响最大。[56] 然后，他确定了两组的太阳-弧差异。两组之间的任何差异只能是由于压强，因为由压强以外的原因造成的任何相对位移对所有谱线都同样适用。在两组的位移比较中，它们将被消除。埃弗谢德发现，两组之间的差异很小。太阳大气中的压强（0.13）小于1个大气压，就可以解释这些现象。所有其他研究人员获得的太阳压强，从2个大气压到7个大气压不等。

到1912年，埃弗谢德（时任天文台台长）在年度报告中写道："整个研究的总体结果，虽然远未完成，似乎把疑问投向谱线位移的通常诠释：将太阳谱线的总体位移，以及边缘谱线的相对位移，皆归为压强的效应。"[57]

1911年8月，荷兰物理学家威廉·尤利乌斯（Willem Julius）写信给爱因斯坦，问他是否有兴趣在乌特勒支大学任教，并介绍了太阳光谱的复杂性。爱因斯坦最终谢绝了，选择了苏黎世，但两人开始了关于太阳的活跃通信。尤利乌斯最近提出色散是解释太阳红移的一种机制，爱因斯坦对他的新引力红移进行了试探。他写道："非常重要的是，要确切地了解这种位移是否**必然会以所观测到的量值**作为色散的结果而出现。如果是的话，那么我心爱的理论就只能扔进废纸篓了。"[58]① 尤利乌斯向爱因斯坦保证，色散和引力不一定相互排斥。他承认，"天体物理学家不'相信'反常色散对此现象的巨大影响，也许他们害怕这样一种影响"[59]②。

尤利乌斯感兴趣的是，引力是否可以解释从日面中心到边缘的位移增加。爱因斯坦向他保证，他的理论"导致了约0.01埃的恒值位移，与太阳表面的位置无关"。③ 尤利乌斯告诉他，威尔逊山的海尔和亚当斯发现，太阳色球层的发射线相对于日面边缘的吸收线表现出非常小的位移。爱因斯坦误读了尤利乌斯的信，认为色球谱线与地面谱线相比，而不是与来自边缘的谱线相比。很小的位移，基本上意味着太阳和地球之间的位移为零。"如果这些谱线非常精细，"他说，"那么我相信，我的理论会被这些观察结果驳倒。"④ 爱因斯坦想得到尤利乌斯坦率的意见。

毕竟我十分清楚，我的理论建立在一个并不稳固的基础之上。引起我兴趣的是，它所得出的推论似乎可以通过实验来检测（主要是指引力场引起的光线的折射），而且它为从理论上理解引力提供了一个起点。重要的是显示我的结果与经验不相容——正是由于它的理论重要性；我所选择的道路也许是错的，但必须试一下。⑤

---

① 《爱因斯坦全集》第五卷，294页。

② 同上，297页。

③ 同上，308页。译文有所改动。

④ 同上。

⑤ 同上，308页。

尤利乌斯很快纠正了爱因斯坦的误解。他表明，事实上“色球谱线的平均位移正好具有您的理论所要求的量值”。[60] ①

爱因斯坦和尤利乌斯继续通信，甚至有机会见面继续讨论。他们都认识到，解释太阳红移是复杂的。他们还承认，他们各自理论的某些方面并不相容。爱因斯坦敦促尤利乌斯就他们的讨论写信给威尔逊山的亚当斯，并帮助弄清问题的真相。“如果我们对太阳红移的理由能够得到某些可靠的知识，这是十分有意思的。”[61] ② 亚当斯用海尔塔式望远镜拍摄的照片质量给尤利乌斯留下了深刻印象，但他对亚当斯拒绝接受他的色散理论感到沮丧。“如果在威尔逊山，有朝一日，丰富的观测资料不仅从压强、多普勒效应和塞曼效应的观点来研究，而且从引力和反常色散的可能影响来研究，那将有巨大的意义。”③ 爱因斯坦表示赞同。“无论如何，我们必须把一切都告诉亚当斯，”他写道，“因为这些问题极其重要，压强假说即使不是毫无价值，当然也是不充分的。”[62] ④

到1912年，也就是埃弗谢德谴责亚当斯对红移的压强诠释那一年，爱因斯坦与尤利乌斯的讨论使他确信，要证明他所预言的太阳引力红移非常困难。他向弗罗因德利希指出，“光谱线向两边拓宽取决于多种原因［压强——光的色散（尤利乌斯）——运动（多普勒）］，以至于很难得出令人信服的解释”。⑤ 他问这位同事，太阳谱线中是否有非常明锐的谱线，可以用来验证他的理论。[63]

大约这个时候，从德国发端，人们对爱因斯坦关于红移的引力解释的兴趣开始攀升。1912年秋天，数理物理学家马克斯·亚伯拉罕（Max Abraham）在给天文学家卡尔·施瓦西的一封信中提出，相对论可能会被用来解释亚当斯早期关于日面边缘-中心位移的一些结果。亚伯拉罕指出，虽然亚当斯支持压强

① 《爱因斯坦全集》第五卷，310页。

② 同上，327页。

③ 同上，334页。

④ 同上，335页。

⑤ 同上，363页。

诠释，但他认为“这很可能是引力理论位移，中间的位移将部分由运动补偿”。亚伯拉罕承认，很难区分这3种效应：运动、压强和引力红移。[64] 大约一年后，施瓦西测量了从中心到边缘的5个不同位置的太阳-弧位移，发现这些位移比相对论预言值要小。爱因斯坦本人，则在1914年11月5日将施瓦西的研究成果提交给了位于柏林的科学院。[65]

与此同时，埃弗谢德一直在继续他的工作，以否证关于中心-边缘位移的压强诠释。1913年，他发表了一篇论文，认为此种相对位移不可能是压强所致。威尔逊山天文台的查尔斯·E.圣约翰（Charles E. St. John）发表了将谱线强度与太阳大气中的层面关联起来的结果。当太阳大气中的气体吸收从日面中心流出光线的特定频率时，谱线就会产生。从摄谱仪上看，太阳的光谱在特定频率处有一条暗线，光在那里被吸收。被太阳大气（靠近太阳表面）中的高层气体吸收所致谱线的压强，要小于低层气体所产生谱线的压强。圣约翰认为，压强越大，谱线强度就越强。因此，弱线可能是由于被太阳大气中压强较小的高层气体吸收所致，而强线可能来自推测压强较大的较低层面气体。埃弗谢德发现，弱线（较高层面）的平均太阳-弧位移比强线（较低层面）的位移要大——这些位移若由压强所致，则与人们的预期正好相反。[66]

埃弗谢德还批评了法布里和比松新近提出的太阳大气压约为5.5的证据。他将他和他们的数据之间的差异归因于弧中的差异。他声称，这些法国研究人员忽略了受压强影响最大的谱线，从而扭曲了最终结果。他的结论是，反变层中的压强一定小于一个大气压。当时，埃弗谢德并不知道爱因斯坦预言，并排除了压强的影响，他得出了“太阳谱线位移的唯一可能解释，是在视线范围内的运动”。他并未详细阐述自己的理论，该理论“涉及地球对太阳现象的视影响，类似于影响太阳黑子和日珥的分布”。眼下，他的主要目标是驳斥对红移的压强诠释。

大约这个时候，弗罗因德利希发表了一篇文章，引起人们注意爱因斯坦的引力预言。他指出，法布里、比松和埃弗谢德所获得的太阳红移值与爱因斯坦相对论性效应的预言值大致相同。[67] 在随后一篇于1914年发表的论文中，描述他与托马斯·罗伊兹（Thomas Royds）关于边缘-中心位移的非凡运动理论，埃弗谢德注意到了这一点。[68]

在排除了压强是导致边缘-中心位移的原因后，埃弗谢德剩下了运动。埃弗谢德能想到的唯一的运动解释，是“平行于太阳表面的运动，在太阳周长的所有点都指向远离地球的运动。这表明地球本身控制着此种运动，对太阳气体施加了排斥作用”。[69] 埃弗谢德承认，“压强理论提供了一个更合理的解释”，但他提出了坚决反对它的详细观测和论据。特别是，他仔细分析了亚当斯1910年论文的主要结果。[70]

亚当斯发现，中性铁线的边缘-中心位移随波长的增加比简单的线性增加要快得多。线性的波长依赖性，意味着速度位移。因此，亚当斯将高次幂律解释为压强效应的证据。埃弗谢德和罗伊兹通过测量弧-中心位移来验证亚当斯的结论。他们发现，弧-中心位移随着波长的增加而减小。然后，他们将弧-中心位移和边缘-中心位移相加，来确定边缘-弧位移。把这两种效应加在一起，总的边缘-弧位移对所有波长都保持不变。压强若是一个重要因素，波长就会有明显增加。

此外，亚当斯还发现了一个氰带小的正的边缘-中心位移。他将其归因于日面中心的氰气体的上升运动，这意味着中心的紫移或边缘相对于中心的红移。科代卡纳的观测者直接测量了弧-中心位移，发现日面中心的氰在下降，而不是上升。这与亚当斯的观点相矛盾，亚当斯认为，中心的紫移可以解释边缘-中心位移。埃弗谢德和罗伊兹把边缘-中心位移和中心-弧位移相加，发现边缘的氰在平行于太阳表面退行。这支持了他们的假说，即太阳气体正在从地球退行。

埃弗谢德和罗伊兹不愿接受自己的假说，又觉得必须这样做。他们写道：“在充分理解这个想法的荒谬之处同时，我们觉得地球对太阳黑子在可见圆面上的分布以及东、西边缘上的日珥的视影响可能是有某种确证。”两位作者认为，“地球效应假说是无可替代的，除非我们假设除了运动、压强之外，还有其他原因导致谱线位移”。在这里，他们求助于相对论。“根据爱因斯坦的‘相对性理论'，太阳引力场应该会降低所发射光的频率，我们在圆面中心发现的向红端的平均位移与E. F. 弗罗因德利希计算的理论引力位移非常接近。"然而，他们指出，在中心的位移因谱线而异，而且边缘位移不随波长而变化，"这些事实显然给这种解释提供了严重困难"。[71]

在威尔逊山，埃弗谢德的研究激发了深入的调查，以检验他的观测结果和结论。当埃弗谢德开始提出与亚当斯等人关于边缘-中心位移的压强诠释相矛盾的结果，亚当斯已在进入恒星光谱学领域。此种太阳工作，被一个相对较新来者查尔斯·爱德华·圣约翰接管。[72] 圣约翰加入威尔逊山天文台的工作人员时，亚当斯刚刚开始太阳塔式望远镜的工作，而金在开始压强位移的实验室研究。1896年获得哈佛大学博士学位后，圣约翰在密歇根大学任教一年，之后在奥伯林学院讲授物理学和天文学11年。圣约翰花了很多假期在叶凯士天文台做天体物理学研究，在那里他和海尔、亚当斯和其他后来追随海尔前往威尔逊山的人很友好。圣约翰在55岁时决定结束教书生涯，并辞去在奥伯林的系主任职位，将余生皆奉献给研究。[73] 在威尔逊山，圣约翰后来成为世界领先的太阳光谱学家之一。

圣约翰来到太阳天文台2年后，开始对最近发现的埃弗谢德效应进行一系列的调查。在证实和放大这位英国光谱学家的发现时，他一定已经开始欣赏另一个人的技巧和独创性。[74] 作为对埃弗谢德对亚当斯工作批评的回应，圣约翰开始了对氰带的广泛研究，以验证埃弗谢德对非零位移的观测。这项直到1917年才发表的调查结果，与验证爱因斯坦引力红移密切相关。

从1914年起，对太阳光谱中的谱线位移的研究，试图将引力红移作为压强、速度和反常色散之外的可能贡献机制。在相关研究人员意识到此相对论预言之前，仪器和方法皆已齐备。他们将爱因斯坦验证纳入为其他问题开发的研究项目。同样的情况也发生在利克天文台，在那里，他们对水内行星进行了日食验证，以寻找在日食时爱因斯坦光线弯曲预言。

1914年的俄罗斯日食

弗罗因德利希未能从旧的日食底片上获得任何有用的测量数据，于是把注意力转向了即将到来的日食，这次日食将于1914年8月21日在邻近的俄罗斯可见。在一篇描述他的否定结果的文章中，他宣布愿意与任何希望在日食时拍摄照片的人合作，并详细说明了进行充分观测的要求。弗罗因德利希问坎贝尔，他是否会参加。“把您的照相机寄给最近一次日食的珀赖因教授，您真是太好了。非常感谢您的支持，为我的问题获取底片。”坎贝尔答应说，若如他所愿，利克天文台派出一支观测队，那么，“我们会计划拿到符合您的问题要求的照片；也就是说，将太阳图像置于场中心，并调整转仪钟以追踪恒星”。他“很乐意立即把它们寄到柏林天文台供您使用”[75]。这位利克台长附加了一个合作条件：“您获得的任何结果皆由您在《通报》（*Nachrichten*）上初步公布，或者以其他方式公布，您关于该主题的论文全文将以《利克天文台公报》（*Lick Observatory Bulletin*）发表。”

由于两个月他都不知道观测队的资金能否到位，坎贝尔不屑制订详细的计划。“正如我们在这个国家所言，”他对弗罗因德利希说，“小鸡未孵，勿数雏；也就是说，我们不会去（观测）日食，或者就算我们去了，云或其他因素会阻止我们的计划成功。”

弗罗因德利希希望几个小组，包括利克和他自己的天文台，能够得到结果，他可以把所有的结果汇集起来。他问坎贝尔是否考虑发表一篇完整论文，包含所有获得的底片的结果。弗罗因德利希希望坎贝尔同意，用德语同步出版论文。“这篇论文将有更大的科学价值，”他建议，“如果基于整个材料，你会理解，我想用我的母语发表一篇完整论文。”坎贝尔顺从了，最后，两人都把这个问题搁置了。[76]

弗罗因德利希试图邀请格林尼治天文台（Greenwich Observatory）参与他的项目，但天文台台长弗兰克·戴森（Frank Dyson）予以拒绝：“这将是一项极其精细的研究，在日食期间进行，若未完全超出目前的可能性，那么我不敢保证专门为此目的拍摄照片。”戴森确实向JPEC提出了弗罗因德利希的申诉，作为皇家天文学家，戴森是JPEC的主席。委员会决定“需要一种特殊设备才能令人满意地完成这项工作，而且……没有合适工具可供它使用”。[77] 事实上，JPEC资助了不止一次到俄罗斯的观测队，如果有人愿意，仪器可以适应弗罗因德利希的问题。

坎贝尔监测了欧洲关于相对论在天文学上影响的科学文献。1913年5月，他写了一份简短报告，指出相对性原理可能是解释行星近日点运动现存残差的一个重要因素。[78] 就在同一个月，他得到消息，利克天文台长期赞助人之一，加利福尼亚大学的理事威廉·H.克罗克（William H. Crocker）的资助已经通过。坎贝尔计划于次年8月访问德国，参加在波恩举行的国际太阳联合会会议和在汉堡举行的天文学会会议。他向弗罗因德利希建议他们见面讨论日食观测，“这样他们就能尽量满足你的要求”。作为天文台的初级成员，弗罗因德利希未去参加会议，故坎贝尔专程去见他。[79] 坎贝尔赞同弗罗因德利希，总体上倾向于德国。他完全满足于贡献观测，让这位德国同事测量并记录结果。

坎贝尔访问德国时，恰逢天文学家间的国际关系处于一个高潮。柏林天文台（起初拒绝加入国际太阳研究联合会），接受了英国和美国成员的提议进行选举。在会上，作为美国科学院院士的坎贝尔附议了英国的赫伯特·霍尔·特纳（Herbert Hall Turner）的提议。[80] 在波恩会议和汉堡会议上，德国天文学家非常热情好客。“不仅科学会议取得了成功，”坎贝尔在给海尔的报告中说，“而且社交安排非常广泛，非常愉快。随后会议的东道主将付出艰辛努力，以达到波恩会议设定的高标准。”回到美国后，坎贝尔发表了一篇内容丰富、热情洋溢的会议报告。特纳也为英国人写了一份类似报告。[81]

爱因斯坦对弗罗因德利希从国外天文学家那里得到的回应感到高兴。“非常感谢您写来的有趣的信。正是由于您的热心，”他在8月写道，“现在天文学家们也开始对光线弯曲这一重要问题表现出兴趣了。”① 爱因斯坦在德国的科

① 《爱因斯坦全集》第五卷，508页。

学期刊上与物理学家们就相对论进行了热烈交流，他还为这位天文学家同事概述了他“对其他流行的引力理论的观点”。在贬损马克斯·亚伯拉罕和古斯塔夫·米（Gustav Mie）的理论时，他指出，贡纳尔·诺尔德斯特里姆（Gunnar Nordström）提出的一种竞争理论“相当合理，而且指出了避免矛盾的方法，用此方法可以不使用等效假设顺利进行研究”。幸运的是，虽然诺尔德斯特里姆理论也预言了引力红移，但它并不要求光线在引力场中存在弯曲。“下次日食期间的研究，将表明两种观点中的哪一种与事实相符”。[82] ①

那一年，爱因斯坦的生活发生了戏剧性的转变。早在1月份，德国化学家弗里茨·哈伯（Fritz Haber）就开始设法将爱因斯坦弄到柏林。7月，他找到了柏林最有权势的两位科学家——物理学家马克斯·普朗克和化学家瓦尔特·能斯特（Walther Nernst）——到苏黎世拜访爱因斯坦。他们的任务是，查明爱因斯坦是否愿意搬到柏林。他们给这位34岁的物理学家开出了令人震惊的待遇：成为普鲁士科学院院士，获得900德国马克的酬金和欧洲大陆最高的声望；教授的最高工资是12 000德国马克，一半来自普鲁士政府，一半来自捐助者、实业家莱波尔德·科佩尔（Leopold Koppel），由科学院物理数学部门管理；柏林大学教授的职位，有教书的权利但没有义务；一个新物理研究所的所长职位，该研究所将在威廉皇帝学会的赞助下成立。爱因斯坦唯一的责任就是住在柏林，参加普鲁士科学院的会议。这笔交易花了几个月运作，爱因斯坦花了一天思考。在此期间，普朗克和能斯特去阿尔卑斯山徒步旅行。3个男人约定，爱因斯坦在他们回来的时候去车站接，他要是拒绝了他们的邀约，将带着白花，若是接受了，将带着红花。两个柏林人进站时，他们很高兴看到了红花。[83] ②

访问期间，爱因斯坦告诉两位柏林同事，他正在与马塞尔·格罗斯曼一起建立新的引力理论。普朗克对此持怀疑态度，“作为一位年长的朋友”劝年轻

① 《爱因斯坦全集》第五卷，509页。

② 《爱因斯坦传》229—231页；《恋爱中的爱因斯坦》，丹尼斯·奥弗比著，冯承天、涂泓译，上海科技教育出版社，2016年，325—328页。

的爱因斯坦不要继续搞下去，“首先，你不会成功；即使你成功了，也没人相信你”。[84] ①

到了8月，能斯特给英国物理学家弗雷德里克·林德曼（Frederick Lindemann）写信说，他和普朗克成功说服了爱因斯坦到柏林。“科学院已经推举他了，我们对此满怀希望。”爱因斯坦挖苦地对一个朋友说，柏林的科学家似乎“是一群急于得到稀有邮票的人”。[85] ②

8月底，爱因斯坦告诉弗罗因德利希，从理论角度看，“这个问题现在多少算是解决了。私下里，我十分肯定光线确实会弯曲”。③ 尽管如此，他对所有可能的验证都很感兴趣。弗罗因德利希将于下个月结婚，并将在阿尔卑斯山度蜜月。爱因斯坦坚持要安排见面，这是他们第一次见面。“这太好了，”弗罗因德利希兴奋地给未婚妻写道，“因为，正符合我们的计划。”弗罗因德利希和新娘开进苏黎世火车站的时候，爱因斯坦戴着“一顶非常显眼的草帽”等着他们。爱因斯坦和弗里茨·哈伯立即把这对年轻夫妇送到了离苏黎世几英里远的弗劳恩费尔德。爱因斯坦在瑞士自然科学学会的会议上与马塞尔·格罗斯曼一起发表了关于新的广义相对论的演讲。在讲台上，爱因斯坦挑出听众中的弗罗因德利希为“明年将验证这个理论的人”。爱因斯坦和弗罗因德利希在回苏黎世途中讨论引力，而弗罗因德利希新婚夫人则在沿途欣赏风景。[87]

爱因斯坦和弗罗因德利希在探讨测量未发生日食时太阳附近恒星位移的可能性。爱因斯坦于1912年在苏黎世担任新教授，曾把这个想法告诉同事尤里乌斯·毛雷尔（Julius Maurer）。毛雷尔很沮丧，但建议爱因斯坦咨询威尔逊山天文台的海尔。与弗罗因德利希会面后不久，爱因斯坦终于在一封如今众所周知的信中这样做了；毛雷尔还恳请这位著名美国天文学家考虑爱因斯坦的问题，即通过白天对太阳附近恒星的观测来验证光线弯曲的可能性。[88] 海尔认为努力无望，便把问题提交坎贝尔解决，物理学家保罗·爱泼斯坦（Paul Epstein）

---

① 《上帝难以捉摸》，303页。

② 《爱因斯坦传》，231页，235页。

③ 《爱因斯坦全集》第五卷，512页。

告诉他，坎贝尔对日食法感兴趣。坎贝尔给海尔和爱因斯坦写了他的计划，使用水星际镜头（intermercurial lenses）为弗罗因德利希获取照片。海尔向爱因斯坦详细解释了为什么白昼法（daylight method）行不通。[89]“相反，日食法非常有前途，”他告诉爱因斯坦，“因为它消除了所有这些困难，而且照相术的使用将允许大量恒星有待测量。因此，我强烈推荐这个计划。”

与此同时，弗罗因德利希在为自己的观测队筹集资金方面遇到了困难。他的老板赫尔曼·施特鲁韦拒绝在财政上资助这个项目，弗罗因德利希于是向柏林科学院申请资金。到了12月，还是没有消息，弗罗因德利希需要订购照相底片，开始为这次旅行做安排。爱因斯坦对施特鲁韦的态度很生气，试图影响科学院的决定。“收到最近来信后，”他对弗罗因德利希说，“我立即写信给普朗克，他认真关注此事，并亲自与施瓦西谈了。我不给施特鲁韦写信了。如果科学院推托，我就准备向私人筹集经费。”① 爱因斯坦向弗罗因德利希保证，他会设法筹到这笔钱。“如果各种办法都失败了，”他说，“那我就自掏腰包……所以，我经过仔细考虑，认为事情照样可以进行，预订底片吧，不要因为钱的问题而浪费时间。”② 最终，爱因斯坦不必自掏腰包。在很大程度上，由于普朗克和能斯特的支持，科学院获得了购买科学设备的2000德国马克。弗罗因德利希还联系了化学家埃米尔·费歇尔（Emil Fischer），费歇尔给了他3000德国马克用于此行，埃森的克虏伯公司给了他另外3000德国马克。弗罗因德利希从珀赖因那里借了一些设备，珀赖因也从科尔多瓦派出了一支观测队，但自己不会尝试爱因斯坦验证。[90]

临近1913年底，柯蒂斯发表了一篇文章，总结了爱因斯坦难题的现状。物理学家“关于相对性理论这一课题，分成两个敌对阵营，”柯蒂斯告诉天文学家，“它是否会得到公认是一个悬而未决的问题，特别是爱因斯坦最近被迫在他原先叙述的理论中做出某些相当激进的改变。”光线弯曲验证给了天文学家

① 《爱因斯坦全集》第五卷，537—538页。

② 同上，538页。

一个机会，贡献一个有争议的理论。柯蒂斯把弗罗因德利希的失败尝试同测量利克的“祝融星”照片（“可能是目前唯一可用来验证这一假说真伪的观测材料”）联系起来，并解释了为什么这些底片被证明不合适。他提供了如何在俄罗斯观测那次即将到来日食的细节。利用1908年在弗林特岛拍摄的水内底片，他估算了距离日面边缘不同距离的恒星的极限星等。他讨论了在被食太阳周围可见的星场，这表明，观测者可以利用狮子座那颗明亮的轩辕十四引导其望远镜沿赤经观测。[91] 柯蒂斯的出版物，为前往俄罗斯的各方提供了必要的信息，以便他们自己进行爱因斯坦验证。除了弗罗因德利希和坎贝尔，无人做得到。

弗罗因德利希于1914年7月19日与瓦尔特·祖海伦（Walther Zurheilen）和一位蔡司技师离开柏林。一周后，他们加入了克里米亚的费奥多西亚（Feodosiya）科尔多瓦团队。连同珀赖因的物品，弗罗因德利希组装了一组4台天文照相机拍摄这次日食。[92]

为了给3个儿子一次难忘经历，坎贝尔为利克观测队制订了详尽的行程计划。柯蒂斯将陪同仪器从纽约到利堡，再从那里到离基辅15英里（约24.1千米）的日食站。坎贝尔和家人将途经直布罗陀、那不勒斯和维也纳，在7月20日左右到达基辅。他们将自己安排食宿，如果日食一切顺利，他们将在8月27日左右离开基辅。随后，坎贝尔想参加在圣彼得堡和普尔科娃（Pulkova）的俄罗斯国家天文台举行的天文学会会议；然后经柏林、巴黎和伦敦回家，让他的儿子们有机会“参观这些城市的重要天文台”。[93]

战争的爆发，破坏了这些计划的成果。随着国际形势的恶化，起初还不确定这支日食团队会受到何种影响。理查德·霍利·塔克（Richard Hawley Tucker）（坎贝尔不在时，利克天文台的代理台长）写道：“我们正在想象，战争的威胁会让你的日食团队变得激动人心，但我们无论如何都希望俄罗斯能远离这些复杂局势。”[94] 在抵达基辅一周后，坎贝尔一行人对日益紧张的局势浑然不觉。柯蒂斯比他早到几天，发现了“一个建观测站的好地方，租了一间漂亮的房子，还装了厨具，等等”。坎贝尔非常高兴，特别是工作比日程表提前完成了。但是，虽然战争的阴云尚未显现，大自然的阴云却不容乐观。“天气一直很不好，”

坎贝尔写道，“几乎天天下雨，大部分时间阴天。我们希望21日下午天气晴朗。但没有什么会使我们感到惊讶。”[95]（图3.11a、图3.11b）

柯蒂斯和坎贝尔夫人前往基辅索取补给，发现奥地利已于7月30日对塞尔维亚宣战，俄罗斯已开始战争动员。第二天，在布洛瓦里的保护区，也就是日食营建立的地方，动员起来了。8月2日，基辅大学的天文学家罗伯特·菲洛波维奇·福格尔（Robert Filopowitch Foghel）登门拜访坎贝尔，告诉他德国已向俄国宣战的消息。坎贝尔立即写信给驻基辅的英国领事，请求保护观测队；他要求“从8月20日到8月25日，派遣两名身着制服的警察到我们站里，以保护观测队不受无知或兴奋的人们的行为影响，那些人会倾向于将日食与他们周围发生的事件联系起来”。美国驻圣彼得堡的大使馆告诫他：“由于英国、法国、德国、奥地利、俄国、比利时都处于交战状态，而且几乎所有其他国家都在动员，离开中立港口的中立船只自然很少。”临时代办向坎贝尔保证，美国政府可能会包租船只让美国人返国。[96]

爱因斯坦担心战争会对德国日食观测队产生不利影响。“我的优秀天文学家弗罗因德利希将在俄国经历囚禁而不是日食。我很担心他。”事实上，俄国当局允许美国团队观测日食，却逮捕了弗罗因德利希团队。他们立即将年长的成员驱逐出境，并将弗罗因德利希和年轻同事作为战俘关押在敖德萨，直到可以用他们交换战争爆发时被德国捕获的俄罗斯人。他们没收了弗罗因德利希的设备。珀赖因没有提前到达，无法完成弗罗因德利希的光线弯曲验证，但无论如何，这都是徒劳的。在日食的前一天，天气有所好转，但在第二天发生日食的时候，太阳被云层遮挡，无法看见。坎贝尔夫人在日食当天的日记中令人信服地写道：“完全失败。日食时乌云密布，日食后阳光明媚。”[97]

坎贝尔团队避开了敖德萨，因为预计土耳其会宣战。他们没有选择长途跋涉到西伯利亚的铁路；因此，他们在德国水雷和潜艇的威胁下，经由波罗的海返回伦敦。“战争是一件可怕的事情，”坎贝尔对海尔说，“我担心，在这个国家，我们没有意识到战争对参战国人民来说是多么真实。”他担心定于1916年在罗马举行的下一次国际太阳联合会会议，战争会给科学注入“强烈的国际仇恨”。

图3.11a　1914年，利克天文台的“祝融星”照相机（右上角）在俄罗斯的日食营地安装。左侧背景的长长倾斜的照相机是舍伯勒40英尺（约12.2米）口径照相机。（加州大学圣克鲁兹分校大学图书馆利克天文台玛丽·莉·沙恩档案馆提供）

图3.11b　坎贝尔和他的家人、H.D.柯蒂斯以及俄罗斯日食营的天文学家。后排：道格拉斯·坎贝尔（左），华莱士·坎贝尔（右二）；中间一排，左起：汤普森夫人（坎贝尔夫人的母亲），坎贝尔夫人，坎贝尔，柯蒂斯；前排：肯尼斯·坎贝尔（左）。（加州大学圣克鲁兹分校大学图书馆利克天文台玛丽·莉·沙恩档案馆提供）

海尔也认为形势很严峻。“战争愈演愈烈，”他回复道，“由我从德国那里听到的消息，我非常担心所有的国际关系会被严重中断，也许长达数年。我同意你的想法，我们应该做出不寻常的努力促成下一次太阳联合会会议，并且只希望没有必要推迟会议。”[98] 海尔的种种担心，很快就应验了。在战争期间，联合会的一切活动都暂停了。

考虑到战况的严重性，坎贝尔认为他的团队受到了相当轻的打击；但他被科学上的失败击垮了。他给海尔写道：

如果这关键的两分钟是晴天，我们就可以把有价值的结果带回家，就不会想到后来在不同地方给我们带来的不便。我以前从不知道一个日食天文学家透过云层会如此强烈感受到失望。日食的准备工作意味着艰苦工作和紧张应用，我必须承认，我从来没有认真面对过被云破坏一切的情况。一个人希望他能从后门回家，羞于见人。[99]

从那时起，独立于他那位前德国同事，坎贝尔一心一意研究爱因斯坦难题。

第4章　战争时期，1914—1918年

弗罗因德利希的麻烦

国际间的敌对行动，迅速摧毁了交战国家科学家之间存在的融洽关系。由于边境关闭，交通线严重中断，大西洋变成了战场。去年（1914年）春天，爱因斯坦举家搬到了柏林。几个月后，妻子米列娃（Mileva）因与爱因斯坦感情破裂，带着两个儿子回了苏黎世。爱因斯坦现在与家人分离，独自生活在战时的柏林，沮丧地看着这一悲剧的发展。“处于疯狂的欧洲，现在开始了难以置信的闹剧。”他在给莱顿的保罗·埃伦菲斯特（Paul Ehrenfest）的信中写道：“在这个时节人们看得出来，我们人究竟属于哪一类可悲的畜生。而我却安安静静地沉浸在我的和平遐想之中，只觉得心里涌动着一片同情与厌恶混合而成的浪涛。”[1] 然而，爱因斯坦对他新获得的单身生活尚比较满意。“我完全是独自一人居住在我诺大的房子里，”他告诉埃伦菲斯特，“充分享受悠闲的时光。”①

欧洲陷于一片混乱，爱因斯坦却全身心投入工作。接下来2年，他继续与相对论和引力缠斗。在此期间，他继续与弗罗因德利希合作，试图为他那个发展中的理论找到实验验证。弗罗因德利希专注于寻找光线弯曲和引力红移，但作为天文台助理的日常工作让他很难找到时间。1915年3月，他写信给施特鲁

① 《爱因斯坦全集》第八卷上册，杨武能主译，湖南科学技术出版社，2009年，58页。

韦，要求得到一个职位，使他能够“致力于解决支持现代物理理论的问题”，也就是相对论。施特鲁韦断然拒绝。爱因斯坦试图利用他的影响提供帮助，请普朗克与施特鲁韦交涉。爱因斯坦向弗罗因德利希汇报说，他的老板“却相当厉害地把您骂了一顿。说您没有按照他的要求去做，等等”。[2] ① 1915年10月，爱因斯坦第二次试图介入，写信给普鲁士教育部负责教育事务的部长奥托·瑙曼(Otto Naumann)。他敦请这位高级官员考虑将弗罗因德利希从其职务中免除“几年而不取消他作为助理研究员的工资”。② 爱因斯坦于11月与瑙曼会面，试图说服他将弗罗因德利希提拔为观测员，这样他就可以专注于相对论的观测验证——但毫无效果。[3] ③

弗罗因德利希并未轻松获胜。同年，他惹恼了德国天文学权威人士胡戈·冯·西利格。他的第一个过失，是发表了对冯·西利格尘埃假说的批评。冯·西利格提出尘埃假说，用来解释水星近日点的过剩进动。冯·西利格作为科学辩论的老手，发表了一篇激烈的回应文章。在给阿诺尔德·索末菲的信中，爱因斯坦在附言中写道：“告诉您的同事西利格，他的脾气真可怕。最近看了他对天文学家弗罗因德利希的回答，我感受到他的这种可怕的脾气。”[4] ④

弗罗因德利希试图验证在恒星光谱中的爱因斯坦引力红移，由此引发了更严重的情况。坎贝尔对恒星视向速度的系统研究，揭示了B型星与其他光谱类型相比存在无法解释的过剩视向速度。弗罗因德利希利用坎贝尔等人的数据，对恒星视向速度进行了统计研究。这与当时盛行的观点一致，即宇宙在各个方向上都是静态的、均匀的（各向同性），所有恒星的平均谱线位移应该接近于零。弗罗因德利希发现了非零平均红移，这在B型星上表现得最为明显。被解释为多普勒频移，它将代表B型星离地球的平均退行速度为近乎5千米/秒。他试图将这种过剩现象解释为引力红移。坎贝尔等人利用开普勒定律估算了双星

---

① 《爱因斯坦全集》第八卷上册，90页。

② 同上，179页。

③ 同上，205页。

④ 同上，219页。

系中B型星质量，约为太阳质量的14倍。弗罗因德利希使用爱因斯坦引力红移公式计算B型星的平均质量，假设平均红移完全由引力所致。假设B型星密度约为太阳密度的1/10，他得到的质量是太阳质量的20倍。这个值是正确的数量级，他把它解释为证明了引力红移的存在。[5]

弗罗因德利希于1915年3月1日寄出了一篇准备发表的初步论文。他问爱因斯坦是否愿意在当月晚些时候向普鲁士科学院展示他的研究成果。爱因斯坦同意这样做的前提是，弗罗因德利希要解决一些他认为薄弱或不完整的问题。他还担心弗罗因德利希的定量处理："**遗憾的是，您的陈述不够详细，无法对您的估算中所存在的使人感到疑惑的部分进行估算**。因而非专业人士就不能得到您的计算是可靠的印象。故希望提供更详尽的解释。在这个意义上，最差的是关于平均密度的说明。"① 弗罗因德利希做了一些改变，但他没有表达爱因斯坦的所有观点。爱因斯坦并未提交这篇论文，但在当月晚些时候提交一篇关于广义相对论及其在天文学上应用的论文时提及这一点。他指出弗罗因德利希刚刚发表了一篇新的论文，表明在B型星和K型星上观测到了由相对论预言的那种数量级的红移。[6]

爱因斯坦认为弗罗因德利希的工作"肯定是一个基础"，[7]② 但冯·西利格却不以为然。正如爱因斯坦所担心的，这与弗罗因德利希的计算有关。冯·西利格在弗罗因德利希对B型星质量的测定中发现了一个错误，这损害了他对相对论有利的结论。如果修正，用引力红移公式计算出的B型星质量将会太大。冯·西利格没有直接把错误传达给他，而是把正确公式寄给了施特鲁韦，后者把信给了这位助理。弗罗因德利希为此感到羞耻，"如此严重和不必要的错误仍然发生"，并着手纠正错误。冯·西利格向施特鲁韦解释了他为什么屈尊回应年轻的弗罗因德利希（毕竟只是一个助理）。理由是：他不喜欢爱因斯坦相对论。"我碰巧听到爱因斯坦十分重视F博士的推理思路。你知道我对最新物理

---

① 《爱因斯坦全集》第八卷上册，96页。

② 同上，146页。

学的许多假说持极端怀疑态度，这就是为什么我对正在讨论的问题有点兴趣。”[8]

与此同时，爱因斯坦在理论前线取得了重大突破，这一突破使冯·西利格的反对进一步升级，却引发了一场科学革命。

爱因斯坦的突破

几年来，爱因斯坦试图找到一个完全独立于观测者坐标系的引力理论，这个理论建立在（苏黎世的马塞尔·格罗斯曼帮助下建立的）张量表述的基础上。在努力解决这些复杂问题的过程中，他发表了各种版本的理论，时而因解决问题而得意洋洋，时而因自己没有完全搞对而沮丧不已。到1915年初，他想出了一个自认为可行的解决方案，尽管该方案并不具有他想要的所有特征。其一，它预言的水星近日点漂移太小。它也不是完全独立于观测者的坐标。尽管如此，他自认为已成功将相对论推广到引力中。“我现在终于实现了这个目标，”他对以前的一名学生说，“这是我一生中最大的幸福，虽然在这个领域，没有一个同事能够意识到这条道路的深奥和必要。”[9] ① 爱因斯坦去哥廷根向数学家费利克斯·克莱因和大卫·希尔伯特解释他的理论。到8月底，他让他们“完全信服”。[10]

不久之后，爱因斯坦自己又不太确信。1915年9月，他给弗罗因德利希写信，他的方程产生了一个“明显的矛盾”，他想知道自己是否犯了一个错误。“不是这些方程式中的数字（数字系数）有误，就是我原则上用错了方程式。我不相信我自己能够把错误找出来，因为在这上面我的思维已经偏离了正轨。”他向弗罗因德利希呼吁：“如果您有时间的话，您就别耽搁了，赶紧动手吧。”[11] ②

爱因斯坦不久发现，他并没有犯错误——只是方程式不正确。他回到了

① 《爱因斯坦传》，263页。

② 《爱因斯坦全集》第八卷上册，178页。

一个使用特定表述的解，包括所谓的里奇张量。他早在几年前就放弃了它，尽管“怀着沉重的心情”，① 因为这些方程具有完全独立于观测者坐标的可取特征。爱因斯坦以其他理由予以拒绝。现在，先前的反对意见解决了，他又恢复了原先的反对意见，重新开始。[12] 修改后的方程式，立即挖出了奇妙成果。1915年11月坐下来计算天文预言，他发现了2倍的光线弯曲。光线掠过太阳不是0.85角秒的偏折，而是将偏折1.7角秒。水星近日点进动的计算，则要复杂得多。爱因斯坦完成之时，顿感惊奇不已。他后来报告说，心脏开始怦怦直跳。这一偏折精确到43秒/百年——几乎就是天文学家测量到的精确值，直到爱因斯坦的最新研究才得以解释。“我对水星近日点进动的结论是极其满意的。”他写信给阿诺尔德·索末菲，“在这方面，天文学的极端准确性，以前常常被我暗暗嘲笑的这种准确性，对我们的帮助多大啊！”[13] ② 到1915年11月25日，爱因斯坦得出了最终的方程式。物质和能量，皆与时空几何密切相关。行星围绕太阳运行是因为这些大质量天体周围的时空几何是弯曲的，就像两个驾驶员从地球赤道向北出发，由于地球表面是弯曲的，所以逐渐彼此接近。并不存在什么“力”，把它们拉向彼此。爱因斯坦证明了一种类似（尽管更为复杂）几何曲率可以解释重力。“我在好几天时间里，”爱因斯坦几个月后对埃伦菲斯特回忆说，“简直是无法自制地欣喜若狂。”[14] ③

爱因斯坦渴望找到一种与坐标系无关的理论，这一愿望引导了他苦苦探求。他用物理术语向埃伦菲斯特解释，“参考系并不意味着是什么真实的东西”。④ 这种观念与常识背道而驰。牛顿关于物体在绝对空间中运动和相互作用的观点，更接近于我们对世界的直观理解。我们把空间想象成一个容器，即使我们不在那里，它仍然存在。这个想法太强烈了，爱因斯坦花了好几年才动摇它。在与埃伦菲斯特讨论一个问题时，他评论道：“你还没有弄明白广义协

---

① 《上帝难以捉摸》，316页。

② 《爱因斯坦全集》第八卷上册，219页。

③ 同上，245页。

④ 同上，230页。

变方程式的包容性，我却不能因此而对你生气，因为我自己都花了这么长的时间才把这个问题搞清楚。你的困难的根源在于，你是凭直觉把参考系当作某种‘真实的’东西来进行研究。”[15] ①

卡尔·施瓦西对爱因斯坦的新理论立刻兴趣盎然。在爱因斯坦1911年预言之后，他曾试图求出太阳光谱中的引力红移，但未获成功。战争爆发时，他辞去了波茨坦天体物理台台长的职务，去军队服役。他在俄国前线，收到了爱因斯坦给普鲁士科学院的报告，在那里他在计算火炮的弹道。他利用闲暇时间研究爱因斯坦理论。作为“熟悉您的引力理论”的初步练习，他推导出了水星近日点问题的完整解，而爱因斯坦只解出了一级近似。“您瞧，”他给爱因斯坦写道，“战争是优待我的，尽管地球上炮火连天，却允许我在您的思维之国里进行这次漫步。”② 爱因斯坦惊讶于施瓦西的精确解。“我事先真没有料到，对这个问题进行严谨探讨竟会如此简单。这一问题的数学处理，非常吸引我。”他在几周后把施瓦西的论文提交给了科学院。“对这个理论我感到特别满意，”他向这位天文学家写道。“从这个理论得出了牛顿近似值的结果，这就已经不是那么理所当然了；更妙的是，这个理论还证明了近日点运动和谱线移动——尽管后者尚未获得充分证明。现在最重要的就是光线偏折的问题。”[16] ③

施瓦西“为了熟悉您的能量张量”，解决了另一个问题。他计算了质点在不可压缩流体球体引力场中的行为。他向爱因斯坦承认：“假如我知道我会惹起这么多的麻烦，我就不会这么做了。”④ 施瓦西发现，若把流体球体压缩，会有一个依赖于质量的特定半径，在这个半径内，球体密度会变得无穷大，方程变得无意义。对于太阳质量，所谓的施瓦氏半径只有3千米。对地球来说，它小于1厘米。爱因斯坦1916年2月将施瓦西这篇杰出论文提交给普鲁士科学院。[17] 直到20世纪60年代，天文学家才认识到大质量星在其生命结束时可能会

① 《爱因斯坦全集》第八卷上册，240页。

② 同上，227页。

③ 同上，234页。

④ 同上，259页。

在其施瓦氏半径内坍塌，从而产生黑洞。

施瓦西对爱因斯坦广义相对论的理论探索，被他在俄国前线染上的疾病打断了。1916年3月，他带着一种无法治愈的罕见皮肤病回家，于5月11日去世。这年6月，爱因斯坦应邀向科学院致悼词。[18] ①

除了弗罗因德利希和施瓦西，没有哪个德国天文学家对爱因斯坦工作的理论或观测方面感兴趣。施瓦西去世后，爱因斯坦只有弗罗因德利希，后者越来越成为一个负担。

"弗罗因德利希事件"

爱因斯坦一直指望弗罗因德利希引领相对论的观测验证。他最新理论预言的引力红移与早期的理论相同，故把弗罗因德利希关于B型星红移的研究看作是对理论的另一种验证。他告诉朋友海因里希·灿格："广义相对论问题现在已获得最终的解决。水星的近日点进动将通过该理论得到完美的解释……天文学家从观测发现为45″ ± 5″。而我从广义相对论出发算出的结果为43″。再将恒星的谱线移动（如您所知这也是搞清楚了的）加上，就表明这理论是相当有把握。对于星光的偏折，这理论所给出的值是过去的2倍。"[19] ②

弗罗因德利希提出一种观测木星附近恒星的新方法，以验证光线弯曲。虽然爱因斯坦最初拒绝接受这个概念，可现在又热衷于它。弗罗因德利希想使用荷兰天文学家雅可布斯·C.卡普坦发明的方法测量恒星视差。这种方法就是，木星在天空的另一部分，在恒星消失在木星后面（掩星）时拍照，然后比较它们的方位。他向蔡司公司咨询如何建造一种仪器测量这些底片。[20] 但是，弗罗因德利希的老板施特鲁韦，却对这个项目置之不理。爱因斯坦向索末菲抱怨说："弗罗因德利希找到一个观测木星使光线发生偏折的方法。只是那些可怜

① "悼念卡尔·施瓦兹希耳德"，见《爱因斯坦文集》（增补本）第一卷，许良英等编译，商务印书馆，2009年，136—138页。

② 《爱因斯坦全集》第八卷上册，206页。

虫们的矛盾纠葛妨碍该理论的这最后一个重要检验的进行。不过对我而言，这却算不上很令人难过，因为我觉得这理论——尤其是考虑到光谱线位移的定性证实，已经得到了充分保障。”[21] ①

爱因斯坦加倍努力，试图把弗罗因德利希从平凡观测琐事中解放出来。他又请普朗克跟奥托·瑙曼谈谈“弗罗因德利希事件”。在普朗克建议下，爱因斯坦接着写了一封长信给瑙曼，描述了弗罗因德利希将能进行的重要工作。爱因斯坦的信是对教育部最高官员的关于相对论理论及其验证的速成课：“其所涉及的是所谓的广义相对论的检验问题。建立此理论的前提条件是：时间和空间不具有物理实在性；它导致一种非常特殊的引力理论，而根据该引力理论，牛顿的经典理论只有在公认的一级近似下才成立。这一理论的结果，只能用天文学中使用的方法验证。”②

爱因斯坦从引力红移开始，概述了3个天文验证。“这个结果，”他指出，“是由弗罗因德利希先生借助于已经可得到的、主要是由美国好几家天文台收集的观测数据，用定性的方法予以证实的。它表明，平均而言，特别是通过天文学手段可以推断其星体质量巨大的那类恒星，存在着这样一种红移现象。”爱因斯坦指出，为了获得恒星红移的平均值，“有必要通过观测许多星体”。他解释说：“由于不同恒星我们所不知道的个别运动也会造成谱线的红移。”而对许多恒星的平均，则消除了个别的速度效应。弗罗因德利希想要尝试“对于这个理论的预言……可以借一对由两个大小明显不同的子星所组成的双星进行更严格的验证。这样就不必求其平均值，而是从这样一对双星进行观测得到的观测资料就可以对理论进行检验了”。

爱因斯坦称光线弯曲预言是“所有结论中最有意思、最令人惊奇的，可能也是具有使该理论最不容置疑的特点的结论；然而正好是这个结论尚未经过验证”。他提到了弗罗因德利希研究俄罗斯日食期间那种效应的失败尝试，但

① 《爱因斯坦全集》第八卷上册，209页。

② 同上，216页。译文有所改动。

随后又谈到了最新想法："通过对现有观测材料的仔细研究，弗罗因德利希现在得出结论，光线偏折效应也可用行星木星加以证明，只不过需要进行最细微的摄影测量和大量的观测才行。精密技术相关领域最重要的专家证实，弗罗因德利希先生所设想的观测方法应能达到目的。"这将是弗罗因德利希"最重要的任务"，故"只需要将弗罗因德利希先生观测恒星位置的常规义务免除几年，以便他能够专注于这里简略提出的几项任务就可以了"。[22] ①

瑙曼向施特鲁韦提出这个想法，施特鲁韦告诉这位管理者，B型星的引力红移"并未得到目前为止所做的完全肤浅的研究所证明"。他声称，天文台没有观测星光红移的手段。他还贬低了爱因斯坦对水星近日点进动的解释，坚持认为牛顿引力理论可以解释这种效应。施特鲁韦坚决反对弗罗因德利希在木星项目上的工作："即使是由专家观测者（更不用说那些不在此头衔下的人）进行'大量最精致的测量'。这个项目，不会产生任何有用结果，只会造成不必要的时间和精力的消耗。"[23]

施特鲁韦对弗罗因德利希观测能力的尖刻抨击，反映了冯·西利格对弗罗因德利希星光红移的不断升级的争论。弗罗因德利希在《天文通报》上发表了一篇关于其工作的更详细处理的文章，提及他之前的计算错误，但忽视致谢冯·西利格。他对数据做了一些修改，修正了他对B型星密度的估算，从而使这一冒犯更加恶化。根据这个小得多的密度估算，他得到了B型星质量"是太阳质量的25~30倍"，这再次是符合相对论预言的正确数量级。[24] 冯·西利格被激怒了，愤怒地写信给施特鲁韦，弗罗因德利希的论文"在科学上是不诚实的——委婉地说——在我从事科学工作40年里，这样的事情从未发生过"。

科学的正派，毫无例外地将要求指出更正的来源，科学诚实应该防止事实的真实状态被歪曲。其他有掩盖倾向的企图也完全失败了……但是，为了我们的科学利益，我不能默默接受F先生的整个无耻的行为，我要以这样或那样的

① 《爱因斯坦全集》第八卷上册，216—217页。

方式把它公诸于众，尽管我很遗憾地指责你们的一个职员有这样严重的过失。

如其所承诺，冯·西利格在《通报》上公开抨击弗罗因德利希，把他的论点撕成碎片。他指出，弗罗因德利希的原始密度估算得出的B型星质量是65个太阳质量，乃基于引力红移得出，与B型星的观测质量完全相反。他还论述了弗罗因德利希如何从本质上选择了一种密度，从而利用修正后的方程得到他想要的结果。他总结道："整个研究的结果是这样的，那就是……不仅存在引力效应的迹象未被证明，相反，后者只能被完全否定。批评所用数据的意图并非要批评爱因斯坦的理论。目的只是呈现弗罗因德利希先生的观测方法，以及他对引起他注意的澄清的评价方式。"[25]

冯·西利格对弗罗因德利希处理这个问题拙劣方法的看法实际上是正确的，尽管他的公开攻击超出了科学界的正常礼仪。然而，索末菲建议爱因斯坦不要继续帮助弗罗因德利希。爱因斯坦承认弗罗因德利希的缺点，但强调弗罗因德利希在提高天文学家对相对论的认识方面发挥了重要作用。他写信给索末菲：

Fr.或多或少属于"轻率之人"……其逃避的方式方法也算不上高尚。我早就了解此人的弱点，对此我或多或少也颇为气恼……我可能**不会**挑选Fr.作知心朋友，而是始终对他敬而远之……另一方面，Fr.又具有某种与真金同价的品格——全身心投入此事的热情；这可是一种并非许多人都具备的罕见品格……Fr.确实不是一个富有创造力的人，但是他既聪明又机智。前面所提到他的那种轻率的性格，大部分来自于他所倾心的重要科研工作给他注入的心跳加速。我们不能忘记了Fr.，正是他所想出的统计方法，使我们有可能用恒星来回答谱线位移问题。尽管他也犯过十分讨厌的计算错误，在此事中也有其他一些轻率的表现（密度的确定），但是不应该因此而遗忘了整个这件事情的价值。①

① 《爱因斯坦全集》第八卷上册，255—256页。

爱因斯坦提醒索末菲，弗罗因德利希“是我在广义相对论领域里努力奋斗的过程中迄今给我以有效支持的唯一一位同道。他经年累月地思考这个问题，为这项研究工作贡献了这么多的人生岁月，在他所担负的天文台繁重而单调的职务工作之余尽力而为。假如我现在——当这个思想得到公认之后——由于想到我再也不需要此人了而将他忘却，那我岂不是一个可恶的无赖”①。

事实上，爱因斯坦仍然依赖弗罗因德利希进入天文学世界。持续的战争切断了德国与国际共同体的联系，德国天文学机构也对相对论持敌对态度。弗罗因德利希就是他的全部。

Fr.却告诉人们，现代天文学工具足可证明木星使光线发生偏折的现象，而这是我曾经认为不可能的——尽管我多年前就思考过这种情况了。我所缺少的正是与天文学的接触。于是乎我现在乐于承认，Fr.的弱点绝对不可能表明，可以指望他凭其单枪匹马的力量来进行如此重要的一项工作。只不过迄今为止，还没有人为了参与这项事业而做出努力，以致我在努力促进回答这个极其重要的问题时，事实上无论愿不愿意（de facto nolens volens），都只能依靠弗罗因德利希一个人。[26]②

爱因斯坦非常热衷于让天文学家接受验证他的预言的观测挑战。他对（唯一致力于这个问题的德国天文学家）弗罗因德利希受阻感到沮丧。

爱因斯坦与索末菲的交流，发生在卡尔·施瓦西还在俄国前线活着的时候。爱因斯坦在与施瓦西通信讨论新理论时，提到了他与弗罗因德利希之间的麻烦。施瓦西指出了弗罗因德利希利用木星来验证光线弯曲想法中的困难。他还暗示，可能会有一个反对弗罗因德利希的小圈子，并建议爱因斯坦与他保持距离。爱因斯坦谈到了施瓦西对木星的关注。“一定走得通！木星的诸个卫星

---

① 《爱因斯坦全集》第八卷上册，256页。

② 同上。

可用于深入研究您所说的系统误差；因为木星与其卫星之间的距离很小，故由于光线偏折产生的木星卫星的视位移是微不足道的。这个角度为2 × 0.02″，处于今天所能达到的精度量级之内。”至于弗罗因德利希，爱因斯坦强调，他“是第一位理解了广义相对论的意义并且热心地投身于与此有关的天文学问题研究的天文学家。所以，**假如他被搞得无法进行这方面的工作，我会深感遗憾**”。①

施瓦西在家乡和一位天文学家一起检查了木星难题，并告诉爱因斯坦木星太靠南了，建议南方的天文台应该解决这个问题。他告诫爱因斯坦：“关于弗罗因德利希我们不容易达成一致意见……为了他的问题谈来谈去，是毫无益处的。我只是认为，他和施特鲁韦的关系已经搞得如此之僵，因而最好是您为此而运用您的影响力，帮他另谋职业。”② 爱因斯坦试图在哥廷根和其他地方给弗罗因德利希找个职位，并继续企图说服施特鲁韦给他升职。然而劳而无功。[27]

爱因斯坦取得突破消息的扩散

战时的柏林几乎与英美两国隔绝，英美的科学家对爱因斯坦1915年的革命性成果一无所知。正是通过中立国荷兰的理论家组成的一个小网络，广义相对论的消息首先传到了英国，然后跨大西洋传到了美国天文界。理论物理学家H.A.洛伦兹和保罗·埃伦菲斯特，是爱因斯坦的挚友。爱因斯坦给他们寄去了文章校样，在取得突破后，他立即与他们通信，详细介绍他的新理论。[28] 爱因斯坦还想把这个消息广泛传播给科学家，以激发他们对发展和验证这个理论的兴趣。最好的办法是写一本关于相对论的书，“然而却像一切并非受到热切的愿望推动的事情一样，很难动手做起来。不过假如我不做这件事情，人们就不会明白，现在这理论其实是很简单的。”[29] ③ 爱因斯坦向洛伦兹承认，他的“一系

① 《爱因斯坦全集》第八卷上册，242页，243页。

② 同上，258页。

③ 同上，237页。

列引力论文犹如一条又一条歧途，不过却渐渐地接近了目标”。他建议这位荷兰同事写他想写的书，因为他关于相对论的通信明白易懂。“写一篇阐释该理论之根据的文章，您让其他的物理学家也能理解您的思考，那肯定对此事大有裨益。当然，倘若我把一切都搞清楚了，我可以自己做这件事。但是很可惜，大自然不给我用文字传播思想的天赋，以致我写出来的东西虽然是正确的，却很难消化。”[30] ①

洛伦兹确实为阿姆斯特丹科学院发表了一组关于广义相对论的4篇文章[31]，可是爱因斯坦不得不亲自为德国科学界写一篇综合性论文。明显的发表之处，是《物理学杂志》。爱因斯坦问编辑威廉·维恩（Wilhelm Wien），他是否也可以联系出版商把文章以单行本出版。普朗克介入，安排《物理学杂志》的出版商巴斯，出版了这个单行本。作为交易的一部分，爱因斯坦只要20本单行本，而不是100本，他知道单行本会吸引大量读者。[32]

莱顿天文台台长威廉·德西特，一直在密切关注广义相对论的发展。他的同事洛伦兹和埃伦菲斯特分享了爱因斯坦寄给他们的论文，并收到了爱因斯坦那篇《杂志》论文的早期副本。德西特1916年秋天访问莱顿，借机与爱因斯坦交谈。[33] 德西特知道德国期刊无法到达英国，于是将爱因斯坦论文的一份副本寄给了阿瑟·斯坦利·爱丁顿，后者当时是皇家天文学会（RAS）的秘书。意识到爱丁顿在战时不便在英国杂志上转载一位德国人的作品，德西特提出自己亲自写一篇关于该理论的文章，以便在皇家天文学会《论文集》上发表。爱丁顿在战前就饶有兴趣关注着相对论的发展，立即领会了爱因斯坦这部最新著作的革命性意义。他致函德西特，“对你告诉我的关于爱因斯坦理论的事情非常感兴趣。……目前为止，关于爱因斯坦的新著作，我只听到过一些含糊的传闻。我认为，在英国没有人知道他论文的细节。”[34]（图4.1）

① 《爱因斯坦全集》第八卷上册，246—247页。

图4.1 在战时传播爱因斯坦理论的朋友圈。后排，从左到右：爱因斯坦，保罗·埃伦菲斯特，威廉·德西特；前排：阿瑟·爱丁顿和亨德里克·安东·洛伦兹。① （AIP尼尔斯·玻尔图书馆提供）

爱丁顿批准了德西特的计划，但建议在RAS经常出版和广泛分发的《月报》，而不是它不定期出版的《论文集》上发表。他重申，"在英国还没有人能

① 这张照片，1923年9月26日摄于德西特的书房。

够看到爱因斯坦的论文，很多人都非常好奇，想知道这个新理论。”德西特告诉爱因斯坦，他正在为英国天文学家写“一篇有关新的引力理论及其天文学结论的小论文”。“看起来在英国，您的理论几乎还完全无人知晓。”① 最后，德西特准备了3篇包括自己原创的详细系列文章。1916年8月底，他向爱丁顿提交了第一篇。爱丁顿决定快速发表德西特的论文，认为这“非常重要”（图4.2）。[35] 他没有等到11月的议会会议，而是立即把它送到印刷厂，印在一份计划在10月出版的《通报》增刊上。由于印刷厂失火，后面两篇论文的发表速度慢了下来。爱丁顿着手领会德西特和爱因斯坦的论文，很快也开始解释和阐述广义相对论。[36]

德西特和爱丁顿也没有忽视更普通的读者。在半普及的《天文台》作品中，[37] 德西特强调了自然法则应该独立于坐标选择的要求，引入了不变张量的概念，并把黎曼度规张量与闵可夫斯基四维时空关联起来。利用后一种概念，他引入了物质粒子的世界线图景。爱因斯坦引力理论指出，这个“时空”中的世界线（德西特的术语）乃是测地线，德西特解释说，即粒子不受力作用所示踪的线。引力乃是空间性质：决定时空度规性质的系数，也决定引力场。爱因斯坦的度规和引力场方程，给出了牛顿引力定律的一级近似。德西特写道：“如果把这个近似再推一级，众所周知的水星近日点进动的反常现象就能得到准确解释，目前在观测范围内，行星或月球的运动不会产生其他影响。”[38]

在美国天文学家的圈子里，尚无人对广义相对论做过同样阐释。由于英国的封锁，他们没有收到爱因斯坦的论文，而是从德西特和爱丁顿那里获悉爱因斯坦。[39]

对一个复杂难缠理论的多种反应

至少有一位《天文台》的读者，不认为爱因斯坦做了什么新鲜、真实的事

① 《爱因斯坦全集》第八卷上册，324页。

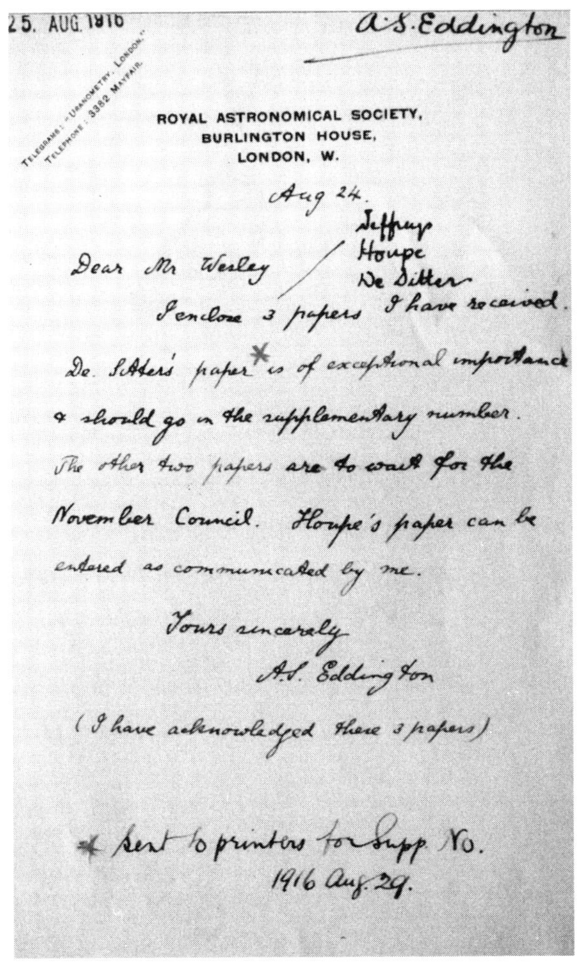

25. AUG 1916

A.S. Eddington

TELEGRAMS: "URANOMETRY, LONDON."
TELEPHONE: 3382 MAYFAIR.

ROYAL ASTRONOMICAL SOCIETY,
BURLINGTON HOUSE,
LONDON, W.

Aug 24.

Dear Mr Wesley / Jeffreys
Houpe
De Sitter

I enclose 3 papers I have received.

De Sitter's paper* is of exceptional importance & should go in the supplementary number. The other two papers are to wait for the November Council. Houpe's paper can be entered as communicated by me.

Yours sincerely
A.S. Eddington

(I have acknowledged these 3 papers)

* Sent to printers for Supp. No.
1916 Aug. 29.

图4.2 爱丁顿给RAS秘书卫斯理（Wesley）的信，指示他加快发表德西特的论文，因为它“非常重要”。（皇家天文学会提供）

情。在给编辑托马斯·杰斐逊·杰克逊·西伊（Thomas Jefferson Jackson See）（一个自大的剽窃者，被在旧金山附近的梅尔岛美国海军观象台雇佣为天文学家）的一封信中，反对广义相对论的“形而上学”基础。他抱怨德西特“仔细讨论爱因斯坦论述的**分析**，他完全忽略了所有的**物理考虑**，实际上传达的印象是，引力不是一个**物理问题**，而是一个**分析问题**”。德西特“实际上声称在这个理论下引力不是一种‘力,’而是‘空间属性’”，西伊感到非常惊讶。西伊引用了奥利弗·洛奇爵士根据大量钢柱的断裂强度，就地球对月球、太阳对地球等价吸引力的计算。他总结道，引力显然是“由物质施加的一种影响”，而爱因斯坦的独特价值在于证明“那些忽视适当物理考虑的人，在多大程度上滥用了纯粹数学推理”。[40]

T. J. J. 西伊在大西洋两岸的天文学家中大出风头。19世纪90年代，在芝加哥大学天文系工作时，他试图匿名诬陷威廉·雷尼·哈珀（William Rainey Harper）校长反对在叶凯士天文台发工资。哈珀意识到西伊的行为是不道德的自大狂，最终解雇了他。[41] 西伊继续在洛厄尔天文台工作，却造成了类似的破坏，疏远了那里的大多数工作人员。1898年7月，他被解雇了。[42] 他最终在加利福尼亚北部一个孤零零的海军站，得到了美国海军的工作。到1910年左右，西伊靠剽窃他人的作品，成功疏远了所有致力于天体演化学和太阳系起源问题的美国理论家。他有一个习惯，就是对自己的发现发表详尽的新闻稿，同时把自己的成就寄给《天文通报》和美国总统。1899年，赫伯特·霍尔·特纳在《牛津笔记》中发表了一篇引人注目的讽刺文章，宣布最近发现了“瓦斯声望增长定律”：①[43]

$$T = J / J_1 C$$

尽管西伊声名远扬，但他反对广义相对论“形而上学”基础的言论引起了人们的共鸣。他的评论引起了詹姆斯·金斯的反应，金斯忧心忡忡指出，西伊的信“引起了一种担忧，即爱因斯坦理论可能会因为其结果以某种形而上学形式——人们几乎可以说是神秘形式——表达而不受欢迎”。[44] 他保证说：“爱因斯坦研究的更具体部分，完全独立于它所包裹的形而上学外衣。”也就是说，木星上的天文学家通过观测木卫的天顶② 凌日，在木星大气中确定了一个经验

① 公式中的4个英文字母，恰好跟西伊的英文名T.J.J. See谐音。

② 头顶上方（垂直线向上）在天空中（与天球相交）的点。——原注

折射定律。如果木星天文学家当中有一位革命数学家要求他们制定一项新定律，将垂线以外的观测纳入其中，他们的折射定律该怎么办呢？这位革命数学家，若是一个相对论者，则会断言“真正的折射定律与空间中选择的方向没有关系；从技术上讲，它们对所有坐标轴的变化都是不变的”。金斯认为，如果新折射定律得到验证，这位木星数学家可能会认为，这个结果“证明了折射是一种‘空间属性’，也就是‘水平和垂直皆分别消失在阴影中’。这些建议，无论对形而上学家来说多么有趣，都可能会妨碍对新折射定律的科学接受，但我们可以看到，这种妨碍并没有根据。”金斯声称，爱因斯坦“对他的四维空间的揉皱”同样也可被认为是虚构的。这个理论虽然带来了真正的引力定律，但并没有解释引力的本质。“引力理论，到目前为止，一直在尝试将圆孔塞插入椭圆孔：新理论发现了一个新圆孔，孔塞可以正好插入，但这并不能解释孔塞的物理性质”。

爱丁顿与金斯展开争论。“（这）说得很好，”他就金斯的回复写给德西特：“尽管他相当贬低（可能不是在他自己脑海里，而是在文章措辞中）理论的所谓形而上学方面。”爱丁顿在《天文台》警告说，金斯的“优秀类比”可能导致“空间和时间的新概念被低估”，他开始为“理论通常披着的‘形而上学’外衣”辩护。在金斯类比基础上，爱丁顿指出，那些提出了特别参考垂直方向的折射定律的木星人（Jovians）可能相信木星是平的。他们认为垂直是几何学的一个基本概念，“上、下和对、错一样不同”。跟金斯不同，爱丁顿把弯曲空间概念作为物理洞见。“这不是一个神秘理论，”他断言，“而仅仅是获得足够精细的测量数据，以证明迄今认为我们正在测量的空间在引力场中被扭曲。”爱丁顿指出，新引力定律很难与旧理论相比。他指出，要确定新定律是否符合力与距离的平方成反比的旧观点，就有必要知道距离是什么意思。爱丁顿强调说：“无论是新观念还是旧观念，都没有从各种可能性中提出任何一个值，作为真正的距离。这样，我们就直接被引向一个形而上学问题——距离是什么？空间是什么？”[45]

西伊、金斯和爱丁顿之间的交锋，预示着广义相对论在随后讨论中会出现一个重要思路。西伊的问题，并不愚蠢。广义相对论所要求的物理几何化，对德西特和爱丁顿来说是其超验之美，对其他人来说则是形而上的无稽之谈。金斯主张一种工具主义诠释，也许更多的是一种策略，而不是信念。正如他写给奥利弗·洛奇："我担心德西特的陈述过于深奥，对人们接受爱因斯坦理论产生了一定的妨碍。"[46] 对这些观点的讨论，以及对诸多相对论性效应的经典解释的尝试，占据了英国天文学家和物理学家好几年时光。[47]

时刻保持警觉的柯蒂斯在美国引用了英国的这场讨论，他指出，"这个最初由爱因斯坦提出的理论经历了许许多多变化，现在被称为'旧'相对论"。他解释说，变化是这样的，"所有自然定律对于**任何**坐标变换都是不变的，而不是像早期的爱因斯坦理论中那样对于某一类特定变换是不变的"。柯蒂斯直接引用德西特："因此，引力被赋予与所有其他的自然力相当不同的基础——准确地说，它不再是'力'——它更多的是四维时空的本质属性，由位于其中的物质或能量赋予它。"柯蒂斯指的是"将普通三维欧几里得空间替换为四维时空，其中时间是第四个参量"。他指出，"这样一个物理宇宙的数学有点复杂，但它与所有观测现象都很吻合"。[48]

这让人难以接受：

> 许多人会觉得四维时空概念完全难以理解，就像我们经典物理理论中的引力之谜，无处不在，难以解释。虽然数学家愿意承认许多其他形式的空间或空间几何满足物理科学和欧几里得几何，我们必须承认我们仍然是数学家的观点：在一个四维宇宙，虽有可能把鸡蛋不打破其壳由内向外翻转，他仍然意识到实现这一伎俩的方式存在许多实际困难。[49]

尽管在这种语境下柯蒂斯倾向于"有点同情西伊教授的观点"，他却警告说，"他引用令人印象深刻的量作为强大引力的例子，虽然经常在这种情况下使用，但容易产生误导。"柯蒂斯提醒读者，与两个物体之间的静电力相比，引力微不足道。柯蒂斯是数学家或哲学家，他足以发现广义相对论具有吸引力，因为

“它将所有的物质和所有的力统一在一个简单而齐次的系统中”。尽管他指出“它的未来发展和可能应用将会引起极大的兴趣”，[50] 我们将看到，最后，他力挺西伊，拒绝了引力几何化，并在天文学领域寻求相对论性效应的力学解释。柯蒂斯后来的立场，有两个方面反映了美国天文学家1920年左右对相对论的看法：不相信该理论的几何概念，回避其细节。

在德国，科学家们受益于详细解读爱因斯坦的论文和其他人的评论。结果，人们的反应更加迅速，也更加多样化。来自爱因斯坦在德国和中立的荷兰、瑞士中的小圈子同事的积极反应，令人鼓舞。然而，爱因斯坦希望其他人能理解这个理论并运用它。马克斯·玻恩写了一篇关于物理学家对理论“缺乏数学形式”的概述文章，爱因斯坦为自己被“我最优秀的一位同道”彻底理解和认可而激动不已。“其令人愉快的友善论调，使我心里的幸福之感油然而生。这友善的论调从论文的字里行间闪亮而出，在微弱的书房灯光笼罩之下显示出平常罕见的纯洁的光辉。”[51] ① 弗罗因德利希还以简化数学发表了一篇半普及的综述文章，爱因斯坦为此写了一个简短前言。他赞扬弗罗因德利希的工作，“使任何对精密科学的推理方法有所了解的人，都能够理解这个理论的基本思想”。② 弗罗因德利希指出：“（爱因斯坦引力理论）基本原则，具有非凡的统一性和逻辑性。它一举真正解决了自牛顿时代以来出现的所有难题。”[52]

随着爱因斯坦的成就的言论在德国传播，更多耸人听闻的文章在报纸上发表了。受政治动荡和战争胁迫所推动，它们点燃了对爱因斯坦理论的更阴暗反应。一位鼓动家马克斯·魏因施泰因（Max Weinstein）声称，广义相对论把引力从它早期孤立位置移除了，使它成为控制所有自然规律的“世界力量”。他警告说，物理学和数学统统必须修改。公众对魏因施泰因著作的反应，促使（柏林大学天文学荣休教授）威廉·弗尔斯特（Wilhelm Foerster）敦促爱因斯坦“设法向德国公众发表讲话”，以减轻“对我们关于世界的认识以前持有的基

① 《爱因斯坦全集》第八卷上册，266页。

② 《爱因斯坦传》，269页。

本信条的质疑”所引发的焦虑和怀疑。他把这种骚动归咎于民众中一种近乎精神错乱的状态。为了说明这一点，他指出：“有些人很高兴，你们现在结束了英国人牛顿等人造成的全球混乱。当然，你会找到一些没有学术行话的词语，向德国公众介绍你那些极其重要思想和问题的合理而冷静的解释；可是，现在确实需要这样做。”[53] 爱因斯坦决定写一本普及读物，读者设定为没有科学和数学知识的外行人。《论狭义相对论和广义相对论——通常可理解》① 于1917年初出版。爱因斯坦跟朋友开玩笑说，这本书的副标题其实应该是“通常难以理解”。[54] ②

德国物理学家开始加入支持和反对这个理论的辩论，爱因斯坦对每一个新的支持者都表示欢迎，并抵挡批评者的猛烈抨击。赫尔曼·外尔（Hermann Weyl）“以如此饱满的热情和热心接受了广义相对论”，爱因斯坦万分高兴。“如果说这个理论暂时还有许多反对者，那么下述情况却使我得到了安慰：以别的方法求证该理论的支持者们的平均思维能力大大超过反对者们的思维能力！这在某种程度上是这个理论的自然性和合理性的客观证据。”[55] ③ 他很清楚，一些批评者是出于一些非科学问题。例如，恩斯特·格尔克（Ernst Gehrcke）翻出了一本德国物理学家保罗·格贝尔（Paul Gerber）被遗忘的出版物，后者在1898年用牛顿理论推导出了近日点进动的类似公式。格尔克发表了一篇抨击爱因斯坦等效假说的文章，暗示爱因斯坦在发展他理论时受到了格贝尔著作的引导。爱因斯坦选择“不理睬格尔克庸俗无聊而又肤浅的攻击，因为任何有见识的读者自己都能回答”。[56] ④ 然而，格贝尔的论文再版，由格尔克写导言时，物理学家马克斯·冯·劳厄于1917年发表了一篇有见地的反驳文章。[57] 在给哲学读者写的一篇关于广义相对论的论文中，哲学家爱德华·哈特曼（Eduard

---

① 中译本有多种：《相对论浅说》，夏元瑮译，上海商务印书馆，1922年；《狭义与广义相对论浅说》，杨润殷译，上海科学技术出版社，1964年；北京大学出版社，2006年；张卜天译，商务印书馆，2018年。《相对论：狭义与广义理论》，哈诺克·古特弗洛因德、于尔根·雷恩编，涂泓、冯承天译，人民邮电出版社，2020年。

② 《爱因斯坦传》，269页。

③ 《爱因斯坦全集》第八卷上册，367页。译文有所改动。

④ 同上，347页。

Hartmann）陈述了格尔克的反对意见，使用了爱因斯坦在通信中与他分享的论点。[58] 格尔克后来在20世纪20年代加入了反对爱因斯坦的民族主义反犹太运动。

爱因斯坦开始适应那些哲学家和其他非专家人士，他们开始向哲学和其他读者阐述他的理论及其含义。许多人写信给他寻求反馈，他很有礼貌地回复，指出了一些误解，并澄清其理论的细节。[59] 尽管如此，他仍然与哲学思索保持距离。"在阅读哲学书籍的时候，我不得不体验自己像盲人站在一幅油画前面似的感受。我在工作中只掌握归纳法……但是思辨哲学的论著我却难以企及。"[60] ① 具有讽刺意味的是，越来越多非专业人士开始涉足广义相对论，许多作者却利用爱因斯坦的成功基于一个原理——适用于所有观测者的运动相对性——建立了理论，声称思索高于经验论。爱因斯坦极力反对这一与他的理论有关的主张。1918年8月，他向朋友米歇尔·贝索（Michel Besso）写信抱怨："重读你上一封信时，我发现了某些让我非常不痛快的东西：思索显得高于经验论。其时你想的是相对论的发展。但我认为，这一发展给人的教益与此不同、几乎是其反面，具体说：一个理论要想可靠，就必须建立在诸多可概括事实之上……从来就没有一种真正有用、深刻的理论是通过纯粹的思索而发现的。"[61] ② 直到今天，人们对爱因斯坦贡献的普及描述中，仍然充斥着"一切皆相对"这一肤浅观点。这种误解，困扰了爱因斯坦一生。

构建宇宙

其他人努力理解他的理论并争论其优点，爱因斯坦则继续进一步扩展它。在这项工作中，他找到了一位有意愿且有能力的天文学家进行智力较量。威廉·德西特从洛伦兹和埃伦菲斯特那里听说广义相对论后，掌握了广义相对论的细节。在为荷兰和英国天文学家阐述爱因斯坦理论时，德西特开始欣赏它的

① 《爱因斯坦全集》第八卷上册，449页。

② 《爱因斯坦全集》第八卷下册，杨武能主译，276页。

力量和有用性。他开始做出原创贡献。爱因斯坦“由于您对广义相对论的兴趣如此之大而感到万分高兴”。[62] ① 这位天文学家，被证明是那位大胆思考物理学家的宝贵陪衬。在1916年一篇论文中，德西特提出了爱因斯坦场方程的新表述，爱因斯坦据此预言引力波存在。[63] 他写信告诉德西特，这些方程产生了三种不同引力波，其中只有一种携带能量。另外两种，爱因斯坦推测，“并不存在，而是坐标系相对于伽利略空间（Galilean space）的类波运动所表现出来的假象”。德西特对任何相对于绝对空间的运动的说法都持怀疑态度。他在爱因斯坦的信边上写道：“这个‘伽利略空间’是什么？岂不正好可以称之为‘以太’吗”？[64] ② 爱因斯坦和德西特冒险使用广义相对论描述整个宇宙，就这个主题进行了激烈辩论。

爱因斯坦关于引力的几何观点，以一种紧密方式将空间、时间和物质联系在一起。在他看来，没有物质，空间和时间就不存在。今天，广义相对论的普及者经常用橡胶片上的滚珠解释爱因斯坦引力理论。滚珠在薄片上产生一个弯曲凹陷。一个更小、更轻的球经过靠近滚珠的地方，就会绕着滚珠旋转。若从薄片上取下滚珠，薄片就会变平。打个比方，若把宇宙中所有物质都移走，则可能会认为空间会再次变平。它会回到牛顿的“伽利略空间”。爱因斯坦拒绝接受其内无物质的平坦空间概念。“我的理论的精髓正在于，空间本身是不具有独立特性的。这个意思也可以开玩笑一般如此表述：倘若我宇宙里面的一切东西通通消失，那么按照牛顿的理论，会有伽利略惯性空间保留下来；但按照我的诠释，却是**什么都没有了**。”[65] ③ 根据这一观点，“说到底惯性其实是质量之间的相互作用，而不是涉及‘空间’自身的一种与所观测质量分离的效应”。[66] ④

爱因斯坦在1916年发表关于广义相对论的综述文章中首先提出这个观点，

---

① 《爱因斯坦全集》第八卷上册，303页。

② 同上。

③ 同上，242页。

④ 同上。

他考虑了虚空空间中的一个旋转球体。旋转球体由于惯性而产生明显的向外（离心）力，因而在赤道处有一个凸起。汽车转弯时，我们会感受到类似的离心力将我们沿着转弯半径向外推。这种“力”由惯性所致——我们倾向于继续朝着转弯前的方向运动。根据爱因斯坦理论，球面上的居民可以认为自己是静止的。他们可以将凸起归因于来自遥远质量的引力效应。

爱因斯坦把这个推理应用到整个宇宙。目前从天文学角度来看，太阳是银河系这个跨度超过20万光年的巨大圆盘上数百万颗恒星中的一颗。恒星之间，散布着成千上万形状各异、大小不一的星云。许多星云是旋涡形的，一些天文学家认为它们是像我们银河系那样的遥远恒星系。另一些则认为它们就在我们恒星系内，而恒星系仅限于圆盘。爱因斯坦假设宇宙边界处不可观测的“遥远质量”决定了空间曲率，产生恒星系的观测结构，保持其形状。[67] 他在1916年秋天访问莱顿，与德西特讨论了他的想法。这位天文学家不喜欢他听到的东西。“我思考了很多关于惯性相对论和遥远质量的问题，我对此思考得越久，就越觉得你的假说不可取。”德西特被爱因斯坦的观点所“困扰”，“确信边界或者说‘外壳’（envelope）将永远存在于假说之中，并且绝不可能被观测到。”

现在我们可以说：惯性之源就在银河系之外，然而当我们的孙子有朝一日搞了一项发明，使已知的宇宙扩大，其倍数犹如300年前由于发明望远镜而扩大的倍数，这样一来，又只得把这个外壳向外推一推了。由此我得出结论，此外壳**并不**是物理实在。

倘若接受这个假说，首先就会设想一下，这些遥远的物质究竟**在哪里**，它们是由什么组成的；其次还要设想一下，惯性究竟**如何**从这儿传到那儿。要发明一种人造的机制。定义一个外壳和该机制都参照它静止的坐标系。相对论原理虽然**在形式上**还有效，但事实上我们又将回到旧有的包括以太在内的绝对空间的立场上去。[68] ①

① 《爱因斯坦全集》第八卷上册，359页。

德西特的批评是友好的。他是广义相对论的狂热粉丝，但他相信，有了这个附加假说，“您的理论对我来说将失去许多经典之美。这样所得到的关于惯性来源的‘解释’，实际上就不是一种解释，因为这并非得自已知的或可证实的事实，而是得自特设发明的物质。我确信……以这些物质作依据，与以‘以太风’作依据将不会有什么不一样。”[69] ① 爱丁顿读到了德西特为英国《月报》所写第二篇论文中的论点，也反对爱因斯坦的“特设”质量。他开始研究广义相对论，德西特一收到爱因斯坦的论文就给他提供。爱因斯坦很高兴德西特不顾与德国的战争，向英国人传授他的理论。“您敢于跨越令人迷惑的深渊架设这座大桥，真不错。”他很高兴地把论文寄给爱丁顿，并答应说：“等到回归和平，我就给他写信。”[70] ②

经过一番不懈努力，爱因斯坦最终接受了德西特的批评。他在科学辩论中不断推波助澜，并为其理论在荷兰引起的兴趣感到高兴。访问结束后，他给贝索写道：“在那里，广义相对论已变得生机勃勃。不仅洛伦兹和天文学家德西特在独立研究这一理论，而且还有好几位年轻同事在研究。这一理论在英国也生了根。”[71] ③

到1917年2月，爱因斯坦开始转攻另一个方向。“我目前正在写一篇关于引力理论中的边界条件的论文，”他给德西特写道，“我已经完全放弃了被您理直气壮批判过的……观点。我很想知道，对我眼下正在考虑的这个有点儿奇妙的概念，您又会说些什么。”[72] ④ 他致信埃伦菲斯特：“我又在引力理论……拼凑了一些东西出来，这让我险些被送进疯人院里隔离起来。但愿你们莱顿那里没有疯人院，这样我就可以再去拜访你们而不会遇到什么危险。”[73] ⑤ 为了回避麻烦的边界条件，爱因斯坦提出了一个有限、无界的球形宇宙。宇宙的体积是有

① 《爱因斯坦全集》第八卷上册，360页。

② 同上，384页。

③ 同上，350页。

④ 同上，387页。

⑤ 同上，388页。

限的，就像所有其他维度，包括长度、宽度、深度和时间，但它没有边界。光可以在宇宙中无限传播。就像一只蚂蚁在一个巨大球体上爬行，它覆盖的范围是有限的，但永远不会触及边缘。从理论上讲，恒星发出的光可以从两个方向看到。爱因斯坦计算出，他那个宇宙半径约为1 000万光年，即银河系半径的1 000倍。根据爱因斯坦最初的场方程，球形封闭宇宙要么收缩，要么膨胀。爱因斯坦在方程中引入了一个“宇宙项”λ，以保持宇宙静态。他所以这样做，是因为天文观测表明，恒星的速度小而随机，平均为零。在论文中，他指出引入λ并不会改变广义相对论的任何天文预言。具有讽刺意味的是，球形宇宙中均匀分布的物质，现在相当于牛顿的“绝对空间”。爱因斯坦对埃伦菲斯特指出这一反语：“我把我的新论文寄给你。也许你会觉得我找到的办法有些离奇，然而眼下我却认为这是最自然的办法。从测出的恒星密度所算出的宇宙半径达到10^7光年的数量级，可惜这与可观测到的恒星距离相比实属过于庞大。使人觉得滑稽的是，现在终于又出现了一个准绝对时间和一个优先的坐标系——但却完全符合相对论的所有要求。请把论文给洛伦兹和德西特也看一看。”[74] ①

爱因斯坦宇宙学理论给出了宇宙学常数λ、宇宙平均质量密度ρ和宇宙半径R之间的关系。原则上，R和ρ皆可测得。恒星的统计分布研究，可以确定平均质量密度。“现在极其迫切需要研究恒星的统计问题，”爱因斯坦告诉弗罗因德利希。他建议一起写一篇论文，又重新燃起了希望，希望自己能想方设法，让弗罗因德利希腾出一些时间做这项工作。“不过我们得谨慎行事，以免危及您的职位。”爱因斯坦向这位同事指出，他的理论第一次为天文学家研究整个宇宙提供了一条途径。“此事使人感到很有兴趣的是，不仅是R，而且还有ρ，都必须从天文学的角度独立地予以确定，其中后一个量至少要是很粗略的近似值，以致我所规定的关系应存在于两者之间。也许会有办法跨越10^4光年和10^7光年之间的鸿沟吧！那样就意味着一个天文学新纪元的开端。”[75] ②

① 《爱因斯坦全集》第八卷上册，392页。

② 同上，395页。

爱因斯坦向德西特承认："我所构建的当然是一座无比巨大的空中楼阁。"由于可观测宇宙与他的计算尺寸相比如此之小，他的模型通过观测是无法验证的。

> 我将宇宙比作一大张漂浮在空中（静止不动）的布，我们可以观测到其中的某一块。这一块微微弯曲，类似于球面的一小部分。我们反复研究深入探讨，究竟该如何使这布延伸，从而使其切线张力达到平衡，无论其边缘处是绷紧的、无限扩展的，还是有限大小的、封闭的。海涅（Heine）在一首诗中给出了答案："傻瓜则在等待答案。"好吧，我们还是知足吧，不要指望得到回答，而是尽快在病痛缠身的不好不坏的健康状况中在莱顿再见吧！

对此，德西特回答："的确，假如您不把您的观念强加于现实之上，那我们的看法就是一致的。作为一条无矛盾的推理链，我并不反对，甚至非常钦佩。但在我将这些计算完毕之前，我却不能完全赞同，而眼下我还不能进行计算。"[76] ①

5天后，德西特完成了家庭作业。在研究爱因斯坦宇宙学模型中，他发现了另一个适用于"**没有物质**"的空宇宙的模型。四维时空超球体，现在取代了爱因斯坦三维空间超球体。"我个人更喜欢**四维**系统，"他告诉爱因斯坦，"然而我更喜欢的却是最初的理论，没有不可确定的λ（它只有哲学上的，而非物理上的可取之处）。"[77] ② 爱因斯坦回复："按照我的观点，如果一个没有物质的世界是可能的，那就不能令人满意。……场更应该**完全由物质决定，没有物质它就不可能存在**。这就是我所说的惯性相对性要求的核心内涵。人们同样也可以说'物质决定几何'。对我而言，只要这个要求没有得到满足，广义相对论的目标就没有完全实现。只是借助λ项才做到这一点。"[78] ③ 德西特强烈反对爱因

---

① 《爱因斯坦全集》第八卷上册，423页。

② 同上，426页。

③ 同上，431页。

斯坦的假设，即宇宙是静态的，这是他引入λ的原因。

对您的假设——宇宙从力学上说是准静止的——我不得不坚决予以驳斥。我们只有宇宙的一张快照，我们不能也**不**应该从这张照片上没有看到大的变化就得出结论，认为一切都将永远保持在拍摄这张照片那一时刻的模样。我认为可以肯定，甚至银河系也**不是**一个稳定的系统。这样一来，难道整个宇宙有可能是稳定的吗？物质在宇宙中的分布是极端**不均匀**（我指的是恒星，而不是您的"宇宙物质"），它绝不会由于粗略近似而被密度恒定不变的分布所取代。您隐含的假设——整个宇宙的平均恒星密度处处都一样——是没有任何根据的，我们的所有观测结论都是否定它的。[79] ①

德西特在英国《月报》上发表的相对论第三篇系列论文中，介绍了爱因斯坦及其宇宙学模型。他的模型预言，验证粒子会随着它们之间距离的增加而彼此远离。这种现象意味着，遥远天体的光谱会出现红移，而且红移会随着距离的增加而增加。德西特提到了维斯托·梅尔文·斯里弗在亚利桑那州洛厄尔天文台对旋涡星云的观测。斯里弗发现，13个旋涡星系有大的红移。这是德西特宇宙学效应的证据吗？[80]

接下来几年，爱因斯坦和德西特继续争论他们的宇宙学模型。赫尔曼·外尔和费利克斯·克莱因也加入这场争论，以支持德西特告终。[81] 他们的工作标志着一个全新的天文学领域——相对论宇宙学——的开启。讲英语的天文学家们，通过德西特在《月报》上的讨论，开始了解爱因斯坦和德西特的早期宇宙学论述。

当爱因斯坦继续享受理论上的胜利时，参与验证他预言的天文学家很快就从观测方面带来了困难。

① 《爱因斯坦全集》第八卷上册，437页。

太阳观测的挑战

1911年以来，德国以外的天文学家开始了对相对论的观测验证，他们继续其工作，不管是否听说了最新突破。爱因斯坦广义相对论要求引力红移的大小与他1911年的理论为同一数值，光线弯曲量是等效原理预言的2倍。引力红移在广义相对论中是通过检查度规张量16个分量中的一个——g_{44}（时间）分量——计算的。在一级近似中，这个分量就是牛顿势，它证明了在引力场中时钟变慢将会从任何结合了狭义相对论和牛顿理论的推导中产生。光线弯曲的加倍，产生于时间曲率和空间曲率的结合。光线弯曲的第一部分，低速度时在一级近似下等同于牛顿引力定律；它产生于狭义相对论和牛顿理论的结合，故出现于爱因斯坦1911年的理论。光线弯曲的第二部分在广义理论中是全新的，不能从牛顿理论导出。

坎贝尔和柯蒂斯在利克天文台研究光线弯曲时，其同事在南边的威尔逊山天文台寻找太阳的引力红移。到1915年，尤利乌斯和爱因斯坦的愿望实现了。威尔逊山的研究项目，现在包括“对太阳大气中反常色散和爱因斯坦效应的可能证据的观测”。[82] 太阳源和地球源的比较，必须推到小数点后第三位。60英尺（约18米）和新的150英尺（约46米）口径塔式望远镜，皆专门为这项工作所配备。[83] 干涉仪安装在60英尺仪器中，为检查以前的观测和进行新的测量提供了额外手段。

查尔斯·圣约翰首先攻克了反常色散问题。到1915年，他明确可以排除这作为红移的解释。埃弗谢德表示赞同。[84] 于是，圣约翰开始观测太阳光谱中43条氰带的红移。从实验室实验中，他知道这些谱线对压强效应不敏感。圣约翰挑选它们，是为了检验埃弗谢德关于压强起次要作用的论点，也是为了检验相对论假说。埃弗谢德若是正确的，压强并不重要，爱因斯坦若是正确的，则这些谱线应该显示红移。1917年6月5日，在美国科学院一次会议上，海尔宣读了一份初步结果公告，圣约翰的研究将对人们对爱因斯坦理论的看法和态度产生显著影响。[85]

圣约翰据爱因斯坦1911年的权威著作宣称，“广义相对论的等效原理”导致了红移和光线弯曲的预言，日面边缘附近恒星的光线弯曲的量相当于1.75角秒。[86] 这种1911年的机制与1915年偏折的混合，表明了威尔逊山天文学家忽略理论细节，把注意力集中在有待测量结果上的趋势。[87] 圣约翰指出，“确认这两种结果任何一种”将对天体物理数据的解释产生重要影响。特别是，它会使天文学家的问题变得更加复杂，尤其是在光谱学方面。“在视线范围内确定恒星运动的问题，一个基本重要的问题，将面临一个高阶困难，这取决于它（相对于地球光谱的）恒星光谱中的谱线位移。我们对太阳大气中的运动、压强和许多其他现象的了解必须从光谱中的谱线位移获得，但在这里能够应用明确修正，不过这将在许多情况下，修改我们的诠释。”[88] 大概是松了一口气，海尔读出：“研究的一般结论是，在误差范围内，此种测量没有证据表明从等效相对性原理得出的那种量级的效应。”[89]

与碳弧相比，圣约翰测量了日面边缘和中心的谱线位移（精确到小数点后四位）。他在此极进行了边缘测量，以消除由于太阳自转造成的多普勒频移。圣约翰发现中心谱线稍微向蓝端位移了一点（负红移），表明太阳圆面（日面）中心上方的蒸汽有轻微上升运动。相对论红移若在起作用，他可以用太阳蒸汽上升足够快所引起掩盖引力红移的多普勒效应解释这一结果。然后在边缘，上升蒸汽会越过视线，他应该观测到全部的引力红移。然而，圣约翰的测量结果表明，边缘实质上为零位移，排除了那个相对论预言。[90]

圣约翰讨论了一个复杂问题。与大多数谱线不同，氰带不是单独的锐谱线。它们以一系列谱线紧密排列在一起。圣约翰利用手头的高级设备，仔细检查了清晰度极高的高色散谱图，以便找出他认为从邻近谱线中不存在的谱线。他进一步将最终43条谱线分成两组，一组权重高（包括最窄的谱线），另一组权重低（包括较宽的谱线）。这样一来，圣约翰觉得他成功解决了划分清楚谱线的问题。

印度的埃弗谢德对圣约翰使用氰线，没有那么自信。他特别不同意圣约翰的加权系统。圣约翰对强度较低的窄谱线给予了最高权重，因为可以精确测量它们的位置。埃弗谢德认为，这些谱线更容易受到其他谱线混在一起的影响，而较宽谱线则不那么容易被侵入谱线所位移。[91] 埃弗谢德觉得，应该给较强谱线赋予最高权重。使用一种修正测量法，他报告了30条氰线和氰带的结果。[92] 圣约翰在边缘发现零位移之处，埃弗谢德发现了一个肯定结果。“但似乎边缘处的位移，平均来说可能不会超过那个预言引力效应的一半，”他指出，“而对于铁线来说，在很多情况下是边缘处的2倍，如同相对论假说所要求的那样。”他说，“如果我们排除相对论，就是‘对抗’地球效应，即使将那些位移指派给相对论和运动的结合，我们并不能通过这种手段逃避地球效应，因为运动组分仍将处于地球的方向。”[93] 埃弗谢德得出结论，“无论最终以何种方式解释边缘-弧位移，我们甚至现在都可以用圣约翰的理论来说明，我们的结果显然对相对论不利。”[94]

关于氰的消息让爱丁顿很苦恼，他正忙着为伦敦物理学会准备他那宏大的“引力相对论报告”。“圣约翰最新的论文让我夜不能寐，”他对亚当斯抱怨道，“他想调和相对论与观测结果，或者用结果否定相对论，却得到一堆乱七八糟的东西。”[95] 爱丁顿也没得到什么结果。他在报告中写道：“验证（测量太阳光谱中所预言的红移）的困难如此之大，我们可能会悬搁判断；但是，否认爱因斯坦理论这一明显失败的严重性是徒劳的。”[96] 爱丁顿强调，红移是“接受爱因斯坦理论的必要和基本条件；它若真的不存在……我们应该拒绝整个建立在等效原理基础上的理论”。

索末菲问赫尔曼·外尔，他的新引力理论是否可能比爱因斯坦的更好：“到目前为止，还没有任何迹象表明这种（引力红移）出现过。施瓦西没有找到；美国人在威尔逊山的新的仔细测量也没有发现。我很想有机会从你那里了解一下，在你的理论中，红移是否也不可避免。”与爱因斯坦不同，索末菲对弗罗因德利希关于B型星的研究不屑一顾。“弗罗因德利希在这方面发表的文章，作为对这一观点一种据称的验证，或多或少是一种欺诈。”[97]

外尔告诉爱因斯坦，索末菲引用了威尔逊山的结果，他问：“这是怎么回事？”① 爱因斯坦回复，他“听说了美国方面的测量结果，并与弗罗因德利希讨

① 《爱因斯坦全集》第八卷下册，291页。

论过”，他并不在乎美国的结果。“这些测量结果似乎还证明不了什么。在地球上产生的谱线方面，还没有任何无懈可击的结果；迄今都在沿用的电弧是不适合的。我们现在正设法筹措经费以研制利用热来产生完美谱线的电炉。只有这样，才有可能达到更为可靠的结果。再过几年，判定就会做出的。”[98] ①

对天文学家来说，威尔逊山团队的威望对圣约翰的结论起了很大作用。但是，观测非常困难。埃弗谢德关于对太阳谱线奇怪地球效应的提议，缓和了他对威尔逊山数据的批评。早在1914年，他就有了这个想法，但他不喜欢。“这很令人费解，”他给利克天文台的坎贝尔写道，“因为，这似乎表明地球对气体的排斥。”埃弗谢德提议，拍摄将金星与白昼光谱进行对比的光谱，以“比较来自太阳不同侧面的太阳光”。当金星绕其轨道运行时，反射的太阳光会交替来自面朝地球的那一面或背向地球的那一面。如果地球效应是真实的，在比较金星光谱和太阳光谱时就会出现系统误差。[99] 埃弗谢德请这位利克天文台台长（以其他理由）检查一下旧的金星光谱，看看能发现些什么。

“你关于日面边缘波长增加的谨慎假说，对我没有多大吸引力”，坎贝尔回复。他指出，埃弗谢德倘若是对的，“其他行星，特别是金星，它的直径和质量几乎是地球的复制品，且离太阳更近，应该和地球一样有斥力”。尽管如此，坎贝尔还是分析了作为太阳视差项目一部分拍摄的金星的利克底片，并向埃弗谢德提供了数据。他告诉这位英国同事，他正在考虑一个项目验证金星的自转周期，如果继续推进，他可以将这些底片用于埃弗谢德问题。[100]

埃弗谢德很感激坎贝尔对那些旧利克底片的分析。对他来说，数据更倾向于地球效应，“但也许我曲解了您残差符号的含义，当然，一切都取决于您的归算方法”。他希望坎贝尔能够执行金星自转项目，特别是在金星接收从远离地球的太阳那部分发出的光时获取光谱。“我关于太阳气体受地球排斥的假说，对任何人都没有吸引力，也许对我自己更没有吸引力。”他承认，“但正是因为这个原因，而且因为我的结果极其难以解释，我急于将它付诸验证。”埃弗谢德指

① 《爱因斯坦全集》第八卷下册，306页。

出，他的设备“不幸的是，不适合拍摄金星，但如果您同意，我很乐意为您测量您可能得到的任何底片”。[101]

后来合作没有持续，埃弗谢德最终决定亲自尝试对金星的观测。1916年12月，他改进了正用于边缘和中心太阳谱线位移研究的摄谱仪，用来拍摄金星的光谱。[102] 到1918年2月，埃弗谢德可以从上一年2月和10月两个系列照片中得出报告结果。尽管2月份的底片可能受到铁弧中的“极效应”不利影响，但两组数据都支持“（涉及地球效应的）位移的运动诠释”。这种效应，是在早期战争岁月发现的。从铁弧的两极发出的光以一种复杂方式位移，当比较太阳波长和弧波长时，会导致系统误差。消除这种误差来源的通常方法是尽量使用弧中心附近的光，从而避免来自两极的光。埃弗谢德宣布了在1918年6月和7月获得第三个光谱系列的计划，他希望“决定性结果”可能会在那时到来。[103]

对太阳引力红移的各种搜索结果都是否定的，这给人们对爱因斯坦引力新理论的接受带来了障碍。1917年初，诺贝尔奖委员会收到了爱因斯坦获得那一年梦寐以求诺贝尔奖的3个提名。尽管该委员会的报告称爱因斯坦是“著名理论物理学家”，并赞扬了他的工作，但结论是，圣约翰的否定结果排除了将诺贝尔奖授予爱因斯坦的可能性。[104] ① 熟悉技术细节的天文学家承认，此种观测非常困难。引力红移验证的问题，凸显了寻找引力光线弯曲的重要性。

早在广义相对论的消息传到美国之前，坎贝尔就在继续研究这个问题。1916年2月3日，在哥伦比亚和委内瑞拉可以看到日食。后来，经济困难困扰着利克天文台，坎贝尔希望珀赖因能派一支观测队进行验证，“因为你可能是全食带上唯一有经验的人”。珀赖因确实去了，但他没有尝试爱因斯坦验证，因为经济拮据，他没有带必要的设备。[105]

坎贝尔的下一次机会，是在美国1918年夏天。1917年1月，也就是美国加入战争（第一次世界大战）那个月，利克天文台的罗伯特·格兰特·艾特肯（Robert Grant Aitken）呼吁人们关注爱因斯坦验证和与即将到来日食有关的旧

---

① 《上帝难以捉摸》，648—649页。

祝融星问题。他指出，以前用来搜寻水内行星的那种望远镜也可以用来寻找光线弯曲。他还不知道爱因斯坦1916年理论改变了预言的数值，他估计是0.9角秒，如同爱因斯坦1911年理论那样。[106] 到1918年，许多美国科学家已被动员为战争工作，几乎没有钱可以参加日食观测活动。尽管如此，通过汇集设备和人力，还是组织了十几个团队。[107] 维斯托·梅尔文·斯里弗（洛厄尔天文台台长）和斯沃斯莫尔的斯普罗尔天文台（Sproul Observatory）的约翰·A.米勒（John A. Miller），同时考虑了祝融星验证和爱因斯坦验证。根据坎贝尔发表的建议，他们拒绝了前者，但是斯里弗考虑向印第安纳大学的威尔伯·A.科格肖尔（Wilber A. Cogshall）借用一个11英尺4英寸（约3.5米）光圈的镜头，并将其用于爱因斯坦验证。最后，他和米勒各自选择了直接拍摄日冕，而把寻找光线弯曲的工作留给他人。[108] 钱柏林天文台和阿格勒尼天文台的观测队试图进行爱因斯坦验证，但由于云层存在，这些努力无功而返。[109] 只有坎贝尔和柯蒂斯得到了结果。他们在圣约翰否定结果和第一次世界大战之后的国际形势的影响下为人们所知。

利克天文学家去猎捕日食

战争促使利克团队匆忙离开俄国，他们把仪器留在了普尔科娃天文台（Pulkova Observatory）。俄罗斯的同僚们曾承诺，战后或在交通允许的情况下尽快归还这些仪器。直到1917年8月，在克伦斯基（Kerensky）政权统治下，这些仪器才开始了向东到达符拉迪沃斯托克的漫长旅程。12月，也就是布尔什维克在俄罗斯西部夺取政权的几周后，仪器抵达了太平洋。在符拉迪沃斯托克，“现政府，也就是旧政府的对立面，”坎贝尔在给同事的信中写道，“在那里实施了一场商业抵制，但没有任何效果。”[110] 抵制活动于1918年4月结束，这些仪器最终起航前往日本神户，人们希望那里有轮船把它们运到美国西海岸。

日食的全食带，是美国从西北的华盛顿到东南的佛罗里达的对角线。坎贝尔选择了华盛顿的戈尔登代尔（Goldendale）镇作为基地（图4.3a，图4.3b）。

图4.3a 观测者和来宾聚集在爱因斯坦照相机前，华盛顿戈尔登代尔，1918年。从左到右：约瑟夫·H.摩尔（Joseph H. Moore，利克天文台），他的女儿凯瑟琳（Kathryn），A.H.巴布科克（A. H. Babcock，南太平洋公司），华纳·斯瓦西（Warner Swasey），道格拉斯·坎贝尔（Douglas Campbell），坎贝尔夫人，E.P.刘易斯（E. P. Lewis，伯克利），威廉·H.克罗克（William H. Crocker），J. E.胡佛（J. E. Hoover，利克的前员工），克罗克夫人，F. S.布拉德利（F. S. Bradley，旧金山），W. W.坎贝尔，塞缪尔·L.布思罗伊德（Samuel L. Boothroyd，华盛顿大学），普拉斯基特夫人（Mrs. Plaskett），希伯·柯蒂斯（利克），埃斯特尔·格兰斯（Estelle Glancey，科尔多瓦），J. S.普拉斯基特（J. S. Plaskett，自治领天体物理台，英属维多利亚），约翰·布拉希尔（John Brashear），C. A.杨（C. A. Young，维多利亚），摩尔夫人，爱德华·E.法斯（Edward E. Fath，前利克毕业生），摩根夫人（现场住宿业主）。（加州大学圣克鲁兹分校大学图书馆利克天文台玛丽·莉·沙恩档案馆提供）

因为它是所有合适的站点“最西端”，有“与太平洋港口的快速连接”和他的旅行中仪器。然而，坎贝尔对仪器能否及时到达并不抱乐观态度。为了保险，他从利克那里拼凑了一些便携式设备，并从伯克利的大学生天文台和物理系借来了一些仪器。“这次观测队的规模将比以前希望的更小，但设备将是非常值得的。”[111]

作为最挑剔的日食猎人之一，坎贝尔的处境相当讽刺，这让斯里弗难忘。“我相信这非常令人沮丧，”他在给米勒的信中写道，“……这么多年来，他一

图4.3b　爱因斯坦照相机和摄谱仪设立在华盛顿的戈尔登代尔。（加州大学圣克鲁兹分校大学图书馆利克天文台玛丽·莉·沙恩档案馆提供）

直在仔细观测地球上遥远地方发生的日食，却失去了自己的仪器，无法对离自己本土如此近的地方进行有利的观测。”[112]

来自俄罗斯的设备，果然没有及时到达。坎贝尔的临时清单，包括以下内容。在爱因斯坦验证中，他使用了一个4.5英寸（约11.4厘米）照相镜头［焦距15英尺（约4.6米）］和一个3英寸（约7.6厘米）“祝融星”镜头［焦距11英尺4英寸（约3.5米）］，都来自现有的利克设备。他从加州奥克兰的夏博天文台（Chabot Observatory）借了两个4英寸（约10.2厘米）［焦距15英尺］的照相机镜头。他把这些“夏博透镜”安装在日食观测站建造的木管上。[113]

柯蒂斯负责“祝融星”照相机和爱因斯坦照相机。现场大约一个星期后，他给威尔逊山天文台的海尔写道：“我们取得了相当平均的天气，希望好运：——迄今注意到最令人不安的特点在于，我们运行13架仪器，我们租的房

子拥有3只黑猫和1只叫‘影子’的狗！！！”[114] ①

日食的前夜，乌云密布，黑猫们似乎要为所欲为。有两次在日食日，云层变薄到足以保证对太阳的观测，但是天公不作美。然而，关键时刻，云层的缝隙露出了太阳。坎贝尔描述了这戏剧性一幕：“非常幸运的是，云层中刚好在正确的时间和正确的地点形成了一条小裂缝。在全食结束前不到一分钟，云层遮盖了太阳及其周围环境，在全食结束后不到一分钟，云层又遮盖了太阳。那一小块空旷的区域是一片蓝色，大气宁静无比。”埃塞尔·克罗克（Ethel Crocker），即资助了观测队的董事克罗克的妻子，见证了惊喜晴空带来的宗教体验：“这是一个奇迹，一小片蓝天的中心就是我们聚集在一起要看的现象——上帝对相信他的力量创造奇迹的人非常仁慈。”[115]

《纽约时报》刊登了坎贝尔的一篇报道。在副标题“爱因斯坦理论的验证”下，坎贝尔解释了受天气关照的那个目的：“寄希望于，所记录恒星的测量位置将作为验证所谓的爱因斯坦相对论的正确性或虚假性，即一个过去十年间占据了物理学家和其他人的臆测首要位置的课题……作为日食问题的验证以前从来没有做过，这可能是物理学家所知的唯一令人满意的验证，但我们的工作是否将贡献有价值的证据还需拭目以待。”[116]（图4.4）公众总是对日食的戏剧性事件感兴趣，因此在公众心目中，它与一个有争议的理论——相对论——和爱因斯坦的名字联系在一起。这可能是这两者第一次在北美媒体上被提及。

柯蒂斯负责测量底片。一次仓促检查表明，尽管云层对离太阳较远的恒星造成了一定程度干扰，但比8等星还要暗的恒星已被记录下来。坎贝尔报告了这些初步发现，但随后所有关于底片的工作都戛然而止。[117]柯蒂斯离开汉密尔顿山前往伯克利，帮助海军训练领航员。1917年夏天，他在伯克利大学生天文台的阿明·O.洛伊施纳（Armin O. Leuschner）监督下开始了这项工作。[118]他的大儿子是海军一名无线电操作员，柯蒂斯希望他能在所在地服役。大约在日食

① 《恋爱中的爱因斯坦》，465页。

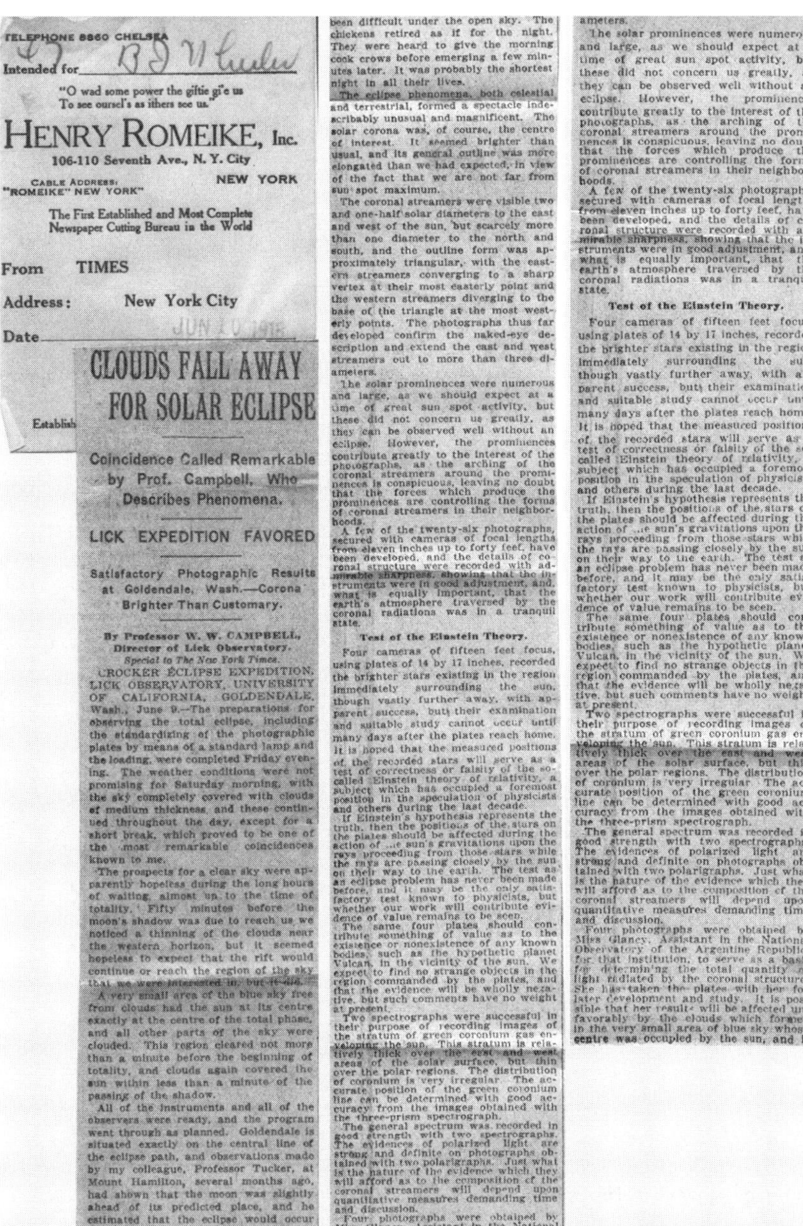

TELEPHONE 8860 CHELSEA

Intended for

"O wad some power the giftie gi'e us
To see oursel's as ithers see us."

HENRY ROMEIKE, Inc.
106-110 Seventh Ave., N. Y. City

CABLE ADDRESS:
"ROMEIKE" NEW YORK

NEW YORK

The First Established and Most Complete
Newspaper Cutting Bureau in the World

From TIMES

Address: New York City

Date JUN 10 1918

Establish

CLOUDS FALL AWAY FOR SOLAR ECLIPSE

Coincidence Called Remarkable by Prof. Campbell, Who Describes Phenomena.

LICK EXPEDITION FAVORED

Satisfactory Photographic Results at Goldendale, Wash.—Corona Brighter Than Customary.

By Professor W. W. CAMPBELL,
Director of Lick Observatory.
Special to The New York Times.

CROCKER ECLIPSE EXPEDITION, LICK OBSERVATORY, UNIVERSITY OF CALIFORNIA, GOLDENDALE, Wash., June 9.—The preparations for observing the total eclipse, including the standardizing of the photographic plates by means of a standard lamp and the loading, were completed Friday evening. The weather conditions were not promising for Saturday morning, with the sky completely covered with clouds of medium thickness, and these continued throughout the day, except for a short break, which proved to be one of the most remarkable coincidences known to me.

The prospects for a clear sky were apparently hopeless during the long hours of waiting, almost up to the time of totality. Fifty minutes before the moon's shadow was due to reach us we noticed a thinning of the clouds near the western horizon, but it seemed hopeless to expect that the rift would continue or reach the region of the sky that we were interested in, but it did.

A very small area of the blue sky free from clouds had the sun at its centre exactly at the centre of the total phase, and all other parts of the sky were clouded. This region cleared not more than a minute before the beginning of totality, and clouds again covered the sun within less than a minute of the passing of the shadow.

All of the instruments and all of the observers were ready, and the program went through as planned. Goldendale is situated exactly on the central line of the eclipse path, and observations made by my colleague, Professor Tucker, at Mount Hamilton, several months ago, had shown that the moon was slightly ahead of its predicted place, and he estimated that the eclipse would occur twenty seconds earlier than the time set down for it in the Nautical Almanac.

been difficult under the open sky. The chickens retired as if for the night. They were heard to give the morning cock crows before emerging a few minutes later. It was probably the shortest night in all their lives.

The eclipse phenomena, both celestial and terrestrial, formed a spectacle indescribably unusual and magnificent. The solar corona was, of course, the centre of interest. It seemed brighter than usual, and its general outline was more elongated than we had expected, in view of the fact that we are not far from sun spot maximum.

The coronal streamers were visible two and one-half solar diameters to the east and west of the sun, but scarcely more than one diameter to the north and south, and the outline form was approximately triangular, with the eastern streamers converging to a sharp vertex at their most easterly point and the western streamers diverging to the base of the triangle at the most westerly points. The photographs thus far developed confirm the naked-eye description and extend the east and west streamers out to more than three diameters.

The solar prominences were numerous and large, as we should expect at a time of great sun spot activity, but these did not concern us greatly, as they can be observed well without an eclipse. However, the prominences contribute greatly to the interest of the photographs, as the arching of the coronal streamers around the prominences is conspicuous, leaving no doubt that the forces which produce the prominences are controlling the forms of coronal streamers in their neighborhoods.

A few of the twenty-six photographs, secured with cameras of focal lengths from eleven inches up to forty feet, have been developed, and the details of coronal structure were recorded with admirable sharpness, showing that the instruments were in good adjustment, and, what is equally important, that the earth's atmosphere traversed by the coronal radiations was in a tranquil state.

Test of the Einstein Theory.

Four cameras of fifteen feet focus, using plates of 14 by 17 inches, recorded the brighter stars existing in the region immediately surrounding the sun, though vastly further away, with apparent success, but their examination and suitable study cannot occur until many days after the plates reach home. It is hoped that the measured positions of the recorded stars will serve as a test of correctness or falsity of the so-called Einstein theory of relativity, a subject which has occupied a foremost position in the speculation of physicists and others during the last decade.

If Einstein's hypothesis represents the truth, then the positions of the stars on the plates should be affected during the action of the sun's gravitations upon the rays proceeding from those stars while the rays are passing closely by the sun on their way to the earth. The test as an eclipse problem has never been made before, and it may be the only satisfactory test known to physicists, but whether our work will contribute evidence of value remains to be seen.

The same four plates should contribute something of value as to the existence or nonexistence of any known bodies, such as the hypothetic planet Vulcan, in the vicinity of the sun. We expect to find no strange objects in the region commanded by the plates, and that the evidence will be wholly negative, but such comments have no weight at present.

Two spectrographs were successful in their purpose of recording images of the stratum of green coronium gas enveloping the sun. This stratum is relatively thick over the east and west areas of the solar surface, but thin over the polar regions. The distribution of coronium is very irregular. The accurate position of the green coronium line can be determined with good accuracy from the images obtained with the three-prism spectrograph.

The general spectrum was recorded in good strength with two spectrographs. The evidences of polarized light are strong and definite on photographs obtained with two polarigraphs. Just what is the nature of the evidence which they will afford as to the composition of the coronal streamers will depend upon quantitative measures demanding time and discussion.

Four photographs were obtained by Miss Glancy, Assistant in the National Observatory of the Argentine Republic, for that institution, to serve as a basis

ameters.

The solar prominences were numerous and large, as we should expect at a time of great sun spot activity, but these did not concern us greatly, as they can be observed well without an eclipse. However, the prominences contribute greatly to the interest of the photographs, as the arching of the coronal streamers around the prominences is conspicuous, leaving no doubt that the forces which produce the prominences are controlling the forms of coronal streamers in their neighborhoods.

A few of the twenty-six photographs, secured with cameras of focal lengths from eleven inches up to forty feet, have been developed, and the details of coronal structure were recorded with admirable sharpness, showing that the instruments were in good adjustment, and, what is equally important, that the earth's atmosphere traversed by the coronal radiations was in a tranquil state.

Test of the Einstein Theory.

Four cameras of fifteen feet focus, using plates of 14 by 17 inches, recorded the brighter stars existing in the region immediately surrounding the sun, though vastly further away, with apparent success, but their examination and suitable study cannot occur until many days after the plates reach home. It is hoped that the measured positions of the recorded stars will serve as a test of correctness or falsity of the so-called Einstein theory of relativity, a subject which has occupied a foremost position in the speculation of physicists and others during the last decade.

If Einstein's hypothesis represents the truth, then the positions of the stars on the plates should be affected during the action of the sun's gravitations upon the rays proceeding from those stars while the rays are passing closely by the sun on their way to the earth. The test as an eclipse problem has never been made before, and it may be the only satisfactory test known to physicists, but whether our work will contribute evidence of value remains to be seen.

The same four plates should contribute something of value as to the existence or nonexistence of any known bodies, such as the hypothetic planet Vulcan, in the vicinity of the sun. We expect to find no strange objects in the region commanded by the plates, and that the evidence will be wholly negative, but such comments have no weight at present.

Two spectrographs were successful in their purpose of recording images of the stratum of green coronium gas enveloping the sun. This stratum is relatively thick over the east and west areas of the solar surface, but thin over the polar regions. The distribution of coronium is very irregular. The accurate position of the green coronium line can be determined with good accuracy from the images obtained with the three-prism spectrograph.

The general spectrum was recorded in good strength with two spectrographs. The evidences of polarized light are strong and definite on photographs obtained with two polarigraphs. Just what is the nature of the evidence which they will afford as to the composition of the coronal streamers will depend upon quantitative measures demanding time and discussion.

Four photographs were obtained by Miss Glancy, Assistant in the National Observatory of the Argentine Republic, for that institution, to serve as a basis
for determining the total quantity of light radiated by the coronal structure. She has taken the plates with her for later development and study. It is possible that her results will be affected unfavorably by the clouds which formed in the very small area of blue sky whose centre was occupied by the sun, and it

图4.4 《纽约时报》1918年6月10日的文章，很可能是首次在美国报纸上提到爱因斯坦的理论。利克天文台剪报。（加州大学圣克鲁兹分校大学图书馆利克天文台玛丽·莉·沙恩档案馆提供）

前一个月，坎贝尔（有3个儿子都参加了战斗）得到允诺，如果有机会“参与我国的战争问题有关的技术科学服务”，就给他请假不去利克。[119] 日食结束后，机会在伯克利出现。柯蒂斯在定居汉密尔顿山之前只在那里待了几天，只要敌对还在继续，他就不想放弃战争工作。正如他对海尔解释的：“（我）发现，如果现在我可以从事战争工作，就不可能满足于天文工作。”[120] 日食底片的测量，必须要等一等。

延误还有一个技术原因。正常情况下，日食期间太阳所在天区的比较底片，应该在日食前几个月的夜里在汉密尔顿山拍摄。寄希望能收到来自俄罗斯的仪器，坎贝尔和柯蒂斯尚未把最终使用的辅助设备作比较底片。现在，他们必须等待太阳离开他们感兴趣的天区，这样就可以晚上用在戈尔登代尔使用的照相机拍摄了。这一工作，在深秋或初冬是可能的。然而在8月，柯蒂斯离开了西海岸，在华盛顿特区的标准局从事与战争有关的研究工作。坎贝尔为柯蒂斯在战争期间的缺席做了正式安排。他决定，在明年冬天拍摄比较底片之前，不会对爱因斯坦底片做任何处理。[121]

随着1918年11月第一次世界大战结束，恢复正常活动的想法又出现了。坎贝尔向柯蒂斯提出了这个问题，暗示希望他在1月中旬回来，但把选择权留给了他。柯蒂斯选择待到1919年夏天。“我真希望你命令我回去，”他写道，“就像我感觉的那样，尽管如此，我确实是在‘逃学’。但我相信，我现在可以开始在这里从事几项既有趣又有利可图的活动了。”由于比较底片尚未拍摄，坎贝尔不顾塞缪尔·L.布思罗伊德等同事的要求，将爱因斯坦难题搁置起来。后者即将发表一篇关于相对论的论文，“急于得到有关爱因斯坦效应的最新证据”。[122]

爱因斯坦解放弗罗因德利希

言归德国，战争仍在激烈进行，爱因斯坦多年来一直谋求为弗罗因德利希找到一个位置，使他能够把时间投入到广义相对论的观测验证。早在1916年，大卫·希尔伯特帮助他试图在哥廷根给弗罗因德利希找一份工作。天文学教授、天文台台长约翰内斯·弗朗茨·哈特曼（Johannes Franz Hartmann）“以不可战胜的冷漠”① 拒绝在天文学方面指导弗罗因德利希。爱因斯坦将不得不承担监督这项研究的责任。他其实另有想法。尽管他渴望帮助这位年轻天文学家，但对与他密切合作心存疑虑。“为了结成这种半婚姻式的关系，不仅需要对另一位有一定的尊重，”他解释说，“还需要有那么点儿个人好感，使经常碰面令人愉快，使共同经历的失望也会变得甜蜜。但是在这件事情上，肯定没有出现上面所说的情况。”[123] ②

施瓦西当年晚些时候英年早逝，提供了另一种可能途径。如果波茨坦天体物理台任命一位顺从的台长，弗罗因德利希可能会在那里得到一个职位。波恩大学天文学教授卡尔·弗里德里希·屈斯特纳是这个职位的候选人之一，弗罗因德利希去波恩拜访了他。爱因斯坦向希尔伯特报告说，屈斯特纳“很亲切地接待了他，并准备想方设法支持他”。爱因斯坦相信，屈斯特纳要是得到了这份工作，“对实验性引力问题进行认真仔细检查的研究工作就好得到保证，同时弗罗因德利希也能从一种已变成简直可以说是能把石头软化的处境中被解救出来”。他给教育部的瑙曼写信，“意欲把我对上述领域的微薄影响作为一个砝码加上去”。[124] ③

爱因斯坦进入了普鲁士科学院的委员会，该委员会将推荐新的波茨坦天文台台长。他提名屈斯特纳，并征求威廉·德西特的意见。德西特写道，屈斯特纳“是现在德国唯一一个彻底掌握重大当代问题的人，而且特别是在精密天体物理学领域，以及天体物理学和天文学方法的融合——在我看来，将来还可以作出很大贡献。”④ 在第一次委员会会议上，爱因斯坦得知胡戈·冯·西利格写了一封信，支持波茨坦的高级观测员古斯塔夫·穆勒（Gustav Müller）取代屈

① 《爱因斯坦全集》第八卷上册，278页。

② 同上。

③ 同上，295页。

④ 同上，323页。

斯特纳。施特鲁韦也在委员会上，他提出冯·西利格胜任乃出于个人动机。尽管如此，委员会还是要求把穆勒和屈斯特纳同等对待，但爱因斯坦反对。他写信问德西特①，德西特回复他没有提到穆勒，“坦白地说，我觉得他太老了……可以预期，屈斯特纳将使波茨坦处于领先地位：穆勒也许能够使波茨坦保持目前的水平”。在第二次委员会会议上，爱因斯坦提交了德西特的推荐信和雅各布斯·C.卡普坦的口头建议，支持屈斯特纳。委员会建议屈斯特纳排第一，穆勒排第二。科学院全体院士接受了委员会的建议，并将建议转发给教育部。然而，尽管爱因斯坦付出了所有努力，穆勒还是得到了这个任命。“所有为此事操心的人听到这个消息都不高兴。”他对德西特说，“目前还不清楚究竟是哪股势力暗中作祟。人们私下里都在议论冯·西利格。”[125] ②

1917年初，一个独特机会出现了，最终允许爱因斯坦把弗罗因德利希从施特鲁韦所掌控天文台的奴役中解放出来。普朗克和能斯特最初引诱爱因斯坦1913年来柏林，他们提供的条件包括担任威廉皇帝物理研究所的所长。该研究所只存在于纸面上，将在爱因斯坦到达后建立。战争的爆发，把所有的政府资金都转移到了战争方面。建立爱因斯坦研究所的计划一度被搁置，直到战争结束。爱因斯坦泰然自若，因为他并不需要什么研究所，讨厌管理，更喜欢独自工作。然而，来自莱波尔德·科佩尔的私人资金落实了，所以1917年初，研究所继续推进。1917年6月，爱因斯坦要求弗罗因德利希准备一份详细的研究计划，以期待研究所的成立。实业家和不公开顾问威廉·冯·西门子（Wilhelm von Siemens）被任命为董事会主席。爱因斯坦担任管理会主席，管理会由普朗克、能斯特、哈伯、鲁本斯（Rubens）和瓦尔堡（Warburg）担任顾问。爱因斯坦获得每年5 000德国马克的补助金，并在自家公寓里召开董事会会议。既没有建筑物，也没有设备。③ 爱因斯坦雇用了他的堂姐埃尔莎（Elsa）的21岁女儿伊尔莎（Ilse）做兼职秘书，月薪50德国马克。1917年12月17日，媒体宣布成

---

① 《爱因斯坦全集》第八卷上册，387页。“对此我感到特别怀疑，其中肯定有人在搞阴谋诡计。”

② 同上，421页。

③ 《爱因斯坦传》，291页。

立新的威廉皇帝物理研究所。弗罗因德利希得到了一份为期3年的合同，可续签两年，负责对广义相对论的实验验证进行研究。1918年1月1日，他正式获得自由。[126]

弗罗因德利希建立了一个雄心勃勃的研究计划，这个计划脱胎于他与爱因斯坦长期合作及其在验证相对论方面的讨论和工作。[127] 这项研究主要分为两类：光线弯曲验证和引力红移。对于光线弯曲，弗罗因德利希提出了3种解决模式：日食法；太阳附近的白昼照相；木星边缘的恒星照相。弗罗因德利希1914年去俄罗斯的日食观测队流产，“设计了一系列改进，以获得足够精确的数据”，希望“为1919年即将到来的异常有利的日食”及时进一步研究。他提出了另外两个项目“在研究这些问题时，不必依赖于罕有的日全食时机”。早在1913年，弗罗因德利希就提出在白昼下拍摄太阳附近的恒星，但从未付诸实践，“因为我既没有资金，也没有仪器设备”。弗雷德里克·林德曼最近公布了在英格兰进行的验证结果，[128] 弗罗因德利希希望继续探索这一研究途径。他还“拥有由波茨坦托普费尔公司制造的测量仪器”，用来精确测量木星边缘的恒星，并在木星不在附近时比较它们的位置。“建立这种方法需要进行一系列前期准备工作，而这些研究前期准备工作对天体照相术具有特别重要的意义。”[129] ①

对于引力红移，弗罗因德利希仍然坚持他早期的统计分析“事实上B型（猎户座）星显示了一种所期待类型的效应”。[130] ② 他想在这个研究思路方面继续推进。他还想开展爱因斯坦两年前提出的一项研究路线。有些双星系统靠得太近，用望远镜无法直观地分辨出来。当恒星彼此绕着轨道运行时，退行恒星的光谱会发生红移，而趋近恒星的光谱会发生蓝移。两颗恒星的光谱来回位移，反映了轨道运动。爱因斯坦提出，对这些“光谱双星”的波长变化进行详细分析，可以探测到叠加在运动效应上的引力效应。[131] 现在，弗罗因德利希想要使用一种1913年由汉堡物理学家彼得·保罗·科赫（Peter Paul Koch）发明

① 《爱因斯坦全集》第八卷上册，479页。

② 同上，480页。

的新技术。科赫光度计将光通过恒星照片照射到光电池上，光电池将光转换成使描记笔移动的电流。当底片移动时，描记笔就会产生光谱的谱线迹线。谱线的位置和光谱内的能量分布，可以“以此前远不能达到的精度”进行测量。弗罗因德利希专门为这个新的引力红移验证制造了一台科赫光度计。[132]

弗罗因德利希终于可以自由自在研究那些相对论问题了，但他的新处境还是存在一些问题。在德国，国家资助天文台的所有雇员都是公务员，享有慷慨的福利和养恤金。他与威廉皇帝研究所的合同结束后，必须去找一份工作。他试图在皇家天文台为他举行的会议上保住自己职位，获得与该研究所签订合同期间的休假。作为一种替代选择，爱因斯坦让他在波茨坦天体物理台工作，施瓦西曾是那里的台长。然而，情况很尴尬，因为他支持屈斯特纳，而不是现在的台长古斯塔夫·穆勒。爱因斯坦写信给教育部的胡戈·克吕斯（Hugo Krüss），建议弗罗因德利希在波茨坦天体物理台工作。克吕斯表示同情，建议爱因斯坦直接写信给穆勒，“劝说一下”。① 穆勒没有任何空缺位置，但他同意，文化部若资助另一个助理职位，他就会聘用弗罗因德利希。他请爱因斯坦直接向克吕斯提出这个要求。穆勒愿意更进一步，如果教育部拒绝了这一安排的话。“无论如何，我都准备支持弗罗因德利希博士计划的，对广义相对论进行验证的研究，就是说，我要让他熟悉我们天文台各种各样的观测方法，我会负责对他进行点拨，而且，只要有可能，我愿意向他提供天文台的设备。”[133] ②

弗罗因德利希没有现代天体物理方法的经验，他使用的是更为经典的观测法。所以，爱因斯坦必须提出充分理由，弗罗因德利希需要在波茨坦这样的天体物理台工作。在向克吕斯陈情时，他强调了弗罗因德利希在理论方面的训练和专长，并贬损天文学专业人士对理论物理学的理解——对保守派一种较明显的挖苦。

① 《爱因斯坦全集》第八卷下册，12页。

② 同上，14页。

天文学在最近数十年里的进步，虽然也基于基本的、以理论为基础的创新，但更多、在更大程度上却是基于观测方法精度的提高。这样一来，人们对观测中纯粹实用的技能的评价就高于理论知识和专长。科研人员于是根据这一观点选拔出来，并且在一段时间后登上了天文台的领导岗位。这样做的结果是，收集尽可能精确的数据本身就成了目的，而一般来说，顶尖的天文学家在理论训练和洞察力方面都相当薄弱。于是我们看到，尽管引力的实证研究必须被视为天文学最重要的任务，但总的看来，天文学家们对最近在引力理论领域进行的努力是完全不理解、不感兴趣的。①

爱因斯坦很快补充说，施瓦西是一个“引人注目的例外”，他具备“杰出的理论天赋”和“在观测方法上充分实用的技巧”的必要组合。他认为，在年轻的天文学家中，弗罗因德利希“是唯一一位在数学、天体力学和引力理论方面具有扎实知识根底的人。尽管他的天赋比不上施瓦西，但他比施瓦西早许多年认识到现代引力理论对天文学的重要性，而他自己在天文学或天体物理学的道路上也以火热的激情和非凡的勤奋投入到验证该理论工作之中”。[134] ②

还不清楚波茨坦是否增设了一个新的助理职位，但穆勒说到做到。[135] 爱因斯坦“非常高兴您（弗罗因德利希）在波茨坦受到如此友好的接待。坚冰看来终于打破了”。[136] ③ 到1918年3月，弗罗因德利希写信给他以前的教授费利克斯·克莱因，说他离开了皇家天文台，全职从事广义相对论的验证工作。“我现在全身心投入到该理论的实验检验中，几年来，威廉皇帝物理研究所使我独立工作，使我得以离开皇家天文台。眼下，我专门在波茨坦天体物理研究所工作，我开发了许多方法，首先是确定光谱谱线的引力位移，如果它们存在的话，然后也验证光在引力场中的偏折。”[137]

如果战争能戛然而止，弗罗因德利希渴望组织一次远征队观测1919

① 《爱因斯坦全集》第八卷下册，14页。

② 同上，16页。

③ 同上，19页。

年5月29日的日食。战争爆发时，俄国人没收了他的仪器，导致他在1914年日食时验证爱因斯坦光线弯曲预言的计划流产。到1915年秋，没收的仪器被转移到敖德萨的天文台。早在1917年，爱因斯坦提出试图派人把仪器索回来。“或许，我用本人的影响力来处理仪器这件事会更好些，因为不会有严重的非难落到我头上。”① 作为一个著名的国际主义者、和平主义者，他可能会比一个德国天文学家过得更好。[138] 德国军队3月占领敖德萨，弗罗因德利希向教育部提议，让军队收回仪器。爱因斯坦招募了波茨坦测地研究所（Geodetic Institute）观测员威廉・施韦达（Wilhelm Schweydar），他正在罗马尼亚执行科学任务，弗罗因德利希的计划若通过，他将前往敖德萨。爱因斯坦也咨询了普朗克的意见，普朗克提议弗罗因德利希让科学院做出安排。他还表示支持这项提议。弗罗因德利希认为，这些仪器是远征队去巴西观测1919年5月29日那次有利日食所必不可少的。普朗克还建议弗罗因德利希咨询1914年首次派出远征队的施特鲁韦。施特鲁韦另提办法，由参与远征队的天文台而不是科学院参与。这一策略得到了批准，并启动了回收仪器的计划。不幸的是，仪器直到1923年才到达德国。[139]

随着第一次世界大战临近尾声，爱因斯坦终于成功安排了弗罗因德利希进行广义相对论的实验验证。那时，德国以外的天文学家知道了他的理论，与他竞争的验证者在积极寻找光线弯曲和引力红移。弗罗因德利希在战前获得的领先优势荡然无存。战后时期将戏剧性改变有关爱因斯坦理论的天文学预言的争论的性质，使之成为公众关注的焦点。重心也从欧洲转移到美洲。

① 《爱因斯坦全集》第八卷下册，19页。

第 5 章　1919 年：戏剧性公告的一年

第一次世界大战结束在即，科学家们开始了重建被敌对各方破坏的国际合作的艰巨任务。有些人（诸如失去了一个儿子的马克斯·普朗克）遭受了个人悲剧。另一些人（诸如坎贝尔）则很幸运：三个儿子都回来了。尽管个人和职业生活遭受了可怕损失，科学研究仍在继续。爱因斯坦在讲德语的欧洲家喻户晓。他的相对论虽有争议，但广受赞誉。爱因斯坦被授予诺贝尔奖几乎已成定局，但圣约翰关于太阳引力红移的否定结果证明却是一个障碍。爱因斯坦获得了1919年物理学奖7个提名。有些提名是因他在广义相对论方面的工作。另一些则是因他早期对布朗运动的研究。诺贝尔奖委员会认为，爱因斯坦在相对论和量子力学方面的贡献更为重要。尽管如此，他们还是选择等待红移问题的澄清，以及1919年5月29日发生的日食的结果。[1] ①

那一年，对相对论来说是戏剧性一年。是年底，爱因斯坦及其理论将举世闻名。天文学家位于这些戏剧性发展的核心。

埃弗谢德地球效应对阵相对论

对相对论来说，这一年开局不利。1918年，埃弗谢德对金星的观测受到了

① 《上帝难以捉摸》，649页。

好天气护佑，“快底片（躲过了潜水艇）幸运到达”。1919年1月，他能够宣布初步结果。[2] 埃弗谢德获得了四个系列的观测，金星在太阳正前方，也在太阳后方（相对于地球）。他用日光和铁弧作为对照，测量了金星光谱和铁弧光谱。埃弗谢德发现，当金星向太阳远侧移动时，从金星反射过来的太阳谱线的波长逐渐减小，这表明红移是由太阳面向地球那一面所致。当金星与日地线的夹角为135°时，反射日光（来自太阳半球的太阳光与地球的夹角为135°）与地面铁线相比，呈现紫移。埃弗谢德只能得出结论："太阳被金星反射的日光不同于普通日光。"[3] 虽然承认“不愿意接受金星的结果”，因为它们暗示地球控制着太阳气体的运动，但他认为“在我看来，现在的证据是确凿的”。[4]

埃弗谢德没有提到，他的同事纳拉亚纳·艾亚尔（Narayana Aiyar）在1918年春天进行了一系列广泛观测，将日面边缘谱线位移和日面中心谱线位移与铁弧进行了比较。这项工作是科代卡纳小组试图复核圣约翰对氰线测量中的最新成果。这项工作尚未完成，但结果却在证实他早些时候的断言，即圣约翰的边缘小位移或零位移是错误的。艾亚尔发现了正位移，在某些情况下接近爱因斯坦的预言量值。[5] 然而，那些位移因不同物质而异，排除了相对论的明确确证。此外，此种不寻常运动假说可以解释这些结果和金星的观测结果。尽管埃弗谢德直到第二年才发表艾亚尔的研究结果，但这些结果让他对自己的地球效应更加有信心。其结论是："不管我们喜不喜欢，似乎有必要承认地球确实影响着太阳，引起类似于彗星中发生的气体运动。这是否可能在某种程度上控制了太阳黑子和日珥的分布，因为它们也暴露了地球的影响?"[6]

只要存在地球效应，埃弗谢德就排除了相对论解释："这些结果对'相对论'效应的影响显而易见，因为我们现在发现，太阳谱线红移只发生在太阳面向地球那一边。因此，它不可能是一种在整个太阳上都不变的引力效应。"[7] 威尔逊山天文台、圣约翰及其同事塞思·尼科尔森（Seth Nicholson）立即开始用斯诺望远镜拍摄金星的底片，以搜寻“埃弗谢德的神秘地球效应”。[8] 不幸的是，澄清红移问题被证明是难以捉摸和困难的。

利克的延迟和技术挑战

由于柯蒂斯在华盛顿，坎贝尔尽其所能推进爱因斯坦难题的研究。1919年初，他向柯蒂斯咨询关于拍摄比较底片的问题。日食底片上的星像并非清晰界定，柯蒂斯回复，为了便于比较，“双像和小‘跳跃’将会非常麻烦”。在这个早期阶段，两位天文学家都不知道，戈尔登代尔底片上的星像清晰度差，主要是由于望远镜机架在曝光期间的移动，导致了双像和星像迹线。柯蒂斯倾向于指责转仪钟造成了糟糕图像，以及在底片曝光过程中望远镜缺乏任何导星。“在俄罗斯，我们有很好的钟。”他提醒坎贝尔：“我们在戈尔登代尔的钟都是‘秒表’。”拍摄比较底片时，他建议使用辅助透镜“以R.A.（赤经）作引导，以便在第一时间得到好底片”。柯蒂斯认为，为了获得良好的星像，“我们对仪器的期望太高了”。他提醒坎贝尔，即使是具有出色转仪的克罗斯利反射望远镜，“没有导星，也很难产生清晰图像。你应该还记得，在俄罗斯我曾计划以R.A.就位置很有利的轩辕十四（Regulus）作导星。”柯蒂斯强调说，如要再次解决这个问题，“要么就用我们所能设计的最佳转仪去尝试，要么就根本不去尝试。”[9]

2月底，坎贝尔向柯蒂斯报告，他和同事们经过一番苦战，终于得到了比较底片。3个夜晚开头都很美好，但每一次，风都给他们带来麻烦。他们使用了柯蒂斯建议的导星镜，“这帮了大忙”。[10] 坎贝尔决定“在1923年日食中，‘祝融星’机架等必须重新设计，并包括导星镜和其他的便利和必需品”。1923年那次日食，在附近的南加州和墨西哥皆可见。很明显，在1919年2月，坎贝尔并没有打算观测次年5月的日食，也没有打算预报1922年的日食，因为在澳大利亚即可见。

拿着比较底片，坎贝尔为柯蒂斯从5月1日开始回利克天文台做好了准备。“我真希望你能马上在这里从事这项工作”，他承认，并希望为柯蒂斯回来准备好比较仪。他向柯蒂斯描述了一种较差量度仪的设计：

在我看来，我们可以建造一个坚固的框架，在北窗框或西窗框的前面，把戈尔登代尔底片的正片同相应的汉密尔顿山负片垂直地面对面固定在一起，并在它们和窗框之间加一块大磨砂玻璃；这是一种双层载玻片，设计坚固，用木头精确制作，可以在底片前面放置一个测微目镜，这样，目镜就可以通过有限次跳步来移动整个区域，在汉密尔顿山寻找没有复制的任何戈尔登代尔天体，并测量相应图像之间的距离。如果观测者愿意，他可以站在一系列1英寸（约2.5厘米）的木板上，以便调整自己到目镜高于地板的高度，或者他可以有一个使他更舒适的合适凳子。[11]

柯蒂斯怀疑暗星在正片上是否能像在原初负片上一样被识别，更倾向于采用一种完全不需要正片的程序。他想在标准局用两个16英寸（约40.6厘米）长的玻璃尺代替钢尺或木尺。由于这将是高度精密的，他希望这能使他在直角坐标下绝对测量两组底片（分别来自戈尔登代尔和汉密尔顿山）的负片，“通过实际解决整个底片的标度和取向误差”。他承认，此种较差方案“可能会很好奏效，尽管我有点担心在此法中充分考虑标度和取向差异的困难”。柯蒂斯附上了他想要装置的草图，[12] 如图5.1所示。

对于柯蒂斯回到利克天文台研究爱因斯坦底片，坎贝尔越来越担心。他告诉柯蒂斯，他应邀率领美国天文学家代表团赴欧洲参加国际天文学联合会会议，将在6月某个时候离开。坎贝尔想让柯蒂斯在他出发前回汉密尔顿山。这很适合厌倦了和平时期的华盛顿的柯蒂斯。坎贝尔得知这一点，后悔安排了5月1日而不是更早返回。[13] 让坎贝尔兴奋的是以下消息，英国打算派出两支远征队去观测5月的日食，并将集中精力研究爱因斯坦难题。坎贝尔想率先宣布明确结果：“我真的很急切希望你们能尽快从‘祝融星’——爱因斯坦照片中搞出点名堂，不管里面有什么，不仅仅在一般原理上，而是因为朋友们正在向巴西和非洲派出远征队观测今年的日食，他们将精力集中在爱因斯坦难题上。我们理应迅速得到我们应得的东西。所以，我决定完全听从你的建议，用何种比较量度仪准备迎接你的到来。”[14]

在压力之下，坎贝尔听从了同事关于量度仪问题的建议。他授权柯蒂斯

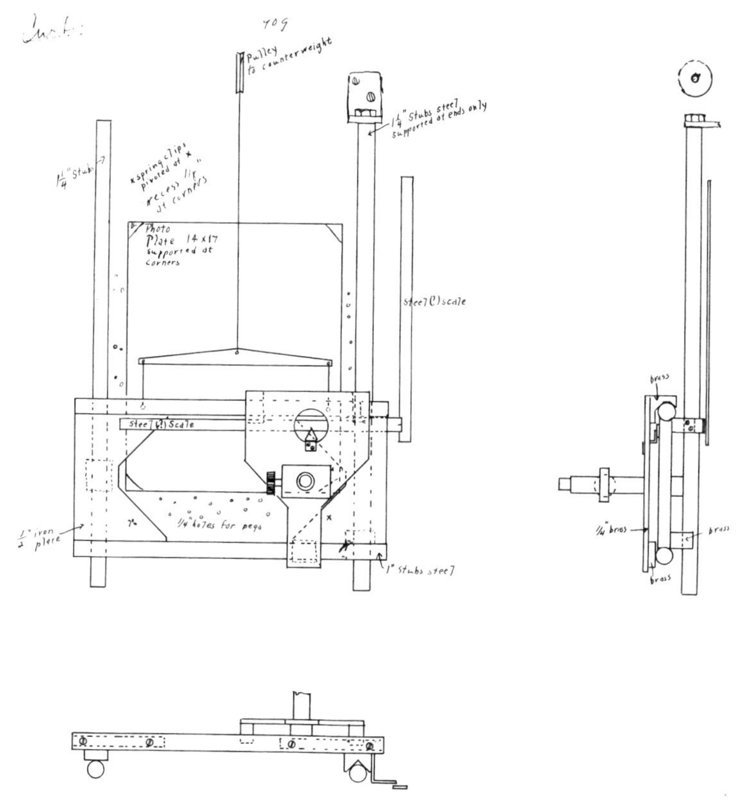

图5.1　柯蒂斯1919年3月绘制的草图，用来建造一台测量戈尔登代尔日食底片的仪器。（加州大学圣克鲁兹分校大学图书馆利克天文台玛丽·莉·沙恩档案馆提供）

订购钢尺，作为量度仪光学部件在其上滑动的向导。他敦促柯蒂斯尽快完成工作图纸，因为他想在4月初把利克的职员放到这个项目上。“这可能会让你有点紧张，”他承认，“但我急于在你到达的时候把这架仪器整好，这样你就可以把6月19日至20日太平洋天文学会与AAAS（美国科学促进会）太平洋分部在帕萨迪纳举行的会议正反两方面的情况报告给我。”[15] 于是，坎贝尔极力要求在6月中旬，也就是5月的日食两周后公布初步结果，早于英国远征队任何可能的实质性声明。

英国人加入

恰逢坎贝尔和柯蒂斯为柯蒂斯回到汉密尔顿山做热烈准备，两组英国天文学家启程前往里斯本，他们沿着1919年5月那次日食的全食带前往不同地点。查尔斯·伦德尔·戴维森（Charles Rundle Davidson）和A.C.D.克罗姆林（A.C.D. Crommelin）要去巴西的索布拉尔；阿瑟·爱丁顿和E.T.科廷厄姆（E. T. Cottingham）前往普林西比（几内亚湾非洲西海岸一个小岛）。在开航前的最后一个晚上，他们在格林尼治的书房里向皇家天文学家弗兰克·戴森道别。当讨论转向光线偏折程度时，爱丁顿坚持他完全期望找到爱因斯坦值，而不是牛顿半值。科廷厄姆问如果他们的偏折比爱因斯坦的偏折大2倍将意味着什么，戴森干脆回答道："爱丁顿就会疯了，而你就只得孤身一人回国去！"[16]①

英国人决定加入世界大战期间的这次争论。1919年5月那次日食被认为大吉，全食超过5分钟，被食太阳位于金牛座，被毕星团（Hyades cluster）中的13颗亮星环绕着。[17] 爱丁顿位于这次英国努力的核心。然而，随着战争接近高潮，威胁到了这位天文学家的计划。战争初期，英国依靠志愿者来征兵，但到1916年3月，政府要求征兵填补兵员。应剑桥大学之邀，爱丁顿是该校天文学普拉姆教授兼剑桥天文台台长，陆军部免除了爱丁顿的责任，理由是他继续担任大学职位是为了国家利益。爱丁顿是公谊会（Society of Friends）信徒②，他准备好以良心为由要求豁免，甚至提出申诉。但是此种职业上的豁免，已经理由充足。到1918年中期，英国内务部急需战士。爱丁顿被医学委员会评为2级，因为他35岁，单身汉一个。教育部对他的豁免提出上诉。该上诉于6月14日在剑桥举行的听证会上获得批准。爱丁顿的豁免，将于1918年8月1日到期。6月27日，他以宗教理由正式申请免服兵役。那位皇家天文学家支持他的申请：

① 《爱丁顿》，S.钱德拉塞卡著，吴智仁、王恒碧译，上海远东出版社，1991年，30页。

② 《爱丁顿》，27页。"第一次大战期间英国的舆论界对那些因良心驱使的反战者是极为不利的。"

我想提请法庭注意，爱丁顿教授在天文学研究中的巨大价值。在我看来，那些研究同他在剑桥的前辈们——达尔文（Darwin）、鲍尔（Ball）和亚当斯（Adams）——的工作一样重要。他们维持着英国科学的崇高传统，而这种传统理应得到维护，尤其是考虑到最重要的科学研究都是在德国进行，这种广为流传却错误的观念……由我担任主席的联合常设日食委员会收到了一笔1 000英镑的拨款，用于明年5月那次非常重要的日全食观测。在目前条件下，只有很少的人能观测日食。爱丁顿教授特别有资格做出这些观测，我希望法庭允许他承担这项任务。[18]

在听证会上，爱丁顿解释说，在即将到来的日食期间，他可以在毕星团的丰富恒星背景下验证爱因斯坦相对论。同样有利的日食，可能在几个世纪内不会再次发生。法庭给予他12个月的豁免，条件是他必须继续从事天文工作，尤其是为即将到来的日食做准备。在豁免期满之前很久，战争就结束了。

爱丁顿和科廷厄姆于1919年4月23日抵达普林西比。到5月中旬，他们成功在3个不同夜晚获得了核验底片。但在日食那天，一切都变得遥不可及。爱丁顿在日记上写道：

5月29日，来了一场狂风暴雨。当偏食相提前的时候，雨在正午和1：30左右停了，我们开始瞥见太阳。我们不得不满怀信心地执行照相计划。因忙于换底片，我没有看日食，除了瞄一眼以确定日食已经开始，另一个中途看有多少云。我们拍了16张照片。都是好的太阳照片……但是云层干扰了星像。① 最后6张照片显示了一些星像，希望这些照片能给我们提供所需要的东西。[19]

克罗姆林和戴维森在索布拉尔得到了好底片，看谁先宣布结果的这场竞赛开始了。

① 《爱因斯坦：生活和宇宙》，沃尔特·艾萨克森著，张卜天译，湖南科学技术出版社，2009年，186页。

利克天文台的裁定："爱因斯坦是错的"

3月底，英国人派出日食观测队，柯蒂斯则在集中精力研究这个项目。尽管他同意先试试坎贝尔较差法，但还是把玻璃尺放在了标准局，"作为'迎风锚'，以防这个办法行不通"。他的计划是"把底片放在同样位置，这样我就可以将同样刻度的玻璃尺用于日食底片和比较底片"。绝对测量法是当时的标准做法，而较差法则是坎贝尔为解决眼前问题而创新的方法。柯蒂斯说，如果它不管用，"我们将使用真正的玻璃尺，以防不得不用普通方式测量底片"。[20]

柯蒂斯订购的钢尺并不完全笔直。坎贝尔没有浪费时间尝试获得更直的钢尺，而是选择使用它们，但其差错排除了柯蒂斯绝对法。"我认为我们将不得不依赖不同测量，"坎贝尔决定，"我们不能指望滑尺的精度，除非用花费一两千美元的仪器，才可以让我们使用坐标的绝对值。"[21] 柯蒂斯最终使用了较差测量，但参照玻璃尺，而不是使用测微计测量每一次日食星像与其比较底片上的配对星像之间的实际距离。这种混合法会导致问题。

到4月中旬左右，柯蒂斯回归已然万事俱备。然而，坎贝尔并不对这种情况感到满意。用临时设备拍摄的戈尔登代尔日食底片质量不高；两支英国观测队中的爱因斯坦验证者对手，分别在不同地点等待在特别有利的日食期间拍摄太阳周围的星场。此外，英国人的加入，提高了爱因斯坦验证的风险。爱丁顿让英国天文学家相信，相对论不仅对引力理论，而且对物理学和天文学的基本概念都有重要意义。坎贝尔之所以对爱因斯坦验证感兴趣，部分原因在于它是一种工具性挑战，另一部分原因是它对一个有争议理论的预言做出了判断。英国人在探究一场可能的科学革命。他们的兴奋，给坎贝尔参与7年多的项目新的紧迫感。

柯蒂斯在从华盛顿前往汉密尔顿山途中，坎贝尔在费城发表一篇关于日食问题的论文，其中就包括"爱因斯坦效应"。他报道了利克戈尔登代尔计划的情况，该计划由于服役而延迟了对底片的测量，并宣布这些底片将在5月份"受到关注"。他为计划在未来日食时尝试验证的天文学家们分享了一些难得的小窍门："在确保这两组爱因斯坦照片时，转仪钟应该可靠，观测者应该在太阳附近一颗亮星的赤经上'引导'。3、4或5英寸（7.6、10.2或12.7厘米）口径的导星镜，焦距等于爱因斯坦照相机的焦距，并与照相机的轴成一个适当角度，应该能够在接触Ⅱ前几秒获得选定的明亮导星的图像。"[22] 在随后几次日食中，坎贝尔和柯蒂斯成了这一艰巨程序中广受欢迎的顾问。

坎贝尔在1919年左右对相对论和日食验证的态度，在与阿瑟·欣克斯（剑桥的大学天文台前任首席助理）的通信中流露得很清楚。欣克斯宁愿在1914年辞职，也不愿在爱丁顿手下工作。欣克斯开启了这次交流："现在和平就在眼前，"他写道，"我发现我的思想回到了天文学上，希望最终完成一些我在1913年不得不留下缺憾的事情。"他没有想到要从事新的开发工作。"那些带有积分方程的统计数据够糟糕的了。但是相对论远远超出了我的理解范围，我开始弥补两年的阅读滞后，发现我无可救药地落伍了。"坎贝尔回复："大多数天文学家都可以认认真真做出同样坦白。"至于他自己，他说："我还没有决定如何看待'相对论'在我们这个课题上的应用。我并未尝试通过数学，但那些应用在一般情况下让我非常感兴趣。爱丁顿在提供有价值的服务，让我们随时了解应用和蕴涵。"[23]

坎贝尔最感兴趣的应用，当然是柯蒂斯对1918年日食底片的测量。1919年6月2日，坎贝尔写信给欣克斯，预计三四天会有结果。"我们希望，经过一周的密集计算，至少可以给我们一个提示，让我们知道他的研究会得出什么样的最终结果。"坎贝尔倾向于否定结果。"我得承认，我仍然对爱因斯坦效应的真实性持怀疑态度，但不愿意为我的怀疑态度进行技术辩护。我很欢迎肯定结果，尽管我在寻找否定结果。"[24] 坎贝尔一直保持着这种开明的怀疑态度，直至完成1922年澳大利亚日食的结果。

在柯蒂斯把事情搞明确之前，坎贝尔离开加州去华盛顿开会。但到6月中旬，柯蒂斯可以说话了，正如他对夏博天文台的查尔斯·伯克哈尔特（Charles Burkhalter）所言。"你会感兴趣地知道，在戈尔登代尔观测站为爱因斯坦效应拍摄的底片在测量上取得了好结果；这是你借给我们的两块夏博镜头拍摄的。”作为额外证据链，柯蒂斯测量了1900年5月格鲁吉亚日食时拍摄的底片。这两套测量的结果，都是否定结果。“我希望在发表之前做一些测量，但从这些底片和从1900年的40英尺（约12.2米）底片得出的结论非常明确，爱因斯坦效应根本不存在，且不存在光线通过一个强引力场时的偏折。”柯蒂斯考虑的补充测量，包括伯克哈尔特用夏博镜头拍摄的底片。“你有一些很有价值的资料，正如它所证明的，与这个问题有关，在1900年日食时用同样镜头拍摄。”柯蒂斯认为，“由于相对亮星的有利排列，这些底片很可能比戈尔登代尔底片更有价值。”[25]

为在帕萨迪纳举行的太平洋天文学会会议，柯蒂斯准备了一篇关于戈尔登代尔底片和1900年“祝融星底片”他的测量结果的长篇论文。他不断反复测量，总是得到同样结果。他给海尔写道：“最近的测量只是印证了我论文中的结果，也就是说，并不存在爱因斯坦效应。”[26]

帕萨迪纳会议的演讲（他未参会，他人代为宣读），[27] 柯蒂斯首先简要回顾从爱因斯坦1905年最初理论到现在的相对论发展。他指出，自从爱因斯坦“1904年（原文如此）在这个课题上的第一篇划时代论文”，关于这个课题的文献达到了“巨大比例”。在此期间，“最初的假说本身首先被修改，然后受到反驳”。他对由此产生的广义理论的评价是：“该理论更现代的形式，一个四维时空概念，与其原始形式大不相同，当然也远不简单。”在讨论相对论三个天文验证时，柯蒂斯指出，“圣约翰没有发现任何证据表明……太阳谱线的位移”。[28] 然而，他确实指出，引力红移可能可以解释坎贝尔于1911年发现的B型星的剩余视向速度。“在校正了太阳运动的效应之后，B型星显示出一个令人困惑的正剩余速度约为4千米/秒。这可能是由于这类恒星在空间中的实际膨胀，一个难以接受的理论。这也可能是由于这些恒星的谱线激发模式中内禀的原因，而谱线向红端的相对论移动将提供一种可能解释。”[29]

1915年，弗罗因德利希在德国与冯·西利格发生冲突，声称相对论定量解释了这种效应。柯蒂斯不知道这项工作，因为没有看到德国期刊。[30] 欧洲其他天文学家讨论过这个观点，特别是德西特，他的建议被爱丁顿采纳。[31] 几位天文学家在整个20世纪20年代都在考虑大质量B型星的相对论移动。这一讨论，与德西特1917年发表的第三篇《月报》论文中对爱因斯坦场方程的解所导出的宇宙学红移的论述交织在一起。到20世纪30年代，有越来越多证据表明，对于质量更大的O型星的相对论移动是有利的。[32]

柯蒂斯考虑了爱因斯坦讨论过的光线弯曲的两种值。他观察到，1911年的数值“与任何相对性理论完全不同，如果光以与普通物质相同方式受引力场作用的话。然后，这个问题就可描述（用爱丁顿的话说）为力求衡量光线”。[33] 至于完全广义相对论值，柯蒂斯只是简单陈述了一下，未做解释：“在爱因斯坦1915年发表的后期理论中，他假设日面边缘恒星的相对论偏折为之前偏折量的2倍，也就是1.″75。”[34] 柯蒂斯认为，他的测量不仅作为仲裁者“对已提出各种相对性理论的有效性的质疑”，而且包括“与光、以太和物质结构的性质有关的众多物理理论”。[35] 仲裁程序如下。柯蒂斯在戈尔登代尔用了两架照相机，附有被证明有轻微缺陷的“一些二流转仪钟”。虽然他承认最终得到的星像不是一流质量，显示出轻微延伸，但声称它们“对于测量来说相当令人满意”。[36] 底片上总共出现了55颗恒星，有些恒星太暗，无法定量观察；43到49颗星像在每张底片上都可测量。太阳周围地区的表现很差，距太阳40′到2° 30′的恒星被捕捉到。

柯蒂斯使用坎贝尔较差法来比较星像，这样“在地面钢道的直线度、偏离垂直度、标度误差等方面的微小误差，可能没有影响”。[37] 对于每一颗恒星，他测量了它在日食视场中相对于比较底片上同一颗恒星的位移。即使没有引力所致的位移，恒星位置也会因各种因素而发生移动。底片标度会因不同条件而改变，因为照片是在相隔几个月的不同地点拍摄的，焦点略有不同。也不可能把日食底片和比较底片放在望远镜中完全相同的位置。因此，将会产生由相对于光轴的底片取向中的细微差异所致的位移。如果在日食和比较观测期间，望远镜以不同角度指向恒星，来自恒星的光就会沿着不同路径长度穿过地球大气。折射中的差异，也会引起位移。柯蒂斯用一个标准程序确定所有这些因素。X、Y为恒星的测量坐标，n_1为日食X坐标与对应比较底片之差值，n_2为同一恒星Y坐标的差值。根据赫伯特・霍尔・特纳提出的一种归算法：

$$\left.\begin{aligned} aX + bY + c = n_1 \\ dX + eY + f = n_2 \end{aligned}\right\} \quad (2)$$

其中，*a*、*b*、*c*、*d*、*e*、*f*是常数，这是由于底片取向、刻度差、折射等的影响。柯蒂斯为每颗恒星都建立了一组方程式，正向和反向测量底片，用最小二乘法解出方程式。① 他根据自己在标准局制作的玻璃尺确定恒星方位。

柯蒂斯将折射的影响降至最低，他以时角② 拍摄比较底片，折射（在汉密尔顿山的冬季条件下估计）应该与在戈尔登代尔拍摄的食区相同。在归算过程中，柯蒂斯指出，“我们必须考虑在采用的方法中，仅考虑较差折射中的差异。由于原底片与比较底片的折射实际上相等，这个第二较差在精度所要求的限度内整个底片范围是线性的。”[38] 早些时候柯蒂斯曾担心“仪器的海平面以上高度增加……将完全改变折射条件，诸效应将必须由每组底片本身单独确定”。[39] 他现在感到，折射条件并没有像他所预料的那样截然不同。他估算单个恒星位置的概然误差在0.″4到0.″6之间，并认为进一步分析可能会减少它。

表5.1 柯蒂斯的初步结果（戈尔登代尔，1918年）

内部组 20颗恒星 平均距离68.′9	外部组 23至29颗恒星 平均距离124.′6	内部组的剩余 （+ = 膨胀）
2号底片，正向测量值 −0.″03	−0.″22	+0.″19
2号底片，反向测量值 +0.09	−0.09	+0.18
3号底片，正向测量值 −0.09	+0.01	−0.10
3号底片，反向测量值 +0.04	+0.17	−0.08
4张底片上20颗恒星的内部组的平均膨胀		+0.″05
爱因斯坦后来理论所预言的膨胀（1.″75）		+0.″18
爱因斯坦先前理论所预言的膨胀（0.″87）		+0.″09

① 一种数学程序，用来求出一组给定点的最佳拟合曲线。测量每个点离开曲线的距离的量（“残差”），最佳曲线是所有残差平方之和最小的曲线。——原注

② 到子午线的角距离。——原注

在最终程序中，柯蒂斯用特纳法校正了日食底片和比较底片上恒星之间的较差位移，他称之为“残差”。然后，他“将（每一个残差）投影到日面中心和恒星的连线上”。[40] 通过这种方法，柯蒂斯得到了日食视场中每颗恒星的“校正残差”的视向分量。于是，他可以用两种方式展示其结果。首先，依照恒星离日面中心的距离的顺序排列它们。若爱因斯坦效应是真实存在的，则从较近恒星到较远恒星的位移应该有一个系统减小。柯蒂斯报道：“在较近恒星和较远恒星的残差之间，无法分辨出规律性的差异。”另外，柯蒂斯将恒星分为两组：内部组20颗恒星，平均距离为68.′9；外部组23到29颗恒星，平均距离为124.′6。那些结果，作为幻灯片投射在会议上，给出了表5.1。

2号底片的结果，与基于广义相对论的预言非常吻合。柯蒂斯只考虑了两张底片的平均值，可这是正确的科学程序。他的结论是，这些结果“表明内部恒星组没有膨胀，如在爱因斯坦后来的理论中所呼吁的，而且，不太确定地宣布反对他早期理论中所预言的那个更小的值。”[41]

表5.2　柯蒂斯1900年日食底片的结果

1900年格鲁吉亚日食结果；40英尺（约12.2米）口径望远镜。 1毫米 = 16.″9		
	后来理论（1.″75）	先前理论（0.″87）
理论对外部组（恒星A、D、E、F）预言的平均偏折	+0.″54	+0.″27
理论对内部组（恒星B、C）预言的平均偏折	+0.84	+0.42
理论预言的恒星B、C的剩余	+0.″30	+0.″15
测量恒星A、D、E、F的偏折之和	+0.″059	
测量恒星B、C的偏折之和	+0.054	
测量恒星A、D、E、F的平均偏折	+0.″015	
测量恒星B、C的平均偏折	+0.027	
测量恒星B、C的剩余	+0.″012	

通过分析1900年日食的底片，柯蒂斯确证了这一结果。在16秒和8秒曝光的照片中，6颗亮星比在戈尔登代尔获得的图像更好。在8秒曝光底片上的恒

星，是“特别精细的小而圆的清晰图像，非常容易被精确测量”。它们也比戈尔登代尔底片上的任何恒星都离太阳更近。40英尺（约12.2米）焦距照相机提高了许多倍精度，“如同在这些40英尺望远镜底片上，1毫米 = 16.″9”。相比之下，夏博镜头的焦距都小于15英尺（约4.6米），而爱因斯坦底片上的标度值大约是1毫米 =45′。当然，1900年的日食并没有比较底片。于是，柯蒂斯测量了这6颗恒星，并将测量结果与《照相天图星表》（Carte Photohique du Ciel）巴黎区的直线坐标”进行了比较。[42] 在这种情况下，他被迫使用经过特纳法修正的绝对测量法。

柯蒂斯将6颗恒星分为两组：离太阳最远的（恒星A、D、E、F）和最近的（恒星B、C），并给出了它们的位移（表5.2）。这些位移，比爱因斯坦理论所预言的要小一个数量级。总之：“不能认为，利克材料提出的进一步工作将会改变来自本项研究的这个结论，即当光线穿过一个强引力场，光线偏折并不存在，爱因斯坦效应不存在。”[43]

参加帕萨迪纳会议的人相当少，因为战后的状况使旅行减少，许多人仍在国外，或正在逐步结束战争工作。然而，有两种情况确保了许多天文学家听说了柯蒂斯的结果。首先，会议在威尔逊山举行；其次，海尔（决定再派一些人去布鲁塞尔参加国际天文学联合会）参会了。他对柯蒂斯的成果非常满意：“请接受我对您的日食工作成果的衷心祝贺。”他写道，“我承认，很高兴听到你没有发现爱因斯坦效应存在的证据。在A.S.P.（太平洋天文学会）会议上，我怀着极大兴趣听了您的论文，并为取得的成果感到非常欣慰。”[44] 海尔是美国天文学和科学界的神经中枢，他肯定会传播这样的好消息，特别是当否定结果与圣约翰的结果同时出现之时。

坎贝尔从华盛顿给柯蒂斯打了电报，要求他提供适合在伦敦皇家天文学会（RAS）特别会议上发表的结果。他询问了“数字、极限星等恒星、概然误差”，并补充了一条警告，“要当心40英尺底片的自行”。柯蒂斯把1900年格鲁吉亚日食底片上的恒星的方位与其在照相天图上的方位进行比较，这是在三年半之前1896年11月30日拍摄的照片中得以确定的。坎贝尔想要搞清楚，恒星在这些居间年没有移动。柯蒂斯打电报说，自行可忽略不计；他报告的概然误差，戈尔登代尔底片为 0.″4 至 0.″6，格鲁吉亚底片为 0.″05。柯蒂斯向坎贝尔保证："我相信，无论如何都不存在爱因斯坦效应；我又看了一遍结果，你可以把它变得像你喜欢的那样强。"[45]

6月30日，坎贝尔与7位同事一起乘船前往欧洲，他们是：威尔逊山的沃尔特·悉尼·亚当斯、弗雷德里克·H. 西尔斯（Frederick H. Seares）和查尔斯·爱德华·圣约翰；杜德利天文台的刘易斯·博斯（Lewis Boss）；阿勒格尼天文台的弗兰克·施莱辛格（Frank Schlesinger）；林德·麦考米克（Leander McCormick）天文台的塞缪尔·阿尔弗雷德·米切尔；伊利诺伊大学的乔尔·斯特宾斯。在船上，这些美国天文学界的头头脑脑，皆从坎贝尔那里获悉了柯蒂斯结果的第一手资料。[46]

在坎贝尔启程去欧洲一个月前，爱丁顿开始了日食底片的工作。他和戴森希望能尽快得到一些初步结果。因此，爱丁顿没有长途跋涉回到英国，而是在现场设立了暗室和测量设备。在日食后的6个晚上，他和科廷厄姆制作了这些底片，每晚两张，爱丁顿"花了一整天的时间测量"。天气对底片造成了不利影响，但到6月3日，爱丁顿有一些证据证明爱因斯坦是对的："多云的天气打乱了我的计划，我不得不以跟我的意图不同的方式对待这些测量，因此，我不能对结果做任何初步公告。但我测量的一张底片给出的结果，与爱因斯坦的理论相符。"[47]

皇家天文学会特别会议于7月11日，也就是美国人到达的第四天在伦敦召开。他们都在会上发了言。[48] 作为主席，坎贝尔应邀首先发言，他介绍了柯蒂斯关于爱因斯坦效应的结果。总结此项工作的要素，包括从一开始困扰此项事业的麻烦，之后他报告说，柯蒂斯依距太阳距离的次序对每颗恒星安排了校正方位差值，他"对这些差值不能说有什么系统，差值表明爱因斯坦第二个假说所需的次序没有改变"。[49] 坎贝尔指出，这个误差"大得令人遗憾"，而长焦距望远镜将会有很大帮助。"对于我们使用的那张，"他解释说，"恒星太暗了，在需要长时曝光的情况下，我们受到了日冕结构范围增加的影响。"然后，他描述了柯蒂斯将恒星分为内外两组的方法，并指出柯蒂斯得到了两组0.″05之间的较差位移，而它“应该是0.″08或0.″15，根据所采纳的某个爱因斯坦假说”。在讨论柯蒂斯对1900年日食中40英尺（约12.2米）利克底片的检查时，坎贝尔指出，“由于自行值中的不确定性”，现在再拍一张重复照片毫无用处。他报告说，他参照了《照相天图星表》中的巴黎底片，“但柯蒂斯无法从比较中确定最里面的恒星显示出爱因斯坦效应所致的位移”。坎贝尔总结道：“我个人认为，柯蒂斯博士的结果排除了更大的爱因斯坦效应，但并没有排除根据最初的爱因斯坦假说所预期的那个更小数值。”[50] 美国人对爱因斯坦投了反对票。

坎贝尔发言后，RAS会长阿尔弗雷德·福勒（Alfred Fowler）请皇家天文学家弗兰克·戴森介绍爱丁顿日食远征观测队的消息。“现在，坎贝尔教授再也找不到比相对论问题更有趣的课题了。”戴森说，“这是一个非常难以解决的问题。”两天前，他收到了爱丁顿一封信，对他最近一次日食结果表示了极大失望。得到保护的16张照片，只有最后6张照片上有恒星，前10张照片被云毁了。这6张底片上出现的星像都不超过5颗，且星像分布得不很好。尽管如此，戴森报道说，爱丁顿希望“得到足够好的测量来明确确定此种位移……然而，从最好底片，他找到了一些爱因斯坦意义上的偏折证据，但底片误差有待完全确定”。[51] 爱丁顿要是给爱因斯坦投赞成票，陪审团就会犹疑不决。

与此同时，回到山上，柯蒂斯加紧工作，重新测量那些底片，修改他在帕萨迪纳的论文。7月初，一封T.J.J.西伊写给坎贝尔的信寄到，西伊两年前在《天文台》发表的文章曾引起柯蒂斯在《太平洋天文学会会刊》上的评论。获悉坎贝尔在寻找爱因斯坦效应，西伊问他：“爱因斯坦的计算是否指向了光线的折射，使恒星看起来比实际观测时离太阳更远？也就是，爱因斯坦效应就像太阳周围轻微的大气？”西伊声称，“在我自己研究中，取得了一些非常显著的结果，我能够揭示这个问题。因此，我希望能确定爱因斯坦的结论”。[52] 柯蒂斯替坎贝尔回信，提到了爱因斯坦关于光线弯曲的两个值。他将那个早期预言归因于相对论和引力，另一个预言则归因于“四维时空流形”。他没有暗示，光线弯曲机制为何或如何从那个早期相对论预言变化到后来的相对论预言。无论如何，两个预言都不符合柯蒂斯的观测。“就我所从事测量工作而言，结论非常明确：光线在通过强引力场时没有明显偏折，爱因斯坦效应不存在。我不相信对利克天文台资料的进一步研究将会改变这一结论。不过，我可以在一个月后就这一点更明确说出来，希望到那时能做出更多的测量。”[53]

英国人宣布："爱因斯坦是对的"

1919年夏天，对爱因斯坦相对论来说，不是一个好夏天。来自美国的光线弯曲验证和引力红移验证都是否定的或不确定的。没有人接受弗罗因德利希对B型星的恒星引力红移的肯定解释。唯一的肯定证据，是水星近日点进动。爱因斯坦陪审团对他的案子不抱好感。

此种局面，在7月份开始好转。在欧洲，坎贝尔继续与同事们讨论柯蒂斯的结果。他越来越担心这位同事测量中出现“令人遗憾巨大的”概然误差。戈尔登代尔误差的数量级为0.″5，比常规视差测量大一个数量级。在皇家天文学会发表演讲5天后，坎贝尔给利克天文台发了一封电报：“柯蒂斯和爱因斯坦的结果皆小，加权误差大，谨慎使用。”（图5.2a）[54] 柯蒂斯立刻写信询问《太平洋天文学会会刊》编辑罗伯特·艾特肯，撤销在最近一期发表他的帕萨迪纳论文。他告诉艾特肯关于坎贝尔电报的事情：“这与我自己对这件事的看法一致，尽管我认为爱因斯坦所预言那个数值大小的效应将会出现。然后，40英尺（约12.2米）底片和伯克哈尔特底片仍然依赖于一个案例中的《照相天图星表》，另一个案例中的博斯和巴黎组合。这两张底片必须要等到用同样镜头拍摄的比较底片，才能达到最确定的效果，而这两张底片要到8月15日才能拍摄。”[55]

柯蒂斯建议在8月晚些时候对利克40英尺底片和伯克哈尔特底片拍摄比较照片，以提高精度。此前，他从坎贝尔那里接过了领导角色：“安全总比后悔好”，他对艾特肯说，“所以我要请你把这篇论文撤回，寄还给我。我们会及时把所有数据都整理好，就像我们能从材料中做的那样，及时为下一个数字做准备。”可是，印刷厂已安排就绪，使得撤回论文不可能，柯蒂斯会提供最后一段话“呼吁大家关注事实，而底片经过处理，显示并无显著膨胀，概然误差仍旧很大，最终决定必须等待40英尺（约12.2米）拍摄额外的比较底片和伯克哈尔特底片”。[56]

柯蒂斯依然相信，他排除了爱因斯坦效应。自第一次测量以来，他对量度仪做了一些改进，且告诉艾特肯，概然误差已减少，尽管“仍然相当大”。戈尔登代尔底片6颗距离最近，也是最容易测量的恒星“没有显示膨胀，而是收缩0.″9”。所以，结果仍然是否定的。最后，还有时间把那篇论文收回去，可是替代论文却再也没有发表。又来了一份电报，这次从布鲁塞尔发来。上面写着：“推迟发表爱因斯坦结果。坎贝尔”（图5.2 b）。[57]

坎贝尔8月中旬从欧洲启航，9月初抵达汉密尔顿山。[58] 德国的弗罗因德利希得知了坎贝尔模棱两可的结果，写信给爱因斯坦说，坎贝尔“据说在1918年日食时**没有**发现光线偏折效应”。他向爱因斯坦保证，坎贝尔的“结果没有太大的说服力”，但又担心波茨坦的天文学家不会有利倾向于给他一个观测职位进行相对论验证。“我敢说所有在波茨坦的那些老先生们，甚至包括台长穆勒，都不愿意因为广义相对论而招致批评，他们并不想做这个理论的拥护者，所以能允许您私下授权我在他们的研究所里进行独立的工作已经是他们最大的限度了。”① 爱因斯坦对坎贝尔的结果“一无所知”。他同意，在试图为弗罗因德利希在波茨坦找到一个职位之前，广义相对论“必须首先获得天文学家们的认可”。[59]②

与此同时，爱丁顿在牛津拿到了比较底片，忙着测量底片。9月，他在英国科学促进会在伯恩茅斯举行的一次会议上做了演讲。他谨慎暗示，他的结果表明，光线弯曲处于牛顿值和爱因斯坦值之间。目前精度尚不足以做出选择，但爱丁顿希望索布拉尔远征队的结果能解决这个问题。荷兰物理学家范德波尔（van der Pol）出席了会议。他把消息转达给莱顿的洛伦兹。洛伦兹给爱因斯坦

① 《爱因斯坦全集》第九卷，159—160页。

② 同上，161页。

WESTERN UNION TELEGRAM

RECEIVED AT 25 WEST SAN FERNANDO ST. SAN JOSE, CAL.

44SF ND 13 COLLECT 2 EX 35 CTS ONLY

LONDON VIA SAN FRANCISCO CALIF JULY 16 1919

ASTRONOMER

LICK OBSERVATORY SANJOSE CALIF

BOTH CURTIS CINSTEIN RESULTS SMALL WEIGHT ERRORS LARGE USE CAUTIOUSLY

CAMPBELL

845A

Telephoned to

1919 JUL 16 AM 9 35

WESTERN UNION TELEGRAM

25 WEST SAN FERNANDO ST. SAN JOSE, CAL.

RECEIVED AT

207SF ND AN 7 COLLECT 2 EX 30 CENTS ONLY

BRUSSELS VIA SANFRANCISCO JUL 21 1919

ASTRONOMER

LICK OBSERVATORY MT HAMILTON CAL

DELAY PUBLISHING EISTEIN RESULTS

CAMPBELL

536PM

Telephoned to

By

Time

Disposition

图5.2a，图5.2b　坎贝尔在1919年7月从欧洲发来的两份电报，强调了柯蒂斯的爱因斯坦结果中的误差，并中止其发表。(加州大学圣克鲁兹分校大学图书馆利克天文台玛丽·莉·沙恩档案馆提供)

发了一封电报："爱丁顿发现，日面边缘临时星等在9/10秒和双倍之间的恒星移位。(洛伦兹)"。爱因斯坦给母亲写了一封令人振奋的信："今天有一些好消息。洛伦兹给我发来电报说，英国远征队确实证实了光的偏折。"① 对同事们，他承认0.9～1.8秒的精度是"轻微的"。尽管如此，有消息在德国传开，英国人证实了爱因斯坦的说法。普朗克透露，"美、真和实在之间的紧密联系，再次被证明是有效的。你自己也经常观察到，你对此结果毫不怀疑，但这一事实现在对其他人来说也已经确立无疑，这是一件好事。"柏林一家大报对这一弯曲光线结果大加吹捧，称"只有当爱因斯坦的基本理论——广义相对论——代表了宇宙的真实构成，这一结果才有可能实现"。② 爱因斯坦立即在《自然科学》上发表了一篇警告："那个暂时确定的值，介于0.9到1.8弧秒。这个理论要求的是1.7弧秒。"[60] ③

英国天文学家发现了比牛顿预言更大的偏折，给科学家们留下了深刻印象，尽管它可能没有爱因斯坦预言的那么大。洛伦兹联系爱因斯坦把同事告诉他的关于爱丁顿在伯恩茅斯发表声明的反应告诉了他。"范德波尔还告诉我……发生了一场讨论（我真希望当时在场），期间奥利弗·洛奇爵士表达了对您的祝贺以及对爱丁顿获得结果的祝贺。"洛伦兹分享了他做过的"小计算"，显示"极低的气体密度之下，会产生1″的光线偏折。幸运的是，当（光）线……远离太阳一点时，这一偏折就会迅速消失……因此，只要有足够多的恒星出现在这些底片上，就很容易将你的效应与太阳大气中这种折射区分开来"。洛伦兹对此深信不疑："这种折射效应根本没有出现，观测到的都是您的效应。这无疑是科学史上最伟大的成就之一，而我们也对此感到非常高兴。"[61] ④ 光线偏折随着离太阳距离的增加而减少，在20世纪20年代围绕着是折射还是爱因斯坦理论为光线弯曲提供正确解释的诸多争论中显著彰显。此种衰减律，证明

---

① 《爱因斯坦：生活和宇宙》，187页。

② 《爱因斯坦传》，313页。

③ 《恋爱中的爱因斯坦》，471页。

④ 《爱因斯坦全集》第九卷，189页。

比实际的边缘偏折更为重要。

与此同时，英国团队在数据方面遇到了问题。爱丁顿的底片不是很好，但他能够晚上在日食站和在牛津拍摄恒星的复核视场。他对自己结果信心倍增，因为这使他能在不依赖于日食恒星的情况下确定标度。他的底片，给出了0.61角秒的边缘偏折。戴维森和克罗姆林使用了两种仪器，一种是格林尼治天文台的天体照相仪，与爱丁顿使用的类似，另一种是4英寸（约10.2厘米）折射望远镜。由于定天镜发热，天体照相仪的图像模糊不清。他们给出了0.9角秒的偏折。① 折射望远镜的底片最好，图像清晰，恒星也比其他望远镜多。他们得出了1.98角秒的偏折（概然误差小），比爱因斯坦预言值大。面对3个值，爱丁顿可以取这3个值的平均值，得到一个介于牛顿值和爱因斯坦值之间的值。相反，他决定舍弃索布拉尔那些天体照相仪结果。其余两个结果的平均值，为1.75角秒。② 爱因斯坦是对的。[62] 爱因斯坦在10月份晚些时候访问莱顿时，从荷兰朋友那里得知了这一消息。两周后，举世皆知。

1919年11月6日，爱丁顿和同事在皇家学会和皇家天文学会联合会议上公布了他们的结果。房间里挤满了人。阿尔弗雷德·诺斯·怀特海（Alfred North Whitehead）在多年后发表的一篇文章中，捕捉到了这种紧张和忧虑："紧张感的整个气氛，就像一出希腊戏剧。我们是合唱队，在一件重大事件的揭晓发展中评论着命运的裁决。这场演出有着戏剧般的特质——传统的仪式，以牛顿画像为背景，它提醒我们，在两个多世纪后的今天，最伟大的科学概括就要接受它的第一次修正。这不是个人利益的需要：思想上的一次伟大冒险终于安全抵岸。"[63] ③ 集聚一堂的天文学家和科学家们得知，英国日食观测者发现，正如爱因斯坦广义相对论所预言的，星光在太阳引力场作用下发生了完全偏折。

这条令人震惊的消息被多家报纸转载，[64] T.J.J.西伊由此得知了英国人

---

① 《科学验证：那些天空及世间的证明》，江晓原主编，上海教育出版社，2019年，34页。转载自：《天文学名著选译》，宣焕灿选编，知识出版社，1989年，451—461页。

② 《恋爱中的爱因斯坦》，473页。

③ 同上，474页。译文有所改动。

的声明。他发现了可疑之处："他们在覆盖了好几度空间的底片上怎么能确定0.″87！，因此有一个我没有看到的150 000的数量级，但我不希望形成仓促意见，就光线给皇家天文学家写了信。"西伊问坎贝尔，他是否能提供更多关于利克工作的数据。"我的《以太新理论》正在付印，"他宣布，"我有这么多的新结果，故不能对可能存在的东西下定论。我的工作明确揭示了太阳周围的视场，如同我研究月球波动的工作揭示了该主题。"[65]

由于12月初还未收到任何回复，西伊再次写信给坎贝尔："我想要利克的视图，独立于伦敦发出的，我有点怀疑，特别是柯蒂斯在6月写道，根本没有爱因斯坦效应的痕迹。据我判断，那个寻求的量（0.″87）很可能是角空间的万分之一，因此我意识到实验探测的困难，即使是通过最完美底片的叠加位置。但我不会草率做出判断，因为我已证明了关于太阳的以太密度的新定律。"这次坎贝尔迅速回复，称英国人的结果"特别有意义"，并指出正"怀着极大兴趣"等待公布细节。至于利克的结果，他写道，柯蒂斯仍在测量底片、归算数据，"还没有准备好，说从这些底片将得出什么结论"。他阐述了他们在远征队和耽搁时所遇到的种种困难；但是，柯蒂斯早在几个月前就向西伊提到了所有这些细节，且仍然对否定结果十分肯定。坎贝尔总结道，柯蒂斯"现在正在进行大量计算"。[66]

听到来自英国的消息，西伊焦急询问关于1918年利克日食结果的信息，这是一个不好的预兆。作为那个来自欧洲新奇理论的热心批评者，西伊曾为柯蒂斯的否定结果而振奋。现在国外科学家都提出了相反判决，于是他首先找来的反证据就是利克。坎贝尔被拖延和结果不确定性激怒了，他拒绝了请求，并坚持等待英国的进一步消息。与此同时，国际科学和大众舞台掀起了一场风暴，将永远改变这个问题的研究氛围。

第 6 章　科学家们兴奋不已

对英国人日食结果的反应

在1919年11月之前有人若对爱因斯坦理论感兴趣，在那之后就会有一种疯狂的迷恋。英国人证实该理论的消息，通过媒体传遍了全世界。美国科学家从宣传人员那里得到了这个消息，他们在那里读到，日食结果“如此重要，确认显然是最需要的，而且……英国天文学家……在考虑未来两三年发生的有利日食”。[1]

爱丁顿写信给爱因斯坦，自从11月6日宣布，“全英国都在谈论您的理论。这引起了极大轰动”。[2] 他希望，这种兴奋可能有助于缓和战后的紧张局势。

> 这对于英国和德国之间的科学关系来说，是最美妙不过的事情。我并不奢望官方的重新合作会有迅速进展，但在做科学的人之间，搭建一个更合理的思想框架的工作有了一次大的飞跃，这比重新建立正式的协会会有更重要的意义……弗罗因德利希博士第一个涉足这一领域，然而未能如愿以偿完成您的理论的实验验证，尽管于他而言这是不公平的，但是人们感觉到，在德国和英国的科学即使在战时都有合作的真实案例上演之后，事情有了幸运的转机。①

① 《爱因斯坦全集》第九卷，269页。

爱因斯坦祝贺爱丁顿成功得到了日食结果。“基于过去您在相对论上所表现的极大兴趣，我相信主要是由于您的倡议，这一远征活动才得以进行。”爱因斯坦对这位英国人“尽管困难重重”仍对这个理论感兴趣表示惊讶。他强调了引力红移验证的重要性：“我深信，光谱谱线红移是相对论绝对令人信服的结果。如果证明这种效应在自然界中不存在，那么这整个理论就不得不被抛弃。”[3] ①

英国日食远征观测队的主要推动者、格林尼治天文台的弗兰克·戴森接受了这一结果，认为它证实了爱因斯坦预言。1919年12月，他在格林尼治写信给海尔，说他们“非常满意那些日食结果，因为它们是明确的”。他承认，他个人是“怀疑论者”，并预期会出现不同结果。“现在我正试图理解相对性原理，并逐渐认为我理解了。”随着光线弯曲预言的证实，戴森强调了引力红移的重要性：“爱因斯坦说，光谱谱线位移是一个要点。然而，约瑟夫·拉莫尔（Joseph Larmor）一直在质疑这一点。但爱丁顿听不进拉莫尔的解释。我很高兴圣约翰要进一步追查这件事。毫无疑问，关于观测事实，他的话将是最终的。”[4] 戴森意识到许多天文学家可能会质疑英国日食观测者的结果，于是给海尔寄了一张索布拉尔照片的副本。“我们的看法自然取决于观测材料是否良好，”他解释说，“所以我打算分发一些类似副本，以展示这些图像的优点。”他还寄了一张照片给坎贝尔，“这样你就能看到星像了”，另寄给了阿勒格尼天文台的弗兰克·施莱辛格。[5]

海尔同意星像是好的，并承认他对爱因斯坦的理解是坏的。“我再次祝贺你取得的辉煌成果，尽管我承认相对性理论的复杂性超出了我的理解范围。我要是一名优秀数学家，或许还有希望对这一原理形成一个牵强概念，但事实是，我担心它将永远超出我的掌握范围……然而，这并没有减少我对此问题的兴趣，我们将尽力对这一问题做出最大贡献。”海尔建议戴森，目前还不清楚圣约翰的结果是否可以用作验证，但他保证，同事们将努力“对太阳谱线的位置毫不怀疑”。[6]

---

① 《爱因斯坦全集》第九卷，319页。

作为恒星照相方面的专家，弗兰克·施莱辛格准备暂时接受“（戴森邮寄的）照片几乎没有留下任何疑问，即偏折接近那个总量”，尽管他希望重复此项验证。“我相信你计划用同样方式观测1922年日食，”他写道：“我相信你将首先同意这样一个观点，即在我们接受那些重要结果作为爱因斯坦理论的基础之前，它们应该得到彻底确证。”然而，在理论方面，施莱辛格犹豫不决。“我有一种感觉，即使不借助非欧几里得空间，也能找到对偏折的某种解释。”[7]

戴森的回答表明，他对该理论的细节研究得更加仔细一些。强调“我大量依赖于圣约翰”，他解释说，“仅限于本人准备说，当 $ds^2 = (1-2m/r)dr^2 - r^2d\theta^2 - r^2\sin^2\theta dr^2 + (1-2m/r)dt^2$，且取合适单位，引力定律是 $\delta\int ds$ 呈稳恒态。”戴森还提及未来的远征观测队：一次是1922年的圣诞岛远征队，另一次可能是马尔代夫远征队。“考虑到彻底解决这一问题的重要性，”他希望派遣一支美国观测队，“……我试着去理解相对论，它当然非常**全面**，虽然难以捉摸和困难。”[8]

许多天文学家拒绝接受那些结果为明确结果。对一些人来说，圣约翰对引力红移的否定结论足以对爱因斯坦不利。在皇家学会和皇家天文学会联席会议上初步宣布这一消息后进行的讨论中，光谱学家阿尔弗雷德·福勒敦促进一步工作要重复所有的光谱学验证。理论家路德维希·西尔伯施泰因（Ludwig Silberstein）坚信，圣约翰和埃弗谢德的否定结果，排除了把解释日食结果解释为证实爱因斯坦理论的可能性。[9] 西尔伯施泰因后来对日食数据进行了抨击，认为相对论预言的是恒星纯粹的视向位移。那些日食底片显示出一些非视向位移，西尔伯施泰因认为某种折射效应可以提供更好解释。[10]

普林斯顿天文学家亨利·诺里斯·罗素驳斥了西尔伯施泰因的批评，发表了一份详细的分析报告，分析了索布拉尔日食底片中一个底片的位移呈非视向性的原因。他能够追踪到定天镜从纯粹视向性到加热的偏离。[11] 在1920年春天，罗素做了关于相对论的特别演讲，在演讲中淡化了“仍然不确定”的引力红移问题对于判断爱因斯坦理论的重要性。他觉得：“爱因斯坦理论可以这样一种方式修改，即解释观测到的其他效应，而不要求（引力红移）这个效应存在。因此，这在目前还不能被称为爱因斯坦理论的失败。”同爱丁顿一样，罗素也喜欢相对论，因为它“将先前看似互不关联的事物，归并为一个潜在统一原理的表现”。[12]

其他人则不太愿意接受爱因斯坦理论。海尔的老朋友，剑桥大学太阳物理台台长、天体物理学教授休·弗兰克·纽沃尔（Hugh Frank Newall）对英国日食观测结果进行了折射解释。“我认为，对于一个花了大量时间研究太阳周围环境的人来说，在解释观测结果时喊‘暂停’是很自然的”，他在皇家天文学会专门讨论相对论的会议上解释道。他认为，“若没有爱因斯坦理论，太阳物理学家也会预料到偏折，而且我还不准备承认，观测到的所有位移都可以用来解释更大的爱因斯坦效应”。[13] 纽沃尔试图建立一种关于太阳周围延伸大气的理论，这种大气具有折射特性，能够使来自太阳附近恒星的光线发生偏折。他在皇家天文学会会议上阐明了自己立场，并在日食结果公布后几个月付印。他的痛苦在于，被戴森和弗雷德里克·A.林德曼等“相对论者”系统性地驳斥。他们指出，彗星在太阳附近不会减速，而如果那里存在明显的折射气体，彗星就应该减速。[14] 纽沃尔与海尔分享他对相对论的怀疑时，无法获得知情的同情。“我和你一样对相对论持怀疑态度，”海尔回复，“尽管摆在我们面前的证据显然很有力……然而，我不能假装对相对论有最小理解，也许我永远也达不到更高境界。”海尔告诉纽沃尔，圣约翰“正在对太阳谱线的位移进行最仔细研究”，“哈罗德·巴布科克（Harold Babcock）正在用法布里干涉仪法复核他的结果”。[15]

当坎贝尔获悉更多关于英国人的数据及他们如何解释这些数据时，感到十分惊讶。由于大的概然误差，他暂停了自己研究结果的发表，且对英国人的结果并不满意。他最终将自己的想法付印："爱丁顿教授倾向于将相当大的权重分配给非洲的计算，但是，在他那少量的天体照相底片中的一些图像没有在巴西获得的天体照相底片那么好，后者的结果竟然被赋予几乎可忽略不计的权重，此种情况的逻辑并不完全清楚。”[16]

利克天文台副台长、《太平洋天文学会会刊》编辑罗伯特·格兰特·艾特肯，发表了一份对美国西部天文学家情况的评估。他强调说，英国人对一个“假定的——无论正确与否——推翻公认的时间和空间概念以及牛顿引力定律”理论的验证，产生了困惑。引用爱因斯坦在伦敦《泰晤士报》发表的评论，艾特肯概述了广义相对论三个天文验证，并引用了爱因斯坦的断言：“如果从它（广义相对论）得出的推论都被证明是站不住脚的，就必须放弃它。”然后，他逐一考虑了这三种验证，敦促采取谨慎方法。他提到冯・西利格的尘埃假说“可能能够产生”水星近日点“观测到的扰动”。他引用了休・弗兰克・纽沃尔的建议，即太阳周围延伸大气可能解释了英国人光线弯曲的结果，并重复了纽沃尔的谨慎，不要太轻易接受对日食结果的相对论诠释。最后，他介绍说，圣约翰和埃弗谢德得到了关于太阳光谱中引力红移的否定结果。艾特肯总结道：“虽然爱因斯坦提出的两个验证都给出了有利结果，但每一个都可以用旧的牛顿理论解释。”第三个验证“给出了不利答案”。他的结论是：“再一次回想起爱因斯坦的话，‘如果从它得出的推论都被证明是站不住脚的，就必须放弃它’，我们可能会同意一些著名美国物理学家最近表达的观点，即相对论尚未得到确立。”[17]

职业天文学家的怀疑态度和无知帮助维持了公众对这一理论的兴趣，而大多数科学家都无法理解这一理论。物理学家欧内斯特・卢瑟福（Ernest Rutherford）在剑桥给海尔写信说：“公众对这项工作的兴趣最为显著，几乎是无可比拟的。我想这是因为没有人能给普通人一个合理解释，这激发了他们的好奇心。”[18] 卢瑟福（曾在1911年和1913年理论物理学家索尔维会议上两次遇见爱因斯坦）是实验物理学家，而不是理论家。当德国物理学家威廉・维恩对卢瑟福说，没有盎格鲁-撒克逊人能够理解相对论，卢瑟福欣然同意：“他们有太多的常识。”[19] 他的实际禀赋使他接受了英国人的观测验证，但他对那些更广泛的蕴涵向海尔表达了担忧：“虽然我个人对爱因斯坦结论的准确性没有太多疑问，认为它是一件伟大的工作，我有点担心它要毁了许多做科学的人，会把他们从实验领域驱向形而上学概念的广阔道路。我们国家已经有很多这类人，如果科学要发展，我们不想再有更多。”[20]

令一些天文学家担心的另一个宣传方面，是它的数量庞大。英国的媒体热情高涨，不喜欢相对论的美国人误认为英国人发起了一场宣传运动支持这个有争议且艰深的理论。“我想我们最近都在为‘爱因斯坦效应’担忧，”利克天文台的威廉·哈蒙德·赖特（William Hammond Wright）对海尔抱怨道，“主要因为英国日食观测所谓的证实那种宣传的结果。”[21] 耶鲁大学天文学家欧内斯特·布朗于1920年访问剑桥，并质问英国同事们在产生巨大公众兴趣方面所扮演的角色。“爱丁顿告诉我，相对论事业的蓬勃发展完全是伦敦《泰晤士报》的功劳，”他写道，弗兰克·施莱辛格也相信英国人发起了一场战役。“既不是皇家学会，也不是皇家天文学会，为它的大广告负责。《泰晤士报》的记者总是出席会议，而且具有一定的科学知识，他认为可以从中挖到一个大独家新闻，于是采取了相应行动。”布朗总结道：“我们对皇家学会明显的广告方式的批评失败了。”[22]

尽管如此，许多美国天文学家仍然对英国同行保持警惕。在塞缪尔·L.布思罗伊德（华盛顿大学天文学家）决定为数学学会、物理学会和太平洋天文学会组织一次关于相对论的联合研讨会时，就遇到了这种态度。天文学家组织委员会主席、利克的罗伯特·艾特肯，建议不要举办相对论研讨会。亚利桑那州弗拉格斯塔夫的洛厄尔天文台台长维斯托·梅尔文·斯里弗写道：“我的猜测是，此时太平洋沿岸的多数天文学家自然并不像英国朋友那样热衷于这一理论的天文学地位。”尽管如此，布思罗伊德还是继续他的计划。[23]

怀疑态度也在美国东部盛行。著名物理学家罗伯特·密立根在华盛顿特区美国科学院一次会议上指出，爱因斯坦相对论并不是决定性的，太阳附近的光线弯曲可能是由于折射所致。[24] 查尔斯·莱恩·普尔（Charles Lane Poor）（哥伦比亚大学天体力学专家）公开抨击该理论，声称社会动荡和蔓延中的布尔什维克主义已入侵科学，导致人们“弃置现代科学和机械发展的整个结构赖以建立的经过充分检验的诸多理论，而偏爱关于宇宙的心理臆测和美妙梦想”。他驳斥了水星近日点进动的相对论解释，理由是那些计算假定太阳是球体，可太阳不是球体，并援用折射来解释光线在太阳附近弯曲。普尔的评论引发了《纽约时报》一篇讽刺社论，攻击英国天文学家“认为他们自己的领域比实际上更为重要”。[25]《纽约时报》最终放弃了批评立场，但普尔没有。20世纪20年代，普尔发起了一场诋毁爱因斯坦、相对论和验证爱因斯坦预言的观测的运动。[26]

即使是认真对待爱因斯坦理论的科学家，也遇到了同事们对相对论的偏见。早在1920年，华盛顿标准局的光谱学家威廉·F.梅格斯向施莱辛格提出了一个计划，利用红外照相测量白昼期间太阳附近的红移。施莱辛格认为，就算成功机会可能不到一半，但这个计划值得一试。[27] 梅格斯会见了好几位战争期间在标准局工作的天文学家，包括利克的柯蒂斯和两名光谱学专家凯文·伯恩斯（Keivin Burns）和保罗·梅里尔。战后，伯恩斯暂时去了利克天文台，梅里尔加入了威尔逊山天文台。伯恩斯回应梅格斯的建议："我没有尝试用长波拍摄太阳，也没有拍摄白天的恒星，主要是因为没有合适的屏幕。我认为不会有什么结果。当然，在利克没有人相信爱因斯坦效应，这与哲学、判断和常识背道而驰。但是，既然关于这个课题谈了这么多，有必要感兴趣一下。也许要花很长时间，才能证明英国天文学家的错误做法。"伯恩斯承认，太阳白昼照相的一般问题应该加以探讨，如找到了合适屏幕，那就很值得在利克或威尔逊山天文台进行尝试。但是，他认为，"爱因斯坦效应是一些中等智力者试图通过智力靴袢提升自己智力以克服精神障碍的结果。它不符合任何客观的东西"。[28]

梅里尔也持类似观点："这里没有人非常热衷于爱因斯坦的东西。我曾听人把它称作'可恶理论'。有些最酷的英国人，甚至不需要它。这里并没有太多激烈反对意见——人们的态度是观望等待。还有很多其他的事情更值得我们去做。"如同伯恩斯，梅里尔对这个技术问题很感兴趣。"最好能有一流的广角镜头。"他建议说："这可能用于基本的恒星位置，或其他问题，如处理爱因斯坦的愚蠢……我要是能找到一个合适屏幕，可能会找一个直接照相者在白天拍摄恒星，但不阻止你想到的任何实验，你有机会做实验。"[29]

梅格斯放弃了这个项目的计划。大约一年后，当时在弗拉格斯塔夫的洛厄尔天文台工作的奥利·H.杜鲁门（Orley H. Truman）向他询问有关红外程序的信息。梅格斯回复，他很高兴听到这个兴趣："大约一年前，我们建议利克天文台或威尔逊山天文台可以进行这个实验，但它们对爱因斯坦学说有偏见，据我们所知，它们在用白昼照相来验证太阳附近恒星的偏折方面毫无作为。”[30]

如果说威尔逊山和利克的天文学家对相对论不是很热心，那么两个研究中心都曾被委托对这个理论进行实证检验。1920年，利克的威廉·H.赖特问海尔，他是否考虑过使用“你们的大反射望远镜”寻找木星周围的光线弯曲。他查阅了星表，看看在不久的将来会有哪些恒星视场可用，可觉得这个问题会很难，“唯一的答案似乎是威尔逊山”。[31] 海尔跟同事们复核了这个想法，但得到了不同反应。弗雷德里克·H.西尔斯“认为诸多实验也许值得一试”，但阿德里安·范马南（Adrian van Maanen）“认为可能性不大，除非木星进入一个拥挤区域或星系团”。范马南尝试了一些使用遮掩屏的曝光，海尔尝试使用最近研发的恒星干涉仪（stellar interferometer）解决这个问题，但这些实验没有任何结果。[32]

尽管在美国有明显的抵制，欧洲科学界主要成员还是高度支持爱因斯坦及其理论贡献。诺贝尔委员会收到了许多推荐信，希望把1920年诺贝尔奖授予爱因斯坦。荷兰寄来了一封强有力的推荐信，署名是H.A.洛伦兹、威廉·尤利乌斯、彼得·塞曼（Pieter Zeeman）和海克·卡默林·昂内斯（Heike Kamerlingh Onnes）。他们把重点放在爱因斯坦引力理论，该理论成功解释了水星近日点进动，并预言了光线弯曲。他们认为爱因斯坦是“有史以来的一流物理学家”。诺贝尔委员会要求物理学家斯万特·阿伦尼乌斯（Svante Arrhenius）准备一份关于广义相对论结果的陈述。阿伦尼乌斯指出，观测结果尚未确证引力红移。他指出，人们对英国人日食的光线弯曲测量提出了各种批评。他还提及恩斯特·格尔克对广义相对论似是而非的批评，以及他声称提出了近日点进动的另一种解释。委员会断定相对论还不能作为该奖项的基础，故爱因斯坦再次被排除在外。[33] ①

20世纪20年代，美国天文学家在验证广义相对论方面发挥了关键作用。威

① 《上帝难以捉摸》，650页。《权谋》，罗伯特·马克·弗里德曼著，杨建军译，上海科技教育出版社，2005年。

尔逊山天文台所尝试的最重要验证是寻找太阳中的引力红移，而利克天文台继续进行光线弯曲的日食验证。

来自媒体的压力

英国人宣布他们的日食结果证实了爱因斯坦相对论，爱因斯坦在欧洲科学界大名鼎鼎，但在其他地方实际上默默无闻。英语世界以一种活跃而激烈的方式从伦敦拾起这个故事，故事使得爱因斯坦及其相对论蜚声国际。这一声明在战争结束后不久宣布，当时欧洲仍在战争余波中蹒跚。美国在远处观望，向遭受物资短缺、货币危机和政治革命蹂躏的国家提供援助。在这种紧张气氛中，这则新闻获得了一种引人注目的政治意味。伦敦《泰晤士报》引用J.J.汤姆孙爵士（皇家学会会长）的话，声称相对论是“人类思想中最重要的宣告之一，倘若不是最重要的话”，尽管还没有人成功用清晰语言阐明爱因斯坦这个理论到底是什么。剑桥物理学家奥利弗·洛奇爵士（曾是他所在选区的议员），“被关于牛顿是否被推翻的询问所包围，剑桥‘完蛋了’”。洛奇在《泰晤士报》一篇社论中警告说，不要草率拒绝以太概念，也不要“强化对有关空间和时间那个伟大而复杂的概括”。[34]

公众试图从其科学同胞那里得到解释，科学家们开始越来越痛苦地意识到自己的不足。赫伯特·霍尔·特纳挖苦说：“记者们试图确切理解这场革命的构成是什么，这种徒劳尝试很有趣，如果不是我们自己遇到了类似困难，情况就会更有趣。”[35] 他详尽引用了出自《旗帜晚报》（*Evening Standard*）的一篇文章《牛顿相形见绌》，由一位参加了宣布日食结果那次联席会议的记者所写：

> 但是，爱因斯坦的理论是什么呢？在昨天的会议上，两位著名科学家站起来，请求发言者用简单的语言予以解释，结果他们做不到。

科学家们发现纰漏

《旗帜晚报》的一位代表今天上午去了皇家学会，要求得到一个普及的解释……那位秘书用手摸了摸他圆顶般的额头，坦率承认他被难倒了。这个理论是黑白分明的，有很多$x = 0$，但与它相比，大英博物馆里的罗塞塔石碑就是孩子的破烂字母表。

悲伤的自白

接下来，是一位杰出科学家现身。“我一点也搞不懂，”他疲倦地说，“别提我的名字。”

另一位同样杰出的科学家说：“我认为爱因斯坦说过，空间的性质与其所处的环境相关。这就是你想要的吗？”“不是”“你能用李子和苹果来解释这个理论吗？”“这可不行。这个理论非常复杂，而且是数学理论，还有——别提我的名字——我搞不懂。”

一个人懂

事情就是这样。爱因斯坦理论无疑非常重要、非常有趣，只要他同意用通俗的语言从欧几里得降到地球上。目前，他的意思就像光一样，被严重偏折了。

笔者来到皇家学会图书馆，把他的理论通读了3遍，出来时就哭了。

这篇文章的结论是，爱丁顿声称理解这个理论，但他也承认“除非他能用普通的语言进行解释。天谴爱因斯坦（Gott strafe Einstein）”。[36]

1919年12月，记者们有机会听到爱丁顿的演讲，当时他在皇家天文学会的月度会议开始了一场关于相对论的讨论。爱丁顿选择了“尽我所能简单地解释，什么是相对论引入空间、时间和力的概念”。他以非数学方式描述了时间测量和空间测量如何依赖于观测者，并且几乎用“李子和苹果”的方式解释了测地线——弯曲空间中的最短距离。他展示了那些“世界线”偏离测地线的观测者如何在其周围经历力场。[37]《泰晤士报》报道了这次会议，几乎通篇文章描述爱丁顿的发言，而忽略了其他人（金斯、戴森、拉莫尔、西尔伯施泰因、林德曼和杰弗里斯）的贡献。文章末尾只引用了奥利弗·洛奇爵士的话，他对全盘接受“关于时间和空间的理论”表示保留意见，惊讶于爱丁顿认为自己理解它。[38]

爱丁顿是少数几个表示对这一理论非常熟悉的英国科学家之一，以一种毫不含糊的有利方式对其进行了阐述。[39] 洛奇是上一代著名物理学家，他的事业在以太和牛顿力学的鼎盛时期蓬勃发展。他不能容忍相对论的“形而上学”概念。随着各种关于相对论的文章在报刊上来来去去，却未得到什么明确澄清，洛奇在短时期内成为科学界在这个新的革命性理论面前挣扎的象征。[40] 公众越来越清楚认识到，大多数科学家并未充分理解相对论，而那些像爱丁顿这样理解相对论的科学家，却一直在努力获得他们的理解。

在美国，《纽约时报》的编辑利用了没人能解释这个理论的事实。“科学家们或多或少对日食观测结果感到兴奋不已”，一篇早期报道这一消息的文章这样写道。记者们很快被派去采访当地的天文学教授，解释这是怎么回事。他们并不是很有帮助。布朗大学天文学教授克林顿·H.柯里尔（Clinton H. Currier）告诉记者：“直到1915年，以时间为第四维度的四维宇宙理论，才被明确构想。这包含在爱因斯坦著名的相对论中。”他声称，牛顿引力理论并没有预言光线弯曲，电磁理论随后预言了光线弯曲，而爱因斯坦理论预言了2倍于此的偏折。卡罗琳·E.弗内斯（Caroline E. Furness）（瓦萨学院天文台台长兼天文学教授）坦率承认“爱因斯坦理论是数理物理学中最难的部分之一。到目前为止，我还没有严格研究它在天文学上的应用。它的成果是显著的，必须被接受”。她说，根据相对论，恒星轨道可能会发生多次偏折，“而且恒星的真实方位也会一度被搞混”。约翰·M.普尔（达特茅斯学院天文学教授）宣称，如果“像报纸上报道的那样”，爱因斯坦理论确实得到了确证，牛顿力学就需要修改：“这将是一个……会影响学数学和纯科学的大学生的事情。”[41]

对国内外科学家解释的匮乏，编辑们做出了强烈反应：“普通人都得到皇家学会会长温文尔雅的告知，爱因斯坦博士从日食期间所观测光线的行为得到的推论，不能用他们可理解的语言表达，他们已经为如此众多其他艰巨问题的沉思所累，没有义务为此增添烦恼。”他们表示，如果可以的话，“大师们”可能会解释得更多，但让他们提前决定让“我们其余的人”放弃，“嗯，只是有点烦人”。[42] 罗伯特·密立根和查尔斯·莱恩·普尔后来宣布可以找到对英国人结果的其他解释，编辑们嘲笑诸多英国科学家“被某种类似智识恐慌的东西抓住了”，得出结论，尽管“这些先生可能是伟大的天文学家……他们是可悲的逻辑学家”。[43] 然而，几天后，《纽约时报》撤回了报道。提醒“《泰晤士报》的读者拥有训练有素的科学头脑”，编辑告诉读者，那些不愿或无法获得必要的数学训练的人，被建议“接受它的制造者（受到如他那样其他少数人支持）的权威专家的结论”。在爱因斯坦的例子中，“其他少数人”是“少数12人”。[44]

公众的强烈兴趣给那些天文学家带来了巨大压力，他们承担了进行艰难观测的任务，以验证爱因斯坦的天文预言。他们无法理解或解释这个理论，这使其立场更加脆弱不堪。在威尔逊山天文台，海尔多年来努力工作，以加强该天文台的物理理论能力。他不断邀请欧洲的理论家来讲课，并努力吸引理论家来担任教职。1922年，海尔成功把H.A.洛伦兹带到加利福尼亚，开了2个月的数理物理学讲座。保罗·梅里尔对此印象深刻：“洛伦兹很棒。他把一切都讲得很透彻。他对狭义相对论的论述当然极有价值（虽然我还没有皈依，但我确实感到我对它的了解比以往任何时候都要令人满意）。”[45]

英国人日食结果公布后的10年里，威尔逊山天文台和利克天文台及其他地方的天文学家都集中精力进行新的观测，以进一步验证相对论。

阿瑟·爱丁顿的角色

战争期间，爱丁顿对爱因斯坦成熟的相对论引起英语世界天文学家的注意起到了关键作用。他继续在向同事和公众阐述该理论方面发挥重要作用。1919年12月，在英国人第一次宣布日食结果后不到一个月，他给爱因斯坦写道：“我一直忙于讲授和写作有关您的理论。我关于相对论的报告已售罄，正在重印。这表明了公众对此话题的热情，因为这并不是一本容易理解的书。几天前我在剑桥哲学学会做报告，来了一批听众，但有好几百人因为无法接近会场而被拒之门外。"[46]① 1920年，爱丁顿出版了一部通俗论著，讲述了该理论的发展史。出版商在第一年卖出了1886册，次年卖出了1789册。[47] 1923年，爱丁顿发表了一部关于相对论的专业论著，第一年卖了999册，1928年卖了2000多册，成为全世界科学家的标准参考著作。[48]

爱丁顿在天文学家中有着巨大影响力，但在某些方面，他的早期论述与其说是启蒙，不如说是误导。他用折射等类比来解释此种物理现象，强化了思考这个问题的经典方式。1915年2月，在爱因斯坦宣布最终理论之前，他首次发表了关于光线弯曲预言的评论。根据爱因斯坦早期预言，太阳附近的偏折为0.″87。爱丁顿解释说："当一束光进入强引力场，它的传播速度会变慢。这必定会导致经过大质量天体附近的光波发生折射。"[49] 两年后，熟悉了爱因斯坦后来的理论，爱丁顿再次讨论了光线弯曲。在这里，他提出了"电磁能无论在何处被发现，都必须具有质量"的概念，从而"受制于引力"。[50] 讨论光线弯曲预言时，他首先把光"当作一束物质粒子流"看待，并计算出爱因斯坦1911年的偏折量。然后，他没有做进一步解释，只是简单地说："这种处理该问题的模式太粗糙了，而由完整理论给出的实际偏折是它的两倍。"[51]

1918年，爱丁顿在给皇家学会的"报告"中推导出了光的广义相对论弯曲。虽然他从爱因斯坦度规张量得到了光速表达式，但他使用了两个经典类比——折射和物质粒子的牛顿运动——推导光线弯曲。"光线的轨迹会……只依赖于速度的变化，并将与在欧几里得空间中填充合适折射率的材料相同……因此，我们看到粒子周围的引力场就像会聚透镜。"利用"折射率"公式，他得到了"速度为 μ 的粒子的牛顿运动"的角动量和能量的两个表达式。他获得了完全爱因斯坦偏折为1.″75，但没有解释："奇怪的是在此动力学类比中注意到因子2的发生……这个偏折，是牛顿理论中粒子以光速通过引力场时的2倍"。然后，他用爱因斯坦狭义理论重新进行计算，得到了等效质量为E/c^2的光线，"只有一半偏折"。爱丁顿总结道，在爱因斯坦成熟的相对论和光有质量且受引力影

① 《爱因斯坦全集》第九卷，269页。

响这一更简单概念之间，“偏折的实验量应该提供一个决定性检验”。[52]

1919年3月，就在前往非洲进行日食远征观测之前，爱丁顿在《天文台》杂志上讨论了这个即将发生的事件。[53] 他指出，“除了相对论之外”，有理由预言爱因斯坦等效假说最初预言的较小偏折，以及质能等效性：

> 如果引力作用于光，光线的动量在横向力场的作用下会逐渐改变方向，就像物质抛射体那样……其效应是，光会偏离，如同粒子以相同速度运动根据牛顿动力学会偏离……此种天体经过太阳的总偏差也很容易计算，如果它擦过太阳表面，就是0.″87，即爱因斯坦偏折的一半。光的重量与质量之比可能与物质的重量与质量之比不同。如果是这样，偏折将以同样的比例改变。因此，即将到来日食的问题可以被描述为**称量**光的问题。[54]

谈到爱因斯坦1915年的预言，爱丁顿强调，“我们必须采取一些不同观点，因为这个理论是几何理论，它超出了力和惯性的概念，而这些概念是牛顿动力学的基础”。他用折射类比解释广义相对论预言：

> 我们可以模拟太阳引力场的效应，方法是用一种折射率合适的介质填充空间，当我们接近太阳——实际上是形成一个会聚透镜时，折射率就会增加。因此，可以看出光线为什么会发生偏折。显然，这种效应与日冕物质所致的折射效应在定性上相同，但可能要强烈得多。这种效应还可比作海湾中波浪向浅滩靠近时的弯曲作用；海浪的波前和光的波前逐渐转向，因为一端比另一端移动得慢。[55]

作为其他天文学家后来综述相对论的源材料，爱丁顿那些早期文章可能更令人困惑，而不是有用。他使用折射类比或粒子类比说明相对论效应，这与其他人提出的反对新的、复杂的爱因斯坦理论的其他理论解释类似。爱丁顿仍然清楚，什么是替代方案，什么只是一个类比。当琼克赫尔（M. Jonckheere）提出“太阳周围的以太凝结会产生类似效应”时，爱丁顿认为这幅图景可以解释引起此种弯曲的光速变化。然而，由于这正是人们所寻找的，以太凝结的建议"相当于爱因斯坦效应的一个假设解释或例证，不能被视为它的替代解释"。[56]

直到20世纪20年代，人们对广义相对论的兴趣大增，爱丁顿才开始阐述用独特几何方式看待广义相对论及其天文预言。随着10年时间推移，爱丁顿的著作越来越准确地阐述了广义相对论，天文学家们从他普及这一艰难理论的能力中受益。威尔逊山的沃尔特·亚当斯1924年在谈到爱丁顿的畅销书《空间、时间和引力》时说："解说的适切性和手法的轻盈性，我们发现整本书让我们怀疑，在更正式论著的张量和向量中花费很长时间之后，作者在写这些篇章中所发现的愉悦，同读者在回味那些篇章所发现的一样多。"[57] 尽管如此，即使有爱丁顿的帮助，其他人仍然觉得这个理论很晦涩。那本科普书在1920年首次出版时，欧内斯特·W.布朗告诉一位同事："爱丁顿出了一本新书，我买来看了——这本书本来应该是给初学者解释的——但我比以往都更困惑。我也没法通过交谈从爱丁顿那里得到什么。我觉得自己脑子坏掉了。"[58]

批评者和支持者都试图用牛顿理论理解广义相对论。这理论如此新鲜，他们需要一些熟悉的东西帮助他们。爱丁顿自己也指出，诸如质量、时间和距离等基本物理概念"在牛顿动力学中都有模糊定义"，而在广义相对论中定义它们"有某种选择自由"。为了限制这种选择，最好确保"在力场消失的极限情况下，我们的定义符合牛顿定义"。回顾半个世纪后，相对论者约翰·L.辛格（John L. Synge）说："在相对论必须在一个怀疑的世界中赢得信任的日子里，用旧概念尽量解释相对论，从而给它以尊重是很自然的。但这导致了概念混淆。"[59]

20世纪20年代，爱因斯坦早期的和后来的光线弯曲预言之间那个"奇怪"2倍差异引起了许多困惑，批评者们则在长时间中推动了折射解释。

国宝爱因斯坦

英国人证实了爱因斯坦理论之后，爱因斯坦在柏林的生活永远改变了。"自从光线偏折公布以来，我就受到一种崇拜，感觉自己像一个木偶。"他向朋友海因里希·灿格抱怨道："但在上帝的帮助下，那也会过去的。"[60] ① 它并没有过去。

英国人日食结果公布后引起了德国一些地区的恐慌，爱因斯坦及其理论变得万众瞩目。消息传出几周，政府收到了要求，它应该"提供必要手段，使德国能够与其他国家成功合作，发展阿尔伯特·爱因斯坦的基本发现，并促进他自己的进一步研究"。为不被英国和其他国家超越，普鲁士文化部长通知爱因斯坦，将为他的研究提供一笔15万德国马克的特别资助。战后德国当时正遭受金融危机，爱因斯坦对此心存疑虑。"这个决定难道不会引发公众更苦涩的情绪吗？"想起弗罗因德利希一直没有得到支持，他补充说，"如果这个国家的天文台和天文学家将他们的部分设备和部分精力用于这项事业"，② 可能就不需要从国家获得任何特别的融资。[61]

弗罗因德利希看到了政府急于利用爱因斯坦国际声誉的机会。在导师把他从施特鲁韦在皇家天文台的控制下解放出来后，他开始计划建造一个类似于海尔在威尔逊山天文台研发的那种塔式望远镜。他的想法是建立自己的研究机构进行太阳研究，并验证爱因斯坦的引力红移预言。（爱因斯坦最初反对的那位波茨坦新台长）古斯塔夫·穆勒居然肯通融。他给弗罗因德利希提供了天文台地面上一块土地建造大楼。弗罗因德利希招募了建筑师朋友埃里希·门德尔松（Erich Mendelsohn）起草设计方案（图6.1）。他起草了一份拨款提案，穆勒于1918年8月16日提交给了文化部。然而，它却在战后的官僚瘫痪中停滞不前。一年后，爱因斯坦和相对论迅速成为国际巨星，弗罗因德利希立即采取了行动。1919年12月，他起草了一份"爱因斯坦捐赠基金的呼吁"，为天体物理台募捐去做爱因斯坦验证事业。他的提议是民族主义的："英国、美国和法国的学术机构最近成立了一个不包括德国的委员会，积极为广义相对论建立实验基地。对于那些关心德国文化地位的人来说，他们有义务拿出他们能负担得起的一切

---

① 《爱因斯坦传》，326页。

② 《爱因斯坦全集》第九卷，280—281页。

图6.1　埃里希·门德尔松为弗罗因德利希的塔式望远镜绘制的早期草图。（波茨坦天体物理研究所提供）

资金，以便至少有一个德国天文台能够直接与它的创造者一起验证这个理论。”[62]

普鲁士科学院所有重要的物理学家和天文学家，都在呼吁书上签了名。哈伯和能斯特协助筹集资金。该活动从个人和行业筹集了35万德国马克，其中包括蔡司公司和耶拿的肖特公司以成本价捐赠的光学仪器设备。到1920年5月，普鲁士政府仍然没有批准它答应给爱因斯坦的15万德国马克。弗罗因德利希敦促官僚们“防止德国科学被排除在这一重要研究领域的进一步发展之外——尤其是考虑到那些新思想的概念不仅是德国人的知识产权，而且，正是在德国，人们首次尝试通过实验来验证它，并对其结果进行了研究”。[63] 当时通货膨胀非常猖獗，政府必须迅速行动，以避免得到承诺的私人资金被侵蚀。1920年9月，文化部最终拨付了20万德国马克。[64] 弗罗因德利希成为天文台的科学台长。最终，他可以从事相对论验证的研究。爱因斯坦为这座新天文台奠定了基石，他相信对太阳引力红移的搜索将“最终为该理论提供一个辉煌的证实；对此我从未有过丝毫怀疑”。[65] ① 这座建筑物于1922年完工。多年来，人们称它为“爱因斯坦塔”（图6.2a，图6.2b）。

爱因斯坦不喜欢他的名字被用于民族主义目的。1918年6月，他收到一份由数学教授阿道夫·克内泽尔（Adolf Kneser）在布雷斯劳大学讲授引力理论（包括广义相对论）的报告副本。克内泽尔自豪地强调，这项工作是由德国人

① 《爱因斯坦传》，338页。

图6.2a 用于验证爱因斯坦相对论的天体物理学研究的爱因斯坦塔（Einsteinturm），约1940年。（波茨坦天体物理研究所提供）

图6.2b　爱因斯坦在爱因斯坦塔中摆拍。（波茨坦天体物理研究所提供）

作为“战争副产品”完成的，并构成了“我们国家充满活力，在前线背后继续的和平工作”。尽管爱因斯坦认为这些讲座“新颖而有启发性”，但有“一件事”让他感到痛苦：“如果我的名字和我的文章被滥用于沙文主义的宣传，有如最近一段时间经常发生的那样，就给我造成了痛苦。这是不合时宜的，即使是客观的。我从种族来源方面讲是一个犹太人，从国籍方面看是一个瑞士人，从心理状态方面探究是一个人，只是一个人——对任何国家或民族实体都没有特别的依恋。假如在您做报告之前我就能给您说明这一点该有多好！”[①]

克内泽尔恭敬地回复：“您那些光辉的发现在战争期间是在德国做出的，德国给您提供了科学研究工作的保护和闲暇。因此，您必须承认您的研究成果应归功于德国，并算作后方的德国人和平努力的一部分。”克内泽尔感到很高

① 《爱因斯坦全集》第八卷下册，203页。

兴：“您没有参与许多瑞士学者的出逃，抛弃德国，恰如人们相信一条船会沉下去，于是弃船逃生一样。”[66] ①

虽然在德国，有很多人为爱因斯坦的成就感到自豪，并想把他称为国宝，但其他人的感觉却不尽然。在德国战败后的艰难岁月里，对犹太人的攻击变得猖獗。爱因斯坦注意到了。“这里的反犹主义情绪非常强烈，反动气焰也十分嚣张，”他在1919年春天给妹妹的信中写道，“至少在‘知识分子’中是如此。”[67] ② 英国人的结果公布后，他的名字变得家喻户晓，他也成了一些人攻击的目标。爱因斯坦预感到这事会发生。在英国人公告后不久，伦敦《泰晤士报》向他约稿一篇文章，他在文章结尾说了一句挖苦话，这句话现已广为人知，是对《泰晤士报》在早些时候一篇报道中将他称为“瑞士犹太人”的回应。“《泰晤士报》对我和我所处环境的描述，显示出作者非凡的想象力。根据对读者口味的相对论的应用，今天在德国，我被称为德国科学家，而在英国，我被称为瑞士犹太人。但倘若我在读者眼中显得特别讨厌，上述的描述就会颠倒过来，我将成为德国人眼中的瑞士犹太人，而成为英国人眼中的德国科学家！”[68] ③

没过多久，事情就发生了。一个名叫保罗·魏兰（Paul Weyland）的阴暗人物从匿名捐赠者那里筹集资金，成立了反犹的“保护纯科学德国科学家工作组”（Working Party of German Scientists for Preservation of Pure Science）。他为那些公开反对爱因斯坦及其理论的科学家提供大笔资金。他在出版物中攻击爱因斯坦和相对论，引起了当时一些顶尖物理学家的愤怒回应，他们纷纷站出来为爱因斯坦辩护。1920年8月26日，魏兰租了柏林爱乐乐团大厅，在那里组织了一次公开会议。他以一段反犹太的咆哮开始了庭审。恩斯特·格尔克紧随其后。1916年，格尔克在科学期刊上攻击过爱因斯坦。他们还指控爱因斯坦剽窃了19世纪德国物理学家约翰·冯·佐尔德纳（Johann von Solder）的作品。大厅里出售的是诺贝尔奖得主菲利普·勒纳（Philipp Lenard）一篇科学论文的重

① 《爱因斯坦全集》第八卷下册，241页。

② 《爱因斯坦全集》第九卷，274页。此言出自爱因斯坦1919年12月4日致埃伦菲斯特的信。

③ 《爱因斯坦全集》第九卷，273页。

印版，他在这篇论文中反对爱因斯坦广义相对论。爱因斯坦参加了这次活动，写了一篇令人震惊而愤怒的评论，并发表在日报上。① 他攻击了格尔克，而且对勒纳发表了贬损性评论（魏兰在宣传中将其作为后续活动的发言人）。事后表明，勒纳并没有允许魏兰这样做，他对爱因斯坦的攻击感到愤怒。然而，勒纳也投身于这场反爱因斯坦运动。[69]

爱因斯坦惊骇于这次经历，决定离开德国。他在苏黎世和莱顿的朋友为他提供了长期的工作机会。鉴于德国通货膨胀严重，且还要养活在瑞士的一家人，他得改善自己的财务状况。1920年8月27日，报纸报道：

> 阿尔伯特·爱因斯坦厌恶泛日耳曼的争吵，厌恶反对者的伪科学方法，想要背弃首都，背弃德国。在1920年，这已成为柏林文化精神的问题！一位享誉世界的德国科学家，荷兰人在莱顿将其任命为荣誉教授……他的**相对论**著作是战后第一批用英文出版的德国书籍之一，这样一个人由于厌恶而被迫离开一个被标榜为是德国智识文化生活中心的城市。丑闻！[70]

一周后，一位伦敦的代办忧心忡忡给他在柏林的上级写信："对爱因斯坦教授的攻击和反对，于此正在造成非常糟糕的印象。目前，特别是爱因斯坦教授是一个一流的文化因素，因为爱因斯坦的名字众所周知。我们不应该把一个可以和我们一起进行真正文化宣传的人赶出德国。"[71]

爱因斯坦的物理学同事们感到很难堪。马克斯·冯·劳厄呼吁（德国物理学会会长）阿诺尔德·索末菲由学会提出一项反对魏兰团伙的决议。"如果还需要什么来刺激你的热情，那肯定是这样一条新闻：鉴于受到迫害，爱因斯坦和妻子已经明确决定择机离开柏林和德国。假如这一切真的发生了，除了我们其他所有的不幸之外，我们还会经历这样一个事实：那些一心想着'国家'的

① "我对反相对论公司的答复"，1920年8月27日发表于《柏林日报》。载：《爱因斯坦文集》（增补本）第一卷，208—210页。

人，已经把一个德国可以引以为傲的人赶了出去，而德国可以引以为傲的人寥寥无几。有时候，人们会有住在疯人院里的感觉。”[72] 最后，爱因斯坦决定留在柏林。但是格尔克，特别是勒纳的参与，会给那些消息不灵通的科学家和非专业人士留下印象。魏兰的挑战，最终化为泡影。格尔克和勒纳彼此承认，魏兰是一个“可疑的人”，“竟然是一个骗子”。然而，随着10年后国家社会主义的兴起，他们都回到了民族主义、反犹主义和反爱因斯坦的主题上。[73]

海尔实现了愿景

当德国努力在挽留爱因斯坦的时候，海尔为物理、化学、天文学和天体物理学的合作研究创造条件的计划即将实现。100英寸（254厘米）口径望远镜，安装并投入使用。邻近的加州理工学院，在充足资金支持下的发展如火如荼。威尔逊山天文台，拥有源源不断的游客和研究人员。海尔的目标不仅仅是建立天文台，而是将帕萨迪纳地区作为一个研究中心，在最基本的物理研究突破性新基础方面具有最高声誉。它也将是给需要最好现代技术和专门知识的著名问题提供明确结果之处。

吸引具有国际声誉的欧洲理论家，是海尔整体战略不可或缺的一部分。他用与欧洲最优秀最聪明人接触的诱惑，说服罗伯特·密立根离开芝加哥去掌管加州理工学院物理实验室。这些计划，是在战争的黑暗时期制订的。1916年，海尔预见到美国将卷入这场战争。他让威尔逊总统（President Wilson）相信美国科学院应该在新成立的国家研究委员会（National Research Council）支持下协调对战争的研究工作。他招募了化学家阿瑟·诺伊斯（Arthur Noyes）和密立根监督各自的研究领域。海尔利用战争强化科学研究对国家的重要性，无论是战时还是和平时期。他利用政治和金融领导人的这种高强意识，筹集了必要资金，建立了一所以密立根为首的物理研究所。1917年1月31日美国参战时，该计划被暂停。[74]

战后，海尔推进着他的梦想。密立根是海尔“兵工厂”吸引数学和理论方面能力出众的著名科学家到附近工作的主要手段之一。他的国际声誉，将很容易吸引杰才来这一地区。1921年1月，他在日记中揭示了自己的想法："招来帕萨迪纳：马约拉纳（Majorana），洛伦兹，爱泼斯坦，埃伦菲斯特，福勒，法布里，珀赖因，金斯，爱丁顿，卢瑟福，西尔伯施泰因，米斯（Mees），朗之万（Langevin）。"几个月后："对M［密立根］2 Obsy Res. Assocs.（两位天文台研究助理）的额外诱因。每年都要在研究所讲学，酬金1000美元。福勒、爱丁顿等人从天（文学）角度对物质构（成）进行研究。"1921年6月，密立根终于接受了。到秋天，他在帕萨迪纳站稳了。[75]①

密立根实现了海尔的愿景。甚至在正式加入加州理工学院并仍在与加州理工学院董事会谈判条件之前，他就已经在招募访问助理和研究所人员。1921年春天，在莱顿的一次访问中，他说服H.A.洛伦兹于次年在加州理工学院举办一系列讲座。他还聘请了保罗·爱泼斯坦在加州理工学院研究理论物理学。爱泼斯坦的名字，一直在海尔的"购物清单"上。作为一个生于欧洲、训练有素的理论物理学家，爱泼斯坦对新的量子理论非常熟悉。他当时在莱顿同洛伦兹一起工作，但他想去美国。密立根虽然表示了一些怀疑，因为爱泼斯坦是犹太人，他还是邀请这位年轻物理学家到加州理工学院教一年理论物理。爱泼斯坦于1921年加盟成为加州理工的员工，但没过几个月，密立根就请他永久留任。[76]

洛伦兹的来访，是海尔一次重大胜利。几年前，他就邀请过这位著名荷兰物理学家来天文台做助理研究员，"但他抽不出时间到这里来"。现在，他在加州理工学院为杰出物理学家创造额外吸引力的策略得到了回报。1921年，他从研究助理基金中拨出1000美元，作为洛伦兹的费用。[77]到1921年底，海尔愉快地给朋友、剑桥大学物理学家约瑟夫·拉莫尔写信："我们这里的物理学殖民地，现在由于密立根、爱泼斯坦和其他杰才永久加入加州理工学院而得到了极大加强。"他还宣布理查德·托尔曼（美国物理化学家和物理学家）将加入加

① "密立根于1921年6月2日接受了加州工学院的邀请，担任了行政委员会的主席（校长）以及诺曼·布里奇实验室主任。"《罗伯特·密立根的足迹》，罗伯特·H.卡巩著，方在庆译，东方出版中心，1998年，101页。

州理工，洛伦兹将于明年1月和2月在加州理工授课。海尔很高兴。“所有这一切当然对天文台有很大帮助，因为它在数理物理学方面一直很薄弱。”[78]

从1921年的年度报告中，可以窥见海尔的成就。海尔挑出了当年的三件“杰出事件”：W.S.亚当斯和同事发表了1 646颗恒星的绝对星等和视差，以及发展了光谱视差理论；阿尔伯特·A.迈克耳孙和弗朗西斯·皮斯（Francis Pease）应用干涉仪对恒星直径的测量；加州理工学院在帕萨迪纳建立了诺曼·布里奇物理实验室，并得到了罗伯特·A.密立根博士担任实验室主任的认可。[79]“第三件事”凸显了海尔的研究策略。物理实验室“已证明对太阳和恒星现象的诠释非常必要，在天文台计划中，如今它正从次要位置上升到主要位置”。[80]两个大实验室，一个化学实验室，一个物理实验室，皆在邻近的加州理工学院，现在补充天文台的装置。海尔描述了加州理工学院和威尔逊山天文台的密切合作：

过去一年，天文台职员每周会与布里奇实验室和盖茨实验室的研究人员会面，听取有关当前研究的报告，并讨论共同关心的问题。他们也将受邀参加由杰出的科学家在研究所给出的讲座课程，他们将包括：来年的成员，哈勒姆的H.A.洛伦兹教授；以前在莱顿的保罗·爱波斯坦教授，现为研究所教员之一。此外，将组织对物质构成和辐射性质的联合研究，这些问题的天文、物理和化学方面将由三个小组的成员立即着手解决。[81]

正是这种合作研究，海尔希望能够为自己的机构缺乏理论训练以及美国物理学和天文学提供一剂良药。

第三部分

1920—1925 年
天文学家对爱因斯坦进行验证

第 7 章　解决太阳红移难题

埃弗谢德和圣约翰宣布此案未获解决

随着公众和科学界的注意力都集中在爱因斯坦理论上，埃弗谢德和圣约翰觉得有义务报告各自对太阳引力红移的搜寻状况。1920年，两人在《天文台》杂志上连续发表了综述，总结了当前的结果，以及相对论预言事实上若是真的，如何加以解释。

埃弗谢德明确表示，最近对光线偏折的“出色确认”促使他对目前的情况进行评估。埃弗谢德详细叙述了他早期的工作，否证压强在产生太阳红移中所起的作用，以及这些研究如何使他得出地球效应假说。“对金星的观测，是为了证实或者为了否证（原文如此）这一异常运动，这意味着地球的排斥作用。”他解释说，“必须承认，与预期相反，金星的光谱到目前为止几乎毫无保留地支持了这一假说。”[1] 埃弗谢德敦促说，“从对爱因斯坦理论的蔑视和对一个非常令人难以置信假说的支持……需要最仔细的确认——最好是由独立研究人员做出。”[2]

“假设目前金星的测量受到某种未被发现的误差源的影响，”埃弗谢德承认，“我们会看到将位移的直接测量与爱因斯坦预言相一致的可能性有多大。”他比较了他和圣约翰的结果，即相对于碳弧的边缘和中心的太阳谱线位移。他的同事纳拉扬·艾亚尔于1918年一系列观测中完成了对所有底片的测量，其结果“很不幸不能证实圣约翰的结论”，即日面边缘零位移。[3] 科代卡纳的观测者发现，在一部分氰系中，“最具特征的三重带”的平均位移“非常接近爱因斯坦预言”。对带谱线和金属谱线的其他测量表明，“日面边缘的谱线存在一般位移，这虽然与爱因斯坦预言不完全一致，但符号正确，数量级也正确”。埃弗谢德强调，这种一般位移“不能用压强或运动来解释，除非我们承认地球效应”。[4]

尽管如此，还是有一些复杂情况。埃弗谢德警告说，不同物质的位移不同，同一物质中的不同谱线位移也不同，“因此，如果爱因斯坦假说是正确的，就存在一些未知的修正影响在起作用”。他指出，除了必须相信地球的影响外，运动假说没有这样的困难。“这就是问题的现状，”他总结道，“显然，最迫切的需要是进一步证实金星的测量值，因为正是这些对爱因斯坦理论提出了最顽固的反对。”[5]

圣约翰对用相对论解释太阳谱线位移的可能性，持比较悲观的看法。鉴于日食的结果，他打算进行不同的探究思路，以确定“现在的关键问题”，但他强调：“这样的调查并不像那些没有经验的人最初认为的那样，容易得出明确结果。”[6] 圣约翰认为，这个问题需要稳定的设备，同时观测太阳和弧，高分辨率，大的太阳图像，以及极其小心选择谱线。

就相对论而言，目前事态看起来很糟糕。圣约翰提供了日面中心的太阳-弧位移（Sun-arc shifts）的样本测量：在5个不同日子里观测到20条谱线5个不同平均值，都比爱因斯坦预言要小。回顾早期的氰研究，他承认这些谱线皆有问题，因为它们太密集了。这一困难可能解释了“不同观测者使用色散和分辨率截然不同的摄谱仪所获结果之间的差异”。尽管如此，他觉得自己充分说明了这些因素。他再次展示了自己的数据，表明与爱因斯坦预言的偏差“非常大”。他并没有对这个问题进行任何进一步研究，却报告说，“其他调查的一两个副产品对这个问题有影响，值得关注”。[7] 对镁线波长的研究表明，位移比爱因斯坦量值小得多，在蓝色区域中的铁线的太阳-弧位移比相对论效应小一个数量级。圣约翰非常重视镁的结果，因为它依赖于他自己和沃尔特·亚当斯各自独立完成的工作。

通过比较两种相对论效应的现状，圣约翰予以总结。他指出，“两条观测谱线在其依赖的等效假说上会导致相反结论”。在太阳红移情形，他认为“未知原因正在抵消等效假说所要求的红移”。他重申，“不同谱线和元素的特征差异使情况复杂化”。在光线弯曲情形，圣约翰并不打算放弃牛顿：“这一观点认为，光线经过太阳时的偏折，在考虑了相互合作来源之后，尚未被排除在与牛顿定律相符之外。”[8]

科代卡纳和威尔逊山天文台进一步研究红移问题，采取两个方向：(1) 继续研究就不同谱线的边缘位移和中心位移并试图确定原因，包括可能的引力效应；(2) 观测金星的光谱，力求验证埃弗谢德地球效应。至于这个问题的理论方面，威尔逊山的天文学家依靠欧洲的理论家启发他们，而欧洲的理论家则饶有兴趣地关注其美国天文学朋友导出的实证结果。[9]

“爱因斯坦第三个胜利”

对一些有影响力的德国人来说，爱因斯坦的国际声誉为德国在战后环境的声誉提供了宝贵推动。因此，两位年轻光谱学家，在波恩的海因里希·凯泽实验室工作的莱昂哈德·格雷贝（Leonhard Grebe）和阿尔伯特·巴赫姆（Albert Bachem）于1919年① 和1920年发表了支持相对论引力红移预言的结果。[10] 他们不仅找到了合适的谱线位移量，而且解释了为什么其他观测者没有找到爱因斯坦效应。

爱因斯坦安排把弗罗因德利希的新测微光度计借给那两位波恩的光谱学家，以便尽量准确测量其光谱。[11] 当收到其结果的消息时，他很激动。他写信给爱丁顿说，格雷贝和巴赫姆使用了与埃弗谢德、施瓦西和圣约翰相同的氰带，得到了与相对论一致的结果。② 爱丁顿回复，波恩的结果“虽然我基本没有资格评价所涉及的问题，但是看起来还是有说服力”。他指出，“圣约翰针对镁线和

① 《爱因斯坦全集》第九卷，339页。

② 同上，418页。

其他谱线做了进一步的研究，仍然得到零结果；所以我希望有一天，光谱学家能够确定真正的结果是什么”。[12] ①

一位美国评论家在评论格雷贝和巴赫姆的论文时宣称，这两位德国人的结果“消除了爱因斯坦引力理论最后一个实际障碍”。[13] 英国《自然》杂志引用了爱因斯坦的热情回应：“波恩的两位年轻物理学家现在确定无疑证明了太阳谱线的红移，并澄清了以前失败的原因。”[14]《纽约时报》对此进行了报道，发表了一篇文章，标题是“爱因斯坦第三个胜利：谱线红移作为相对论完整证明”。作者罗伯特·丹尼尔·卡迈克尔（Robert Daniel Carmichael）热情洋溢地说：“也许在科学上没有其他理论，能在如此短的时间内得到三个如此显著和不同的证实。”[15]

威尔逊山团队忙于研究解开这一问题的复杂性，他们认为波恩的工作不够严谨，其结果也不能成立。圣约翰在《天文台》杂志上煞费苦心地详细指出了这一点。他给出了波恩数据可质疑的四个原因：光谱仪的色散“对于在夫琅和费线如此密集填充的太阳光谱区进行这种精确特性的工作来说太低了”；没有做出规定，确保摄谱仪的狭缝平行于太阳轴；[16] 小尺寸的太阳图像需要在导星方面“极端小心”，“没有提供准确的导星”；最后，波恩合作者们使用了标准程序，即在做出太阳测量之前和之后各获得一半的比较光谱。威尔逊山天文学家率先采用了一种技法，利用反射镜同时获得太阳光谱和比较光谱，即埃弗谢德在科代卡纳天文台采用的方法。圣约翰强调，波恩观测员所采用的标准做法“并不充分，因为它不能消除虚假位移的可能性，就所寻求的精度而言，这种可能性很大。在威尔逊山天文台已经证明，此种误差不能简单地通过稳定那些仪器来避免”。[17]

格雷贝和巴赫姆也被认为“澄清了以前未能”找到太阳引力红移的原因。他们认为，弧中的发射线具有不对称性，太阳蒸汽在相应的太阳吸收线中被移除。当他们比较弧光谱线和太阳谱线时，弧光谱线中的不对称性使得太阳谱线

① 《爱因斯坦全集》第九卷，498页。

的视位移看起来比实际的要小。1914年，卡尔·施瓦西得到的红移值始终小于相对论预言的值；埃弗谢德的边缘位移太小，圣约翰的基本上是零。格雷贝和巴赫姆最初得到的位移值也很小。他们认为，他们的解释将使以前所有的研究都与相对论相一致。

圣约翰驳斥了他们的论点，即太阳中的吸收消除了谱线中的不对称性。来自太阳内部的辐射在到达太阳表面的过程中，会经过一个气体吸收层。光线出现时，某些谱线会变暗，因为气体吸收了选择性的频率。格雷贝和巴赫姆假设吸收层很厚，故消除了吸收线中的不对称性。圣约翰反驳说，这么厚的蒸汽吸收层本身会辐射光，"正是太阳单色光照相仪所利用的光"。由于来自吸收蒸汽的光出自不同厚度，从而来自不同温度，吸收线宽度的强度就会不同。这将导致不对称的吸收线——与格雷贝和巴赫姆所假设的相反。圣约翰还抨击了这两位波恩物理学家如何确定弧发射线中的不对称性。他指出，弧的过度曝光"很可能带来视不对称，这取决于通常不重要的光栅误差"。[18] 他展示了格雷贝和巴赫姆对先前红移低值的解释如何给铁弧或碳弧带来不同结果。圣约翰得出结论，究竟是赞成还是反对相对论，还没有定论。"这个报告的目的并不是表明，预言的爱因斯坦位移在太阳光谱中不存在，但是需要注意一些考虑，这些考虑在太阳物理学家心目中使之怀疑，对它有利的证据是否完备，对先前未能找到它的解释是否令人信服，正如这位卓越的等效假说的作者所发现的那样。"[19] 就著名的威尔逊山研究小组而言，陪审团对爱因斯坦尚无定论。[20]

围绕红移问题的持续不确定性，继续影响着诺贝尔委员会的年度审议。爱因斯坦获得了1921年物理学奖的十多个提名，其中大部分是由于他在相对论方面的工作。委员会委托两名成员撰写报告：一份是关于相对论的报告，由1911年诺贝尔奖得主、杰出的眼科医生阿尔瓦·古尔斯特兰德（Allvar Gullstrand）撰写；另一份是阿伦尼乌斯关于光电效应的报告。古尔斯特兰德对相对论提出了严厉批评①，并提交了一份谴责性报告，其中包括一份陈述，它仍然不能确定

① 古尔斯特兰德私下说："绝不能让爱因斯坦得诺贝尔奖，哪怕全世界都支持他。"见：《权谋》，165页。

爱因斯坦理论可以解释水星近日点进动。阿伦尼乌斯并不急于在量子理论刚刚颁奖（普朗克，1918年）之后，就颁发另一个量子物理学奖。于是，委员会决定，那一年不颁发物理学奖。[21]

解开复杂性——埃弗谢德对阵圣约翰

到1920年中期，埃弗谢德开始发现与他的金星测量不一致的结果。[22] 利用测量底片的正负片叠加法，他能够获得测量光谱中的很高精度，但当比较不同底片时，“我们往往会遇到相当严重的偏差……甚至当这些谱线的清晰度是最好的”。为了复核他1918年得出的支持地球效应的结果，他在1920年对金星进行了一系列新的观测：“尽管采取了非常特殊的预防措施，以防止所有可能的误差源，但这一系列最新底片显示出了比之前系列中的情况更大的因底片而异的偏差。然而，平均结果确实证实了早期的系列研究，显示金星的光与直接阳光相比，波长更小。”[23]

大约就在这个时候，圣约翰和同事塞思·尼科尔森得出了这样的结论：系统误差导致了埃弗谢德的金星结果，而不是他假设的地球效应。他们使用威尔逊山天文台的斯诺望远镜获得了金星1919年在太阳西侧和1919—1920年在太阳西侧时的光谱图。[24] 随着金星在其轨道上的位置改变，他们拍摄照片的这颗行星高程也会改变。进一步的实验表明，由于地球大气中的色散，低高程往往平均降低来自金星反射光的波长。他们认为，高程的变化导致了埃弗谢德观测到的波长系统性下降，并在1920年6月西雅图一次科学会议上提交了对这一效应的诸多结果。埃弗谢德最终反驳了他们的解释。[25]

埃弗谢德还报告了关于氰带的“相当多的工作”，现在倾向于相对论。“我们就较强谱带得到的位移几乎与爱因斯坦预言的位移一致，”他报告说，“跟圣约翰不一致，后者的结果主要依赖于该系列的较暗谱线。”[26]

科代卡纳小组在1918年3月和4月期间获得了这一系列最新的观测结果，明确澄清了与威尔逊山天文台边缘位移的差异。埃弗谢德在挑选他认为不受其他谱线叠加影响的谱线时非常小心。对于日面中心的底片，他使用了一种负片叠负片测量法，通过这种方法，重复负片被一层一层地叠起来，但不会首尾颠倒，这样一来，一个底片的弧光谱线就会与另一个底片的太阳谱线重合。使用这种方法，可以获得更高精度。对于边缘测量，埃弗谢德使用简正法，因为没有重复负片。埃弗谢德发现，由于边缘附近的所有谱线宽化，与较高色散四阶底片相比，色散较低、对比度大的三阶光谱"更令人满意"。基于10个可测谱带平均位移的初步结果，似乎表明存在爱因斯坦位移（表7.1）。[27]

埃弗谢德强调了其结果的初步性质，因为边缘和中心的单个底片皆显示出"有些不一致的值"，在得出一个明确结论之前，有必要测量大量的底片。尽管如此，他的试探性观点支持爱因斯坦："南边缘底片的结果非常接近爱因斯坦预言的0.634千米/秒的位移，这些结果必须被认为明显有利于相对论效应。圆面中心的较小位移，容易用太阳气体向外的径向运动解释，这可能会产生中心处向紫端的部分补偿位移。"他强调，那些结果"与圣约翰的结果严重不一致"，并指出圣约翰的边缘测量乃基于与埃弗谢德所用的氰光谱不同区域17条小强度谱线的平均位移。[28]

表7.1　埃弗谢德日面边缘和中心的初步红移结果

	单位：埃	单位：千米/秒
北边缘光谱	+0.0057	0.44
南边缘光谱	+0.0080	0.62
圆面中心	+0.0037	0.29
爱因斯坦预言		0.634

《天文台》的编辑报道"一种奇怪感觉，日食照片中星像的位移情况与光谱位移情况相反。在前一种情况下，最好的证据是完全有利的，较差的证据通常不利于完全位移。在后一种情况下，最好的证据对这种效应的存在完全不利，但是大量较差的证据支持它"。他们很快指出，"其他证据的劣等很大程度上是仪器设备的问题，在选择要研究的材料时会产生必然后果"。圣约翰的太阳图

像更大，色散“是埃弗谢德的1/3”。埃弗谢德发现，较低色散对于边缘底片更令人满意，“只有在边缘底片中他才能得到完全爱因斯坦位移”。编辑们的结论站在反对者一边：“证据的砝码仍然在怀疑论者身上，即在那些认为爱因斯坦广义相对性理论不涉及谱线的位移一边。”[29]

埃弗谢德很快为自己辩护。在科代卡纳天文台设计摄谱仪之前，他在威尔逊山天文台待了一个月，那里的摄谱仪“在本质上与”圣约翰在相对论位移研究中使用的“相似”。埃弗谢德的威尔逊山仪器经验“让我开始在科代卡纳从事摄谱仪设计中完全不同的谱线”。他引用自己在威尔逊山天文台探测太阳黑子中的视向运动（埃弗谢德效应）之前的发现，作为他理论优势的证据。他认为，在日面边缘靠使用大的色散得不到任何好处，而使用较小的太阳图像在这项工作中具有决定性的优势。“决定支持还是反对太阳中爱因斯坦位移的困难，在于证据本身的矛盾性质，”他坚持说，“这不是衡量在威尔逊山和科代卡纳所做测量的相对精度的问题。”[30]

埃弗谢德强调，氰带即使显示在边缘的爱因斯坦位移，并不能决定这个问题，因为在其他需要解决的物质谱线中有异常。他提醒读者，他已排除了压强位移的可能性，其他人也证实了他的结论。他呼吁对铁线进行更多研究，“而不是在难度大得多的氰带谱线上浪费更多时间”，他希望“通过与威尔逊山合作”，这个问题可能会得到解决，并得出明确结论。他的结论是，最近关于铁线的研究“并不完全不利于爱因斯坦效应，它叠加在圆面中心处产生其最大效应的运动位移上”。然而，他指出，他的金星观测结果仍然是个障碍，除非能证明它们“受到一些尚未探测到的误差源的影响”。他觉得“很难相信”圣约翰的建议，即狭缝那不均等的光照导致了他的结果。[31]

到1921年底，局势仍然没有解决。“由于对这个问题的无数零碎的攻击，”海尔报告说，“情况变得越来越复杂和不令人满意，圣约翰先生的简要摘要如下所示。”[32] 到那时，圣约翰得出了与埃弗谢德同样的结论，即氰线不能解决这个问题。他指出，在对太阳大气中气体运动和压强位移的完全不同假说下，不同研究人员使用相同氰线所报告的位移等于那个相对性量值。在威尔逊山，哈罗德·D.巴布科克对这些谱线的研究未能证实某些结果。此外，阿瑟·S.金发现，氰带谱线相对强度随炉温的变化而变化。伯克利的雷蒙德·T.伯奇（Raymond T. Birge）最近发现了大量不同系列的氰线的重叠。圣约翰总结道："考虑到这些谱线叠加，相对强度随温度的变化，以及太阳光谱中的谱线密度，似乎氰带不太适合作为该理论的明确验证。"[33]

至于使用其他元素谱线的研究，问题大同小异。圣约翰批评了阿尔弗雷德·佩罗（Alfred Perot）、夏尔·法布里和亨利·比松（后两人宣布的位移大致相当于那个相对论预言）最近的出版物很大程度上基于关于压强效应和运动效应的无根据假设。他认为解决这个问题的唯一方法是，开展一项广泛运动来研究太阳红移的所有原因："如果相对论要在夫琅和费线的位移中找到确证，这个问题就必须设想为一个整体，而不是附带的部分，就会发现引力效应一致的、可能的作用。"[34] 海尔说得更坚决，他指出，圣约翰和埃弗谢德都没有找到那种预期的位移。他报告说，圣约翰和巴布科克"用改进的仪器，重新发起了攻击，包括许多粗心大意的光谱学家所忽视的程序上改进，他们中的一些人发现不难确证爱因斯坦预言。"[35]

围绕爱因斯坦理论第三次验证的争论，继续困扰着那些想要宣布相对论被证实的人，给那些更愿意看到该理论被否证的批评者带来了希望。英国天文学机构指望威尔逊山天文台的先进技术一劳永逸地解决这个问题，而对埃弗谢德却不那么有信心，这让他很懊恼。埃弗谢德锲而不舍继续工作，并最终得出结论，太阳确实存在引力红移。

埃弗谢德把票投给爱因斯坦

1923年，从印度天体物理学家梅格·纳德·萨哈（Megh Nad Saha）那里，埃弗谢德得到了反对太阳大气中的巨大压强的强有力证明。萨哈提出了一种电离理论，使英国剑桥的拉尔夫·霍华德·福勒（Ralph Howard Fowler）和爱德华·阿瑟·米尔恩（Edward Arthur Milne）得以计算出太阳反变层的压强一定非常低。[36] 埃弗谢德立即意识到，他现在可以利用弧中受到压强影响的金属谱线测量太阳红移，只要他修正了压强位移的相应弧光谱，就可以得到同测量氰带一样精确的太阳红移。[37]

同年，埃弗谢德报告了一系列明显有利于相对论的结果。他对强铁线的测量，被认为起源于太阳大气的高层，显示了超过爱因斯坦预言的位移，边缘位移比中心位移更大。对1914年、1921年、1922年和1923年拍摄的底片进行比较测量，表明这些谱线并不随时间恒定，特别是在边缘光谱中。埃弗谢德认为，此种过剩红移可能是由于某种不稳定。对于来自太阳大气低层的较弱谱线，"结果与预言更为一致，而且在整个太阳黑子周期，波长相当恒定"。[38] 红移随频率的变化，也符合相对论效应。对于紫外谱线和红谱线，边缘的相应多普勒频移为0.75千米/秒，中心为0.46千米/秒，而预言值为0.634千米/秒。11条中频的中等强度谱线，平均边缘位移为0.71千米/秒，中心为0.45千米/秒。埃弗谢德再次通过叠加的上升运动解释较低的中心位移，这不会出现在边缘上（与视线相切）。他指出，圣约翰之前报告的镁三重线的位移，这对爱因斯坦位移太小了，包括"弧中不允许此种压强"。[39] 埃弗谢德应用修正后，得到了非常接近爱因斯坦值的结果。他还提交了关于钠的D线的新测量，得出的红移非常符合相对论。总的来说，他对个别谱线的结果令人印象深刻。

埃弗谢德还写了一份关于金星工作的简短报告。他固持己见，即"由于这颗行星的低海拔"，这些结果"不可能是由于大气色散的效应"，他承认"这些底片给出的结果并不可靠"。[40] 利用"专为金星研究而建"的新棱镜摄谱仪，埃弗谢德采用了1921年11月和12月拍摄的一系列12幅光谱。由于金星被背对地球的太阳半球所照亮，这些测量"给出了与直射太阳光的对照底片非常一致的位移"。埃弗谢德1922年4月和6月又拍了6张底片，当时金星是一颗昏星，得出同样结果。"因此，我认为这些结果是最终结果，"埃弗谢德总结道，"这证明了向红端的位移，是由来自太阳任何部位的光引起的。"

消除了地球效应，发现了爱因斯坦关于金属谱线边缘位移的预言数量级的位移，埃弗谢德准备投票支持相对论：

纵观整个证据，在我看来，爱因斯坦效应存在于太阳光谱中是毫无疑问的。整个太阳表面，以及在那看不见半球的观测位移，皆无法用运动、压强或反常色散予以解释。假设引力效应是主要因素，那么现在还需要解释紫外线中的高层面谱线（尤其是日面边缘）显示出的相当过量的位移，以及在整个光谱中观测到的个别谱线位移的巨大差异。[41]

大约在这个时候，圣约翰的详细调查开始指向一个与埃弗谢德相似的方向。他和塞思·尼科尔森在1920年后通过进一步观测，满意解决了金星问题。他们推导并验证了一个经验公式，即来自金星的偏折太阳光的红移是该行星高程和图像大小的函数。当金星在其轨道上运行时，它在天空中的高程发生了变化，低高程发生在金星-太阳-地球夹角很大之时。由于距离较远，行星盘尺寸也显得较小。根据圣约翰和尼科尔森的说法，低高程会将高频光从摄谱仪狭缝散射，与小图像相结合，产生狭缝的不对称照度。威尔逊山的天文学家将金星-太阳-地球大角度的谱线位移变化归因于这种高程效应。[42] 尽管埃弗谢德从未接受他们的解释，但他们的细心工作有助于将不受欢迎的地球效应从关于红移的讨论中移除，直到埃弗谢德后来的测量永远消除了他的建议。

圣约翰关于太阳谱线位移的平行工作，正如他在1920年所承诺的，被证明是有系统的。他从三个方面着手解决这个问题：

1. 地球波长的精确测定；
2. 太阳波长的精确测定；
3. 对引起太阳谱线位移原因的广泛研究，如一般和局部对流、横向位移、压强和密度分布的可能影响，以及不规则折射和色散。[43]

第一项调查与一项正在进行的国际努力有关，该努力旨在建立铁弧光谱的通用标准，供世界各地的光谱学家使用。第二项努力得到的数据，将为新的标准太阳波长表提供基础，并为引力红移的讨论提供材料。作为第三个项目的一部分，圣约翰和哈罗德·巴布科克研究了整个太阳谱线中的边缘-中心位移问题，而与弧光谱线的比较无关。他们需要解释与中心谱线相比，边缘谱线过剩红移和谱线普遍宽化，这被称为“边缘效应”。圣约翰用摄谱仪工作，而巴布科克用干涉仪独立工作。到1923年秋天，两项研究都证实了边缘位移随着波长增加而增加，并依赖于谱线强度。[44]

1923年5月，圣约翰开始感到，他在这个问题上所做的长期努力，可能会凝聚成一个关于太阳谱线位移原因的连贯假说。他在写给海尔的信中说，相对论效应似乎是其中一个影响因素：

我正在对引力位移加倍努力，第一次对付这样的效应。为了摆脱压强，我试图使用高能级谱线，如Mg三重线，绿色谱线和紫色谱线，3 900度的Al线，4 226度的Cu线和D线。很难获得准确的太阳和地面测量值。看起来这些谱线可能会显示，大约在合适数量级中心位置的位移，实际上在边缘的位移与中心位置的几乎相同。如果事实果真如此，我看不出这种行为还有什么其他解释。

然而，还有一些问题。圣约翰仍然认为，“巨大的太阳谱线（从结果来看）给相对论的观点带来了巨大困难”。假设压强为零，圣约翰告诉海尔，中等强度的谱线“未给出大的位移，如果考虑边缘位移，就更麻烦了”。对于低强度谱线，“太小”的位移在中心获得，“边缘位移不大”。尽管如此，圣约翰现在有了一个工作假说：

在我看来，至少有三件事在起作用，我试图将观测到的结果与某个工作假说相调和，目前的工作假说是：所有谱线都有爱因斯坦位移；低能级谱线的多普勒效应会降低爱因斯坦效应。这在边缘消失，表现为边缘-中心位移。对于大多数中等强度谱线，没有多普勒效应，而是有由反常折射造成的边缘-中心位移，根据尤利乌斯的研究，对于弱谱线和极强谱线，边缘-中心位移较小，而对于中等强度谱线，边缘-中心位移最大。这只是一个工作假说，但它具有指导调查的优点。

圣约翰在这个问题上研究了近10年，他若有所思地说："我希望活得足够长，至少能在太阳源和地球源的相对波长的有效原因方面满足我自己的想法。"[45] 海尔向他这位同事和朋友保证，"确信你长期细致的工作最终会得到回报"。当时海尔在英国，尽管他承认由于慢性疲劳症"我不得不避免在这里讨论"，"我必须告诉金斯你正在做的事情，看看他对太阳中的谱线位移有什么新的看法。"[46]

威尔逊山的天文学家推进太阳红移工作时，利克天文台的同事继续研究日食问题。坎贝尔决定，在柯蒂斯的测量和计算得到彻底复核之前，不公布他1918年日食的结果。利克天文台的天文学家研究这个问题的同时，正在为下一次将在澳大利亚可见的日食做准备。他们在解决戈尔登代尔项目问题时遇到的诸多困难，给了他们宝贵经验，使第二个项目取得了成功。

第 8 章　更多的日食验证

利克天文台人事变动

1920年的头几个月，柯蒂斯稳步地研究戈尔登代尔问题，可是没有完成任务。尽管在利克天文台的生活很愉快，但接替施莱辛格（拟去耶鲁大学读书）担任阿勒格尼天文台台长，外加6 000美元的薪水，把他吸引到了东部。柯蒂斯于4月16日正式提出辞呈，并将7月定为离开利克的日子。[1] 他搬到阿勒格尼的时机，对坎贝尔来说很尴尬，因为爱因斯坦难题留下了一个烂摊子。在这个时候，通常对关于戈尔登代尔结果方面信息的请求，他的反应是听从柯蒂斯，如同他被查尔斯 · E. 亚当斯（Charles E. Adams，新西兰赫克托天文台台长）问到时所做的。亚当斯当时正准备观测那次澳大利亚日食，他想知道利克天文台的戈尔登代尔底片是否“证实了英国人的观测结果”。坎贝尔的回答是，柯蒂斯还在努力：“到目前为止，他还不能确信我们1918年的日食底片证实了爱因斯坦效应。然而，这条评论不应发表。”[2]

坎贝尔很快找到了一个人，来解决爱因斯坦难题：最近从阿勒格尼天文台来利克（填补空白）的罗伯特 · 特朗普勒（Robert Trumpler）。特朗普勒出生在苏黎世，曾在苏黎世和哥廷根学习，并于1910年在天文学家莱波尔德 · 安布龙（Leopold Ambronn）指导下获得博士学位。1908年他到达哥廷根，适逢赫尔曼·闵可夫斯基提出了相对论的四维表述。1915年，特朗普勒来到美国，在阿勒格尼天文台担任助理。他的工作主要是观测，对昴星团进行了详细研究。[3]

特朗普勒1919—1920年以马丁·凯洛格研究员的身份去了利克。他打算尽快完成昴星团的工作，他若在瑞士得到一个好职位，则将返回那里。坎贝尔得知柯蒂斯要离开，给特朗普勒提供了一个助理天文学家职位，年薪1800美元。[4] 特朗普勒在利克待了15年。他在昴星团精确恒星摄影方面的训练，非常适合于测量日食底片上的恒星位移。还有一个额外好处。特朗普勒是美国唯一一位有能力处理相对论理论方面的天文学家。在英国人日食结果公布后不久，天文学家保罗·比菲尔德（Paul Biefeld）给利克的特朗普勒写信说："我知道你很好掌握了（相对论）理论，你可以给我一些基本要义。" 5年后，利克的天文学家威廉·赖特夸口说："我们天文台有一位相对论专家（特朗普勒博士）。"[5] 然而在1920年，坎贝尔还没有意识到特朗普勒在这方面的潜力，他对柯蒂斯的离开深感遗憾。

柯蒂斯离开之前，坎贝尔发现柯蒂斯测量日食底片的程序是他工作中出现的大概然误差的来源。作为补救措施，坎贝尔设计了一个中间底片，上面有几对短的菱形刻线，刻线成直角，在与白昼底片、夜间底片上的星像位置相对应的点相交。在他修改后的测量程序中，日食底片和中间底片，以日食底片的乳化液面同中间底片的直纹面面对面接触。带测微计的显微镜可以很容易移动到每一幅星像上，并能快速准确测量出星像与两根标尺交点之间的距离。夜间比较底片相对于中间底片的测量方法相同。"柯蒂斯感谢我偶然发现了这个简单而准确的装置，可以将昼夜爱因斯坦底片进行不同而准确的比较。" 坎贝尔在给斯莱辛格的信中写道："1920年6月，在去阿勒格尼之前，他立即用这种办法规整了中间底片和相应的夜间底片。这一结果大大改善了他的绝对测量计划。"[6]

针对洛厄尔天文台斯里弗和利克天文台艾特肯的建议，约瑟夫·海恩斯·摩尔（Joseph Haines Moore）在塞缪尔·布思罗伊德为数学学会、物理学会和太平洋天文学会组织的相对论联合研讨会上公开提到了改进措施。布思罗伊德邀请查尔斯·圣约翰来演讲“广义相对论的天文支承”。[7] 会议于1920年6月举行。坎贝尔的使者摩尔，就这样报告了那里发生的奇怪转折：

> 不幸的是，圣约翰博士没有出席，而令我们惊恐的是，刘易斯教授和我被要求在几分钟内完成他的结尾。幸运的是，我熟悉英国天文学家的工作，当然也借此机会对他们的杰作表示钦佩，并说明他们的成果。在这方面，我谈到了L. O.（利克天文台）的考察队，解释了我们工作中遇到的困难，因为我们的仪器设备没有及时从俄罗斯运来，测量和底片讨论工作也因战争而延迟，在一份声明中，底片被一种方法重新测量，我们相信此种方法比前面使用的底片测量方法拥有相当大的优势，其结果被柯蒂斯去年在帕萨迪纳提出。

摩尔暗示，新方法做出的测量结果与爱因斯坦理论不相容。“我们谈到的各种观点，”他写道，“特别是关于‘1.75的位移很容易测量’这一常见说法，这是正确的，但我们并未测量这么大的位移，这相当有力冲击了一些人。”[8]

与戈尔登代尔结果的公告相矛盾

柯蒂斯在用新方法获得最终结果之前离开了利克。坎贝尔很快就把阿德莱德·霍布（Adelaide Hobe）基于重新测量的第一批计算结果（表8.1）寄给了他。由于概然误差仍然很大，坎贝尔写道，他“暂时考虑请特朗普勒博士在接下来两三天里和我一起检查一下计算结果，看看能否找到改进的机会”。[9] 这句话，是特朗普勒可能参与爱因斯坦研究的第一个迹象。

表8.1　霍布小姐的新戈尔登代尔结果

底片2：	赤纬	+0.″11 ± 0.″16
	赤经	−0.″35 ± 0.″27
底片3：	赤纬	+0.″40 ± 0.″16
	赤经	+0.″18 ± 0.″45

事实证明，柯蒂斯在利克最后几个星期的匆忙导致了这个大概然误差。“很抱歉，结果似乎不确定，”柯蒂斯向坎贝尔道歉，“而且比我以前的解决方案的概然误差更大。”除其他困难外，中间底片模糊了他在以前“最终”解决方案中使用的一幅星像。为了补偿，他又增加了4颗恒星。“也许这是一个错误，”他承认，“如果把我之前用过的恒星去掉，去掉我加的4颗恒星，当然还有我得不到的那颗恒星，用同样一些恒星完成这个解决方案，可能会有好处。”然而，柯蒂斯开始怀疑，从这些数据中无法挤出更多东西，他希望这些结果能很快在9月即将到来的天文学会议上公布。[10]

坎贝尔很快回复，要求柯蒂斯暂时对那些爱因斯坦结果保密，因为目前工作中出现了潜在的严重误差，“部分原因是将数据从记录本转录到计算表时出现了错误”。[11] 柯蒂斯承认，他可能在测量、抄写和计算方面犯了失误，“因为过去两个月我在山上承受着巨大压力，这**永远不会**有回报”。柯蒂斯建议特朗普勒忽略一切，他告诉坎贝尔，日食底片上的某些铅笔记号是错的“显然是我在戈尔登代尔暗室里犯的错误”。他还承认，在计算修正系数时存在错误：“回想起做过两次，一次是在离开前一天；我想它复核过了，每次我脑子里肯定都有同样怪癖。”他放弃了让坎贝尔为正式宣布结果准备材料的努力。“很长一段时间都不需要幻灯片，我看得出来。”[12] 坎贝尔自己用中间底片法重新测量了两张戈尔登代尔底片中较好的那一张；但当他做比较底片时，“我看到星图上的恒星在赤纬中被拉长的程度，就放弃了。我没想到风对这张照片造成了如此大的破坏”。他决定拍摄一套新的比较底片。“就在最近，摩尔博士给了我一个有价值的建议，我们把夏博透镜安装在合适木管上，在克罗斯利反射镜的一侧，并为导星而使用该仪器及其出色的转仪钟，连同其所有的优点。我在10秒钟内决定这么做。我想知道为什么以前没人想到这一点。胡佛（Hoover）会在第一场风暴来临时制作摄像管，我们计划在11月第一周拿到星图底片。”[13] 但柯蒂斯并不认为进一步改进就能改善结果。“在我看来，这里的极限是由日食底片的特性决定的”。[14]

第一次获得新的星图底片的机会，是在11月暴风雨之间和恶劣条件下。这些底片被曝光了，或者说是过度曝光了3分钟。之前的比较底片的麻烦，不仅仅是像坎贝尔假设的那样是风。透镜的像差，使星像从星场中心拉长。坎贝尔决定再试一次，用1分钟曝光，但他现在怀疑夏博透镜能否“肯定或否定回答那个爱因斯坦问题”。[15] 新的曝光若证实了这一判断，他将准备放弃这个无望项目，并发表一份描述这次失败努力的适当声明。

柯蒂斯同情地说："看来我一年的工作都完蛋了。”他同意应该立即做出明确披露，并描述1918年日食所引起的所有麻烦。他建议坎贝尔“关注我们从俄罗斯来的日食透镜的糟糕结果”，因为他觉得夏博透镜组和3英寸（约7.6厘米）口径“祝融星”透镜组“确实同样糟糕”，而且没有双透镜适合爱因斯坦难题。柯蒂斯希望，如果可能的话，坎贝尔也能给出一些结果。“这件事完全由你处理。也许最好，按照你的建议，只是陈述，作为广泛测量和验证的结果，‘我们被迫得出结论，没有足够明确的结果可以担保戈尔登代尔底片结果的公布是一个值得信赖的权威，支持或反对偏折效应的存在。’然而，我个人更倾向于在对这些底片、测量和结果进行简要描述之后，加上以上陈述。”

柯蒂斯寄出了一张表，其中包括为（1900年日食）2张戈尔登代尔底片和6张夏博天文台底片计算的偏折值，连同每一次测量的恒星数量及其相对可靠性，戈尔登代尔的优点最少。作为结论，他建议把日面边缘的引力偏折的平均结果设为0.″87，但强调：

由前面给出的数据到所使用底片的特点，从单独底片的概然误差，从个别结果严重缺乏一致，我们不相信这些结果允许支持或反对爱因斯坦或其他偏折假说，这些不定结果只是作为记录被公布，等等。

如上所述，一个简单而坦率的声明，对不定结果的保证，非但不会伤害到利克天文台，反而会增加它享有的明智和保守的声誉，以及在它能够兑现承诺之前不公布理论的声誉。当爱因斯坦理论被抛弃时，正如我预言的那样，它将在10年内被抛弃，这些否定结果或不定结果将比当前更受到重视。[16]

然而，坎贝尔决定继续研究这个难题。摩尔帮助他“努力用克罗斯利反射镜获得1918年星场尽可能好的照片”，[17] 到1921年3月初，对2张戈尔登代尔底片的另一次测量正在进行中。“为了与你1918年那2张爱因斯坦底片进行比较，我们与天气进行了长期斗争，以获得令人满意的底片。”坎贝尔向柯蒂斯报告，“经过两个半月的等待，2月中旬终于迎来了好天气，我们发现正确的曝光时间是20秒。”[18] 但如我们所知，日食底片有“非常低劣”的清晰度，看起来比最新的复核底片（check plates）更糟糕，而且坎贝尔对概然误差在最终解决方案中减少“不是很有希望”。他毫不费力发明了另一种测量诸多底片的方法。由一盏电灯放置在待测量星像后面1米左右，并与测微望远镜的轴线对齐，他照亮“图像和菱形刻线”。“不仅日食底片上的星像更加清晰，菱形刻线也堪称完美。”[19]

尽管如此，最终公告还是被推迟了。到4月初，坎贝尔几乎完成了用短焦镜头拍摄的底片（2号底片），并且“很快就会有结果可以交流。在宣布任何结果之前，我们还将进行几项复核。”[20] 至于它的同伴，“摩尔博士完成了对另一张日食底片和夜间底片的测量，对这两张底片的测量进行了一半。我们不知道最小二乘解会给它们带来什么。”[21] 为了进一步扩大这种痛苦的重新评估，坎贝尔现在想重新制作1900年的格鲁吉亚日食底片，那是柯蒂斯一年多前从奥克兰夏博天文台查尔斯·伯克哈特那里借来的。[22]

坎贝尔此时此刻，承受着巨大压力。自从去年7月以来，除了在利克天文台和加州大学伯克利分校的行政工作外，他一直全身心投入到爱因斯坦难题上。春天的到来，意味着各全国科学协会的年会，同时邀请他们到东部大学演讲。坎贝尔决定不去东部。他投入到重做格鲁吉亚日食底片的任务，就向同事透露，这项工作让他“严重焦虑和后悔不迭”，并且“让我失眠”超过一年。[23]

大约在5月中旬，坎贝尔写信给柯蒂斯说，特朗普勒刚刚开始“我认为是计算工作的最后一部分”。[24] 柯蒂斯同意坎贝尔的观点：转仪钟的不规律，只能解释戈尔登代尔图像出现的部分原因。他现在相信，木支架和木管不够坚固，当仪器通过不同的时角（hour angles）移动时，会产生一点“变形”。柯蒂斯计算出，整个管子只需要移动1/250英寸（0.010 16厘米），就会导致底片上5英寸

（12.7厘米）的偏折，“而这对于木质框架来说并不算大”。他继续考虑布拉希尔为利克天文台远征澳大利亚而制造的新型四透镜组（quadruple lenses）的刚性要求。他描述了这种管的栅格设计，他认为这种管的刚性足以使天顶与地平之间的偏差不超过0.001英寸（0.002 54厘米）。为了确保得到“完美、圆润的图像……在日食营的临时条件下”，他强调有必要“达到诸管和轴的刚性极限，以及转仪钟的卓越性能”。[25]

坎贝尔和柯蒂斯继续就有关1922年日食计划，以及1923年日食的准备通信；但是，坎贝尔曾承诺告诉柯蒂斯的1918年和1900年日食的结果从未兑现。接下来一年中，两人讨论了许多共同感兴趣的事情，除了日食，对这些结果却只字未提。

尽管坎贝尔在展示自己劳动成果时十分谨慎，但他还是在（美国科学促进会太平洋分部，1921年8月在伯克利举行）天文会议上发表了一项声明。洛厄尔天文台台长埃德加·卢西恩·拉金（Edgar Lucien Larkin）在《纽约美国人》（*New York American*）上发表了唯一一篇关于其否定结论的书面报告《爱因斯坦理论未被证明》。正文如下：

最近在伯克利举行的会议有一个引人注目的特点，那就是一篇论文，用幻灯片做了说明，其中天文学家威廉·华莱士·坎贝尔发表了1918年6月8日在戈尔登代尔华盛顿站日全食那一刻对太阳的观测……（测量）工作花了好几个月。所有这些辛苦工作的第一个结果是，利克天文台远征观测队获得了从一角秒的极其遥远恒星所发出光线弯曲的测量值，略多于爱因斯坦所预言偏折的一半……在坎贝尔博士这篇颇具价值论文的结尾，他说此种光线弯曲并没有解决这个问题……生怕我没听清楚，在他演讲结束时，我问他我是否听明白。他的回答是：“是的，爱因斯坦理论还没有定论。”这些话很重要，因为这是首屈一指的天文学家说的，他花了一年多的时间准备，还花了更多的时间做最终归算。

（于是）天文学家和天体物理学家乔治·艾勒里·海尔，世界最大天文台的规划师，安装在威尔逊山100英寸（254厘米）巨镜使用前那架强大的太阳单色光照相望远镜（spectroheliographic telescope）的发明家，起身致辞评论坎贝尔现在的历史性工作，结论为："我仍然对爱因斯坦理论持观望态度。"

拉金的结论是："在我看来，爱因斯坦的所有其他假说都可以被'搁置'，被认为是'不确定的'……这种弯曲可能是由于光能波由日冕稀有气体的折射所产生，它们必须通过日冕才能到达地球。"[26]（图8.1）

坎贝尔似乎打算在伯克利宣布之后，发布那篇期待已久的最终报告。从1921年11月写给戴森的一封信中，我们知道了他关于这桩爱因斯坦事业的计划和苦恼：

我过去两年多一直很不开心，尤其是对柯蒂斯博士在1918年日食时为验证爱因斯坦假说所做努力的结果。柯蒂斯博士离开后，同摩尔博士一起，我就1918年底片和1900年底片做了大量工作，打算很快公布这个不定结果。事实是，我们不应该试图用不完美、未经考验的镜头对这个课题进行观测，我们只是在1918年日食前一个月借来镜头，当时很明显，我们自己的日食设备已经从俄罗斯发出9个月了，无法及时赶到。我们辛辛苦苦劳作，某些结果初步声明已然做出，我将试目以待其最后发表，让天文学家们自己判断我们结论的分量和价值。[27]

根本没有公报发表。

为什么坎贝尔最终决定不公布他的研究结果？毫无疑问，他希望能从1922年的澳大利亚日食中获得更好的数据，并且能够舍弃1918年的麻烦材料。《纽约时报》上一篇关于坎贝尔结果的错误报道，很可能印证了这一做法。在坎贝尔提交否定结果后不久，这篇报道引起了他的注意。这则新闻与亨利·诺里斯·罗素有关，罗素1921年夏天拜访了坎贝尔，并讨论了他的日食结果。1921年12月初，坎贝尔收到了一封来自新创的科学服务社（Science Service）编辑爱

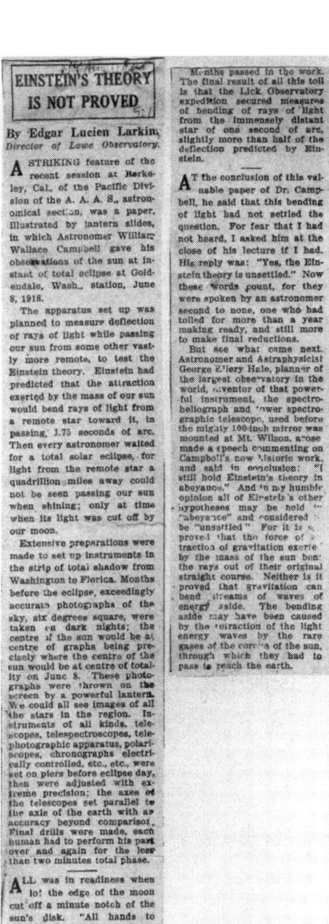

EINSTEIN'S THEORY IS NOT PROVED

By Edgar Lucien Larkin, Director of Lowe Observatory.

A STRIKING feature of the recent session at Berkeley, Cal., of the Pacific Division of the A. A. A. S., astronomical section, was a paper, illustrated by lantern slides, in which Astronomer William Wallace Campbell gave his observations of the sun at instant of total eclipse at Goldendale, Wash., station, June 8, 1918.

The apparatus set up was planned to measure deflection of rays of light while passing our sun from some other vastly more remote, to test the Einstein theory. Einstein had predicted that the attraction exerted by the mass of our sun would bend rays of light from a remote star toward it, in passing, 1.75 seconds of arc. Then every astronomer waited for a total solar eclipse, for light from the remote star a quadrillion miles away could not be seen passing our sun when shining; only at time when its light was cut off by our moon.

Extensive preparations were made to set up instruments in the strip of total shadow from Washington to Florida. Months before the eclipse, exceedingly accurate photographs of the sky, six degrees square, were taken on dark nights; the centre of the sun would be at centre of graphs being precisely where the centre of the sun would be at centre of totality on June 8. These photographs were thrown on the screen by a powerful lantern. We could all see images of all the stars in the region. Instruments of all kinds, telescopes, telespectroscopes, telephotographic apparatus, polariscopes, chronographs electrically controlled, etc., etc., were set on piers before eclipse day, then were adjusted with extreme precision; the axes of the telescopes set parallel to the axis of the earth with an accuracy beyond comparison. Final drills were made, each human had to perform his part over and again for the less than two minutes total phase.

ALL was in readiness when lo! the edge of the moon cut off a minute notch of the sun's disk. "All hands to place." Photographs were secured as rapidly as plates could be put in, exposed and taken out. The discipline had been so absolute that each one did his duty—no trace of mistake. Then the plates had to be taken home to the Lick Observatory, developed, and then came the very difficult task of measuring over and again with accurate micrometer in plate-measuring machines.

Months passed in the work. The final result of all this toil is that the Lick Observatory expedition secured measures of bending of rays of light from the immensely distant star of one second of arc, slightly more than half of the deflection predicted by Einstein.

AT the conclusion of this valuable paper of Dr. Campbell, he said that this bending of light had not settled the question. For fear that I had not heard, I asked him at the close of his lecture if I had. His reply was: "Yes, the Einstein theory is unsettled." Now these words count, for they were spoken by an astronomer second to none, one who had toiled for more than a year making ready, and still more to make final reductions.

But see what came next. Astronomer and Astraphysicist George Ellery Hale, planner of the largest observatory in the world, inventor of that powerful instrument, the spectroheliograph and tower spectrographic telescope, used before the mighty 100-inch mirror was mounted at Mt. Wilson, arose made a speech commenting on Campbell's now historic work, and said in conclusion: "I still hold Einstein's theory in abeyance." And in my humble opinion all of Einstein's other hypotheses may be held in "abeyance" and considered to be "unsettled." For it is not proved that the force of attraction of gravitation exerted by the mass of the sun bends the rays out of their original straight course. Neither is it proved that gravitation can bend streams of waves of energy aside. The bending aside may have been caused by the refraction of the light energy waves by the rare gases of the corona of the sun, through which they had to pass to reach the earth.

图8.1　报道坎贝尔宣布他的修正戈尔登代尔结果的一篇文章的新闻剪报（1921年8月），显示光线偏折小于爱因斯坦预言值。（加州大学圣克鲁兹分校大学图书馆利克天文台玛丽·莉·沙恩档案馆提供）

德华·E.斯洛松（Edward E. Slosson）的信。[28] 坎贝尔非常熟悉这个刚成立不久的组织，它是圣地亚哥的E.W.斯克里普斯（E. W. Scripps）的构想。斯克里普斯想要创建一个传播科学新闻的大众网络。他招募了一些杰出科学家，帮助他建立一个科学新闻机构。全国各地的科学家可以向华盛顿特区一个中央机构提交关于最近科学进展的文章，这些文章在那里经过编辑，然后发送给媒体。坎贝尔是斯克里普斯邀请实施这项服务的五人筹备委员会成员之一；但他最终还是觉得有必要放弃自己的职责。尽管如此，他仍然对这种努力表示支持。科学服务社正式成立时，他敦促同事们定期为它撰稿。[29] 斯洛松最初对利克天文台即将到来的澳大利亚日食计划感兴趣，坎贝尔承诺会寄一份报告。但斯洛松的注意力，很快就转移到坎贝尔过去的日食工作上。他寄给坎贝尔"一份今天《纽约时报》的剪报……关于您通过早期照片对爱因斯坦理论的证实"。他问这位利克台长，是否可以"给我一篇关于这些结果的简短的非技术文章，解释它们与爱因斯坦理论的关系？您这样的声明，将有助于防止未经授权的谣言和浮夸的传播"。[30]

这篇题为《爱因斯坦理论再次得到验证》的文章，副标题是"利克天文台坎贝尔教授证实了太阳光线曲率的计算结果"。由恩斯特·格尔克和菲利普·勒纳在德国发起的反爱因斯坦运动，已经渗透到大西洋彼岸，并被美国媒体捡起来。记者们不加批判地重复了1801年德国天文学家约翰·冯·佐尔德纳曾预言太阳的引力场会使光线弯曲的故事。《纽约时报》报道："佐尔德纳的工作一直被遗忘，直到最近被德国科学家发现，他们一直在使用它展示上个世纪天文学取得的巨大进步。"[31] 事实上，这并不是复活佐尔德纳的目的。为了败坏爱因斯坦的名声，勒纳发表了冯·佐尔德纳那篇论文的节选，并附有自己的大量评论。勒纳是德国民族主义组织（德国自然哲学家研究小组）的成员。他把冯·佐尔德纳吹捧为爱因斯坦的先驱，以支持他的组织的说法，即爱因斯坦工作中任何有价值的东西都是"雅利安人"之前发现的。[32] 罗素知道勒纳故事背后的真正动机，他在记者面前为爱因斯坦辩护。罗素提到，广义相对论预言的结果不同于冯·佐尔德纳和爱因斯坦1911年的估算值。他指出坎贝尔的工作证实了广义相对论的结果，《纽约时报》抓住了这个故事作为标题。文章强调，坎贝尔"对爱因斯坦计算正确性的确认……已得到以下事实加倍强化，它是建立在多年观测的基础上的，而不是像1919年远征观测队案例那样仅仅基于一次日食"。[33]

坎贝尔没有理会斯洛松，但消息很快就传到了西部。《旧金山日报》主编给坎贝尔寄来了同样一篇《纽约时报》的文章，建议“对这个主题进行更广泛的解释，至多2500到3000字，将成为本刊星期日那一期上最有趣的特写。特别是如果爱因斯坦教授的结论确证早于英国天文学家”。坎贝尔立即回复道：“我未发表过关于这个课题的任何文章，也不准备发表。”他阐述了此中误解：“罗素教授8月份在这里，我向他描述了我的工作，然后到此为止。让我大为吃惊的是，他未向我提要求或获得许可，就把它（有点错误地）传给公众媒体。我希望适当时候能就这个课题发声。”[34]

坎贝尔觉得有必要把这件事和柯蒂斯联系起来，柯蒂斯多年来一直在等着看到一些具体结果发表：

有一篇文章在我国报纸上流传，说我在过去20年的观测证实了所预言的爱因斯坦日食–恒星位移。除了两年半以前在皇家天文学会发表一份谨慎声明外，我没有发表过关于这个课题的任何文章，我相信我对亨利·诺里斯·罗素教授的报纸言论负有责任。遗憾的是，他从我们去年在这里就这一课题所做工作中得出的明显结论与我的意见并不一致。我想应为你解释这点。[35]

尽管坎贝尔保持沉默，但斯洛松显然不知道罗素犯下了错误，仍然坚持：“我们很担心提前保护此种材料，因为一旦新闻以任何方式‘爆料’，就将（以强化形式）重燃公众两年前对爱因斯坦的兴趣，除非我们尽快准备好关于该课题的文章，否则这一领域将一如既往被无根据或耸人听闻的文章占据。我所研究的理论是一个农学家的理论，旨在主要通过种植好庄稼来抑制杂草。”[36] 坎贝尔封闭得更紧了。这种态度惹恼了柯蒂斯，他还在等着倾注了诸多劳作的日食项目的成果的某种陈述。坎贝尔给他一个机会表达自己的感受：

就爱因斯坦效应，通过检查你的测量，特别是计算，摩尔和我发现计算不是你的强项。核验你的计算结果让我感到非常抱歉，因为我没有坚持让你听从

（我两次提出的）那个建议：霍布小姐复核你的计算。这些表格包含了如此多的误差，我们认为你的最终结果相当具有原始测量的代表性，因为计算误差如此之多，它们本身也受制于偶然误差律！这些评论，不仅适用于戈尔登代尔的工作，也适用于伯克尔哈特的底片。我以非常友好的态度给您寄去这封信，希望你能原谅我把我认为对你有益的事情告诉你。我不建议你相信你的计算，无论是现在的还是将来的，除非你自己绝对独立地复核它们，或者由另一个来源进行独立复核。[37]

“关于您提到的误差，”柯蒂斯回复，“以前你也给我写过大致相同的话，我只能说，发生这样的事，令我非常懊恼，我觉得除了独立复核之外，其他事情我已做得够好了，**一如既往**！”但柯蒂斯还说了些别的：

我离开两年了。有时我感到有点难过，因为您从未写只言片语告诉我，您和霍布小姐使用改进后的测量方法的**结果**，以及更仔细复核过的计算。我想您也许是要把这些东西留到即将来临的日食以后，但您应该很了解我，知道如果您希望这样的话，我会把这些数字保密。我在那个项目上投入了相当多精力，即使它现在被认为毫无价值，也足以让我有权知道在没有犯错误情况下的事情真相。这让我觉得不太公平。[38]

这些努力带来了如此多的烦恼、失望和误解，也许，最重要的遗产是人们意识到，要收集适合验证爱因斯坦理论的日食数据需要许多预防措施和高标准。坎贝尔和同事们在使用夏博透镜、转仪钟和望远镜安装方面的不快经验，教会了他们如何准备在澳大利亚进行几分钟的测量。

英国观测结果公布后的头几年，利克的观测员们在各种会议上宣布了持续不断的否定结论，这使得对爱因斯坦理论的怀疑态度仍然活跃。罗素谣传坎贝尔已证实了英国结果，再加上他自己对这个理论的赞同，多少减轻了否定结果，但天文学家的普遍意见是赞成在1922年日食中重新验证这个效应。洛厄尔天文台斯里弗收到关于以太压缩所致引力理论的询问，推荐了T.J.J.西伊最近出版的《以太新理论》。[39]“备受争议的爱因斯坦理论在这个课题上也有很多话要说，而针对伟人牛顿提出的各种貌似满意的理论，还有待彻底证实——目前尚未出现。”[40]

围绕相对论的持续争论，影响了诺贝尔委员会的最终决定，该委员会负责提出1921年（追溯）和1922年的物理学奖。委员会面临着支持爱因斯坦的浪潮——16封推荐信。“想象一下，从今往后50年的普遍观点会是什么样子。”法国物理学家M.布里渊（M. Brillouin）说，“如果爱因斯坦的名字没有出现在诺贝尔奖得主的名单上。”大多数提名者希望爱因斯坦因相对论而获奖，尽管一些人引用了他在量子理论方面的工作，特别是发现光电效应。委员会委托了两份报告，一份再次是古尔斯特兰德的相对论报告，另一份是乌普萨拉大学物理学教授卡尔·威廉·奥森（Carl Wilhelm Oseen）关于光电效应的报告。古尔斯特兰德一直固执地批评相对论，而奥森则对爱因斯坦量子工作大加赞赏。① 委员会最终妥协，授予爱因斯坦1921年诺贝尔奖；但它选择不授奖给相对论，而是挑选爱因斯坦在光电效应方面的工作。[41] ②

为澳大利亚日食做准备

弗兰克·戴森决定派一支远征观测队去澳大利亚，确证英国人1919年观测结果和让那些批评者闭口。他交给阿瑟·欣克斯一个任务，调查日食发生的地理条件。1920年3月12日，欣克斯通知皇家天文学会，食带将从非洲东海岸开始，穿过印度洋，经过马尔代夫和圣诞岛（Christmas Island），傍晚到达澳大利亚。日食的登陆，并不吸引人。“日食轨迹到达澳大利亚九十英里海滩（Ninety-Mile Beach），海岸上一个令人绝望的部分，然后进入大沙漠。没有

① “以很出色的一招，奥森就看出如何解除对爱因斯坦和玻尔的反对。”载：《权谋》，169页。

② 《权谋》，171页。

着陆设施……除了骆驼之外，沙漠人迹罕至。方圆几百英里没有铁路，也根本谈不上汽车。”[42] 欣克斯认为澳大利亚第一个可行地点是南昆士兰的坎纳马拉（Cunnamulla），布里斯班铁路的终点站。日食将在下午4点左右到达。欣克斯还推荐了两个岛屿景点。戴森决定把观测站设在圣诞岛，在那里一家英国公司建造了耐用设备开采磷矿。他派出了哈罗德·斯宾塞·琼斯（Harold Spencer Jones）率领的日食远征观测队。

坎贝尔从新西兰天文学家查尔斯·爱德华·亚当斯（利克的前研究员）那里收集了关于九十英里海滩的额外信息。柯蒂斯从亚当斯发送的材料判断，该观测站“似乎打击了所有能找到它的人”。[43] 食带将进入澳大利亚，靠近一个邮政和电报联合站，称为瓦拉尔（Wallal，图8.2）。此时的太阳相当高（58°），日食将持续5分18秒，是所有可能观测站点中最长的一次。沙漠地区干燥，下雨机会不大。坎贝尔在给亚当斯的信中写道，他不同意欣克斯关于九十英里海滩“没有希望”的说法。他问道：“澳大利亚政府是否愿意在适当时候从珀斯或达尔文港（Port Darwin）派遣一艘小型政府轮船，到沃拉尔附近进行一次日食考察，然后返回出发地。”[44] 他给柯蒂斯写信，虽然那个地点“在时间、金钱和舒适度上都很昂贵……天文上的优势却如此明显，我不想放弃”。[45]

坎贝尔着手计划订购设备。英国约克郡的托马斯·库克父子公司（Thomas Cooke and Sons Ltd）设立了镜片制造的标准，但坎贝尔急于开拔。“我将就此课题跟库克父子通信”，他告诉柯蒂斯，“除了距离造成的巨大时间成本”。他向柯蒂斯咨询了有关光学规格的建议，布拉希尔公司要制造两个光圈5英寸（12.7厘米）、焦距15英尺（约4.6米）的四件套日食透镜组，“质量要能与英国库克父子的最佳产品相媲美”。他想确定在一个大星场上，星像是好的，他需要时间操练：“我要是订了透镜组，马上就要，这样特朗普勒或这里的其他人可能会在日食日期至少一年之前设置好完整的仪器，并通过实际实验确定我们可能预期的曝光时间、转仪钟控制、待测恒星位置概然误差等。”[46]

董事克罗克1920年10月通知坎贝尔，他将资助一支日食观测远征队，并授权购买两个爱因斯坦透镜组。柯蒂斯负责监督和验证布拉希尔公司的透镜组，

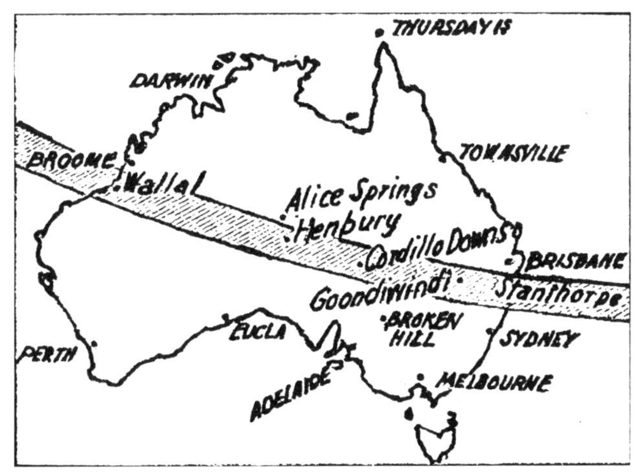

图8.2　横贯澳大利亚的食带图。（加利福尼亚大学圣克鲁兹分校大学图书馆利克天文台玛丽·莉·沙恩档案馆提供）

布拉希尔的工厂就在他附近的匹兹堡。虽然他很失望不能亲自去（他对坎贝尔说："我怀疑自己是否会设法获得前往澳大利亚的资金。""我们需要5 000美元才能把它做好，因为我们必须建造一切"），他慷慨解囊帮助坎贝尔的计划。这一次，事情都会搞定。"接下来10年，如果幸运的话，我们只有大约18分钟进一步验证偏折效应，看来这次澳大利亚日食应该被很好观测到，因为它是所有日食中最好的一次。"[47]

到1920年底，坎贝尔使澳大利亚观测日食的计划孕育成熟，如果可能，可以去瓦拉尔，否则就去昆士兰。两架平行的照相机将竖立在一个赤道装置上，各有四件套物镜，光圈5英寸（12.7厘米），焦距15英尺（约4.6米）。英国人使用了定天镜，一种由转仪钟驱动的平面镜，用来跟踪太阳，并将太阳图像反射到固定的主望远镜中，以避免给望远镜安装发条装置。坎贝尔在日食时总是使用转仪钟装置，他认为没有理由改变方法，因为定天镜有加热和扰乱图像的缺陷。[48] 他决定让特朗普勒负责观测，尽管特朗普勒在利克的职位较低："在我看来，爱因斯坦难题提供了确定准确恒星方位的困难极限。把这项工作分配给摩尔博士或其他专门受光谱学训练的天文学家，是不公平的：就好比不会游泳者跳入深水，而没有事先在浅水尝试。这项工作，应该由摄影恒星方位方面知识渊博、经验丰富的人来做。特朗普勒博士的经验就符合这些要求。”坎贝尔希望透镜组到达后尽快安装，并在昴星团上进行验证，“以确定透镜组可能会产生什么，评估难以预见的困难，并尽量消除它们”。他估计这些验证将“花费整整3个月”，且相信“特朗普勒就是那个搞定它们的人”。[49]

2月初，柯蒂斯验证了布拉希尔的第一批镜头。“它远远领先于双镜头，没有任何可比性。”坎贝尔和特朗普勒同意了，镜头在3月份运到了利克天文台。[50] 几个月后，柯蒂斯有机会看到英国人1919年日食底片。“它们确实是好底片。最远那颗恒星在一颗或两颗上显示出了一点彗发，但其余都是很好的图像。可是，我仍然没有皈依。我认为任何双镜头都不足以解决这个难题，觉得你的四镜头可以解决。”（他致信坎贝尔）[51]

随着澳大利亚日食的新镜头有待制作和验证，这个项目的一个新特点出现了。坎贝尔的原始项目是，使用各装备15英尺（约4.6米）焦距的布拉希尔四件套镜头两架照相机拍摄太阳的直接环境，一个大约5度 × 5度地区，提供照相底片上的大标度（天空中的45角秒，相当于底片上的1毫米）。为了获得围绕太阳的更大星场，并测量更多恒星，则需要较短焦距的镜头；但这将导致底片上的较小标度，还可能导致因透镜像差所致底片边缘附近失真。布拉希尔镜头的设计，是大线性标度和视野之间的最佳折衷。在春天，坎贝尔从伊士曼柯达公司的弗兰克 · E. 罗斯（Frank E. Ross）那里了解到一种新的短焦镜头，这种镜头可以不失真拍摄太阳周围的大片区域。[52] 罗斯敦促把他的一个新镜头用于爱因斯坦难题和另一个相关问题，后者以柏林天文台的莱奥 · 库瓦西耶的名字命名。库瓦西耶效应，是库瓦西耶1913年报道的用子午环由昼光观测到的每年折射周期。没有人成功证实了这一效应。1920年，库瓦西耶认为它可以解释1919年英国人的日食结果。[53] 坎贝尔决定在这对15英尺焦距四件套之外，再配上一对罗斯60英寸（即152.4厘米）焦距镜头。他从布拉希尔订购了这些镜头。[54] 利克项目现在包括了两对照相机，一对长焦距（约4.6米）用来得到太阳附近的放大景象，一对短焦距（152.4厘米）用来得到恒星的较大星场，这对研究恒星位移随与太阳角距离的增加而减小的细节很有用。

1921年秋天，坎贝尔收到通知，澳大利亚海军将直接为瓦拉尔站点和弗里曼特尔之间的日食观测者提供运输，省去了乘坐商业轮船去布鲁姆的必要。澳大利亚人的慷慨使得坎贝尔增加了利克观测远征队的规模，在此之前，该远征队仅由特朗普勒和他自己组成。坎贝尔的妻子和利克的光谱学家约瑟夫·海恩斯·摩尔，也会加入团队。坎贝尔在爱因斯坦项目中选择了特朗普勒而不是更为资深的摩尔，现在摩尔可能会来并得到其他观测结果。坎贝尔告诉在多伦多大学的钱特这个好消息，建议他也可以利用海军运输到瓦拉尔。“人多多益善”。坎贝尔还敦促戴森派一个英国团队前往那里。[55]

这次远征本来有望变成一次郊游，但在荒凉的九十英里海滩上长时间逗留并不吸引人；所以，坎贝尔发明了一种更舒适方式拍摄比较夜间底片。在日食发生3个月前，特朗普勒将那些爱因斯坦仪器带到塔希提（Tahiti），“那里几乎和瓦拉尔在同一纬度。”特朗普勒将在塔希提拍摄日食星场的比较底片，并在那里冲洗底片。在同一些底片上，他将拍摄在塔希提和瓦拉尔皆可观测到的另一区域夜空。归算该数据时，坎贝尔和特朗普勒将使用这个“辅助夜间星场”确定底片的标度。这就是爱丁顿在普林西比使用的方法。日食之际，坎贝尔打算每架照相机各拍摄两张底片。他的计划是最大限度延长每次曝光的时间，以确保在每张底片上有多颗恒星。它还可以把底片的数目减少为一张，在开始二次曝光前以足够时间让振动平息。“我们计划每架照相机只进行两次曝光，在日食前一晚将一次曝光到辅助夜间星场，而在日食后一晚将第二张日食底片曝光到辅助夜区。这是一个相当雄心勃勃的项目，观测员将不得不严格注意满足所有要求。”[56]

爱丁顿在1919年日食之前，在牛津拍摄了比较底片。他拍摄了一个复核星场（坎贝尔用的术语是“辅助夜间星场”），以确保在牛津和普林西比之间条件差异的对照。由于白天和晚上的温度不同，他最初一直谨慎使用复核星场来确定标度。最后，由于云层缘故，普林西比的温度是一致的，所以爱丁顿对产生普林西比结果的方法有信心。[57] 伯克利的天文学家查尔斯·唐纳德·沙恩

（Charles Donald Shane）对坎贝尔提出了进一步细化：获得日食本身期间的复核星场，从而提供一组独立数据计算标度和底片方向的影响，而无需使用日食星场恒星。人们首先要在比较底片上拍摄含有中等亮度恒星的复合星场，这些恒星距离比较底片上的日食星场赤沿经约10°。在日食时，某人将对日食星场进行曝光，然后，"通过旋转照相机到适当放置的标志，在10°外的辅助星场进行10秒到20秒的曝光"。[58] 坎贝尔拒绝了沙恩的创新，因为他计划在日食时进行长时曝光。他希望在每次曝光时获得尽量多的恒星，并尽量少更换底片盒，以确保仪器的稳定性。

柯蒂斯在1922年夏天访问伦敦时向英国人描述了沙恩的想法。查尔斯·戴维森指出了"实际上在同一时间"采用复核星场曝光的优势，而不是像爱丁顿法在白天和夜晚的条件下。[59] 弗兰克·戴森给当时已在圣诞岛上的哈罗德·斯宾塞·琼斯写信，建议他采用新的程序。琼斯热情高涨。他计划在复核星场诸曝光之间对日食星场进行多次短时曝光（10秒、20秒和30秒）。他允许望远镜在日食星场和复核星场之间移动15秒，而每次更换底片需要12秒。[60] 相比之下，特朗普勒两次曝光都花了2分钟，他允许50秒时间更换底片盒，并稳定望远镜。

到1922年2月，坎贝尔感到准备充分，写信给塞缪尔·艾尔弗雷德·米切尔："这对照相机的镜头四件套、光圈5英寸（12.7厘米）、焦距15英尺（约4.6米），另一对照相机的镜头四件套、光圈4英寸（约10.2厘米）、焦距5英尺（约1.52米），包括钢管和铸铁管，铝底片盒17英寸 × 17英寸（43.2厘米 × 43.2厘米），对焦和调节装置，极轴，驱动臂，除了转仪钟以外，其他东西都是新的，而且大部分都与我的设计和草图相符。"他从戈尔登代尔汲取了教训。"特朗普勒和摩尔要去澳大利亚，但他们的日食经验很少，我并不想推卸责任，而是确保设计的可行性，同时使出错的可能性最小。我若能对1918年那次日食做同样事情，会比今天高兴得多。"[61]

1922年3月30日，特朗普勒启程前往塔希提，计划4月10日抵达。按期到达目的地后，他在"一个美国居民花园里"建立了"一个绝妙观测站点，拥有宝贵优势，即现成的工作室和其他便利设施"。[62] 他在6月份写道，他成功拍摄了所有的比较底片，包括多伦多大学远征队的，连同用作测量过程中的中间底片的一张长时曝光底片。坎贝尔和利克团队的其他成员将在7月中旬从旧金山出发，在珀斯同特朗普勒会合，在那里他将开始在夜间比较底片上相对于中间底片测量恒星的方位。[63] 坎贝尔制订了一个计划，在澳大利亚之时就测量其中一张日食底片，这样可以对结果做一个初步公告。他希望用此办法避免因推迟公告带来的压力。再一次，那个戈尔登代尔幽灵，鼓励他做出这些详细规定。“如果我们的爱因斯坦验证计划顺利通过，我明年会比今年和去年更加开心。”[64]

1922年日食：万众瞩目利克

7支日食观测远征队开始测量1922年被食太阳周围的光线弯曲效应。在验证爱因斯坦对错的竞赛①中，3支远征队再次代表着对坎贝尔的严峻挑战。斯宾塞·琼斯的远征队，由格林尼治天文台派遣，是英国1919年远征队的续集。它给格林尼治天文学家提供机会重复以前的测量，证明或否证他们原先的戏剧性结果。英国人按照原计划去了圣诞岛，因为直到圣诞岛的准备工作走得太远，无法改变，在瓦拉尔的替代方案也没有实现。[65] 在英国队附近，驻扎了一个由埃尔温·弗罗因德利希率领的德国-荷兰远征队。这将是弗罗因德利希自1914年受挫以来首次瞄准爱因斯坦难题。约翰·埃弗谢德由印度政府派遣，打算在马尔代夫安营扎寨。当他遇到交通问题时，坎贝尔邀请他到瓦拉尔去驻扎。[66] 戴森安排埃弗谢德向英国联合常设日食委员会（JPEC）商借16英寸（约40.6厘米）定天镜，同其爱因斯坦照相机一起使用。针对坎贝尔和其他人的批评，他希望证明这种方法是正确的。

阿德莱德天文台派了一队人到南澳大利亚最东北角的科迪洛唐斯（Cordillo Downs）。柯蒂斯借给澳大利亚人一架四件套爱因斯坦照相机，坎贝尔提供了极轴支架、转仪钟和驱动臂。他还借给他们一架40英尺（约12.2米）日冕照

① 本书的副标题。

相机，即他自己照相机的复制品，这样阿德莱德团队和利克团队就可以通过比较两个站点做出的观测来探测日冕中的变化。[67] 悉尼天文台前往昆士兰南部边界附近的古恩迪温迪（Goondiwindi），探究爱因斯坦难题。坎贝尔也帮助了这个小组。在完成塔希提阶段的项目后，他将特朗普勒的设备运往悉尼。“这是我们的愿望，在实际可行的情况下，合作并协助澳大利亚天文学家完成他们的日食计划。”（他致信特朗普勒）[68] 钱特率领下的加拿大团队，与坎贝尔在瓦拉尔会合。柯蒂斯监督布拉希尔公司制造钱特的镜头，坎贝尔则安排特朗普勒为多伦多远征队拍摄比较底片，并把它们带到澳大利亚交给他。“我想你一定是忙着给那些将要观测日食的懦夫出主意”。在长达几个月的咨询和准备过程中，柯蒂斯苦笑着对坎贝尔说：“我自己曾给其中的一两个人寄过小册子。”[69]

通过提前准备远征队，坎贝尔能够在汉密尔顿山上进行实验，以验证日食项目的重要特征。例如，为了在不使底片起水汽的情况下，确定拍摄被日冕照亮的恒星可能的最大曝光量，坎贝尔使用克罗斯利反射镜在不同曝光时间下拍摄了满月附近的恒星星场。他确定，他为15英尺（约4.6米）照相机镜头项目的两分钟曝光不会使底片雾蒙蒙的。坎贝尔还对冲洗人员和冲洗过程中的时间长度进行了实验，以确保（将在澳大利亚进行的）暗室阶段工作获得最佳结果。[70] 他那些竞争对手，没有一个准备得像他那样充分。在他看来，由于他“在（1919年）皇家天文学会会议上（尽管很谨慎地）错误报告了柯蒂斯的结果”，没有人像他那样因急于为自己受到玷污的声誉恢复光彩。随着开船时间的临近，柯蒂斯感觉到了戏剧性一幕，承认“这次特殊日食我不‘参与’，会是我一生中最大的失望”。[71]

大自然对她的审判者的精心准备给予了回报，她用暴风雨迎接坎贝尔的主要竞争对手，对他却露出了愉快的微笑。暴风雨在登陆点迎接英国人，阻止他们的轮船卸载设备达10天之久。恶劣天气，使圣诞岛上所有的远征队都陷入困境。“天空……无论白天还是夜晚，都不会完全没有乌云，因此，试图拍摄并掩饰我们当天的机会纯粹是一场赌博且毫无用处。”（斯宾塞·琼斯在给戴森的信中写道）英国人无法完成初步测光工作，在日食时，他们输掉了这场赌博——

图8.3　坎贝尔的爱因斯坦照相机安装在瓦拉尔，以观测1922年澳大利亚日食。(加利福尼亚大学圣克鲁兹分校大学图书馆利克天文台玛丽·莉·沙恩档案馆提供)

英国团队和德国-荷兰团队都被乌云笼罩着。“日食的头几秒钟，圣诞岛的天空还是晴朗的，因此可以观测到食既，但在全食开始的六七秒钟后，天空变得阴沉沉的，没有成功拍摄到照片。”[72] 坎贝尔的天气，堪称完美。(图8.3)

对埃弗谢德来说，晴朗天空还不足以让他取得成功，他遇到了工具上的困难。他们回印度开始验证的时候，戴森的定天镜显示，主传动螺杆磨损，导致用该仪器观测到的恒星运动周期性误差。新的螺杆和其他部件，必须在仪器启运那天完成。埃弗谢德在日食前不到20天就开始在瓦拉尔设置场地，根本没有时间演练。日食发生前一周，用定天镜进行了验证，结果显示，当定天镜设置在日食发生时的角度，会出现“明显散光”。唯一的补救办法，是大幅减少光圈［从12英寸（约30.5厘米）减少到6英寸（约15.2厘米）或8英寸（约20.3厘米)］。[73] 主传动螺杆开始再次起作用，这样星像将保持静止约20秒，然后开始漫游。埃弗谢德无法解决这个问题，故把曝光时间缩短到20秒以内。他希望“运气好的时候，可能会有好的图像”。在日食期间，他做了5次曝光。冲洗照片时，“由于这样那样的原因，统统失败了”。他的书面报告言辞激烈：“在晴空万里、清晰度好、日全食持续时间长这样的理想条件下，失败是可悲的，尤其是在公共资金面临风险的情况下。”埃弗谢德认为，技术的存在，只要它能被使用，就能制造出用于爱因斯坦难题的出色的定天镜。他气呼呼地说：“如果英国制造商能够被说服放弃那些旧方法，把滚珠轴承应用到天文仪器的所有运动部件上，犹如30年前就应该做的，那么对这项研究至关重要的运动均匀性将导致巨大获益。”他“羡慕地”报告说，美国的装置“装有滚珠或滚柱轴承，且不使用任何传动装置，采用了一种简单而有效的驱动方法”。[74]

在7支探索爱因斯坦难题的远征队中，有4支获得了有用的观测：在瓦拉尔的利克和加拿大观测员，古恩迪温迪的悉尼天文学家，以及阿德莱德团队。只有3支获得了有用的结果。到1923年2月，负责爱因斯坦验证的悉尼天文学家威廉·欧内斯特·库克（William Ernest Cooke）不得不宣布，从在极好条件下所拍摄的8张底片中，他什么结论也不能得出。他的装备，跟1918年柯蒂斯的一样，并不合适。库克表示，“第一个令人满意的结果，将是利克天文台的坎贝尔博士的成果”。他预测，公众可能要在数年时间里保持一种悬念，“因为在任何有关这一课题的公告被公认正确之前，需要进行最细微的计算和测量”。[75]

天文学家们等了将近一年，才听到其他远征队的消息。知道大家都兴趣浓厚，坎贝尔希望在离开澳大利亚之前能发布一份初步结果声明。他计划在塔希提阶段结束后，用大约五个星期去珀斯天文台测量塔希提底片上那些亮星。坎贝尔和摩尔将于8月到达珀斯，在前往瓦拉尔之前，他们有一个星期进行日食前的测量和计算。特朗普勒按计划离开了塔希提岛，但运输的延误迫使他在珀斯开始安装设备比原计划晚了几周。于是，去瓦拉尔的旅行计划在最后一刻改变了。其他远征队决定利用澳大利亚海军的服务，故集合点从弗里曼特尔改为布鲁姆。这就意味着，坎贝尔一行现在得乘商业汽船从弗里曼特尔去布鲁姆，而利克的测量仪器也得比预期的更早寄出去。在开始测量之前，特朗普勒得先把运输设备卸下来。在日食之前，那些塔希提星保持完好。[76]

新的旅行安排，意味着要在布鲁姆耽误一个多星期，在返程等待去弗里曼特尔的商业汽船。不知道特朗普勒尚未在塔希提开始测量，坎贝尔8月初从悉尼写信给他，建议他们在布鲁姆等轮船的时候测量爱因斯坦日食底片。

我希望你应该在珀斯测量塔希提底片，或从你的塔希提底片完整测量提取12到20颗被选恒星的数据，由此建立条件方程，所以日食底片上的对应恒星可在布鲁姆测量五六天，把这些数据输入方程，在布鲁姆或我们南行轮船上求解。我强烈建议你不要留在布鲁姆。如果在宣布之前还需要采取进一步测量，在我看来，珀斯是你应该做出测量的地方。换句话说，布鲁姆测量方案不应该包括太多的恒星。[77]

不幸的是，特朗普勒已然决定从至瑞士的北线回家，在那里全家一游之后，他将返回美国。[78] 唯一的测量时间，将在布鲁姆。

特朗普勒和坎贝尔每天花18个小时测量爱因斯坦底片和相应的塔希提比较底片；但是他们只有时间在一个方向上测量，而不能在相反方向上重复该过程的通常步骤。尽管如此，他们还是从这些仓促而不完整的测量中获得了一些数值结果，表明一定的光线偏折，大于牛顿值，但小于爱因斯坦偏折。特朗普勒完全归算了测量结果，并匆忙给坎贝尔留下最后的数字。[79] 他利用复核区确定二阶项，从距离底片中心2到3度的日食星场19颗恒星中获得一阶项。特朗普勒排除了一颗“不协调的暗星”，并通过使用所有恒星的视向位移的最小二乘解，赋予诸多暗星一半的权重，求得了日面边缘的偏折。他分别归算了坎贝尔的和他自己的测量，得到了表8.2所示的边缘偏折。“以完全相同方式归算的复核区，没有显示任何明显偏折”，特朗普勒记录道：“计算得出负十三（即−0.″13）。”他总结道：“光线偏折毋庸置疑，但数值比预言值要小。”[80] 然而，坎贝尔选择不公布这些初步结果。几个月后，他感到非常沮丧，因为他的详细计划——从澳大利亚提取爱因斯坦结果——“悲惨地失败了”。[81]

表8.2　特朗普勒未发表的初步结果（瓦拉尔，1922年）

特朗普勒	1.″38（79颗恒星）
坎贝尔	1.″17（72颗恒星）
平均	1.″28
概然误差	0.″18

正如他所担心的，坎贝尔发现自己承受着来自同事和媒体的巨大压力。科学服务社的电报正在利克天文台等着他，要他“率先宣布爱因斯坦日食结果”。坎贝尔发电报说，爱因斯坦日食底片负片已在轮船上，预计12月10日左右到达汉密尔顿山。“可能需要用高倍显微镜测量2到3个月，”他补充说，“在得到结果之前要进行大量计算。”[82] 坎贝尔给特朗普勒发了一份加急电报：“对爱因斯坦结果，强烈的公众和学术压力。请尽量减少去瑞士的时间。返回时，写估算值。”特朗普勒策划了一次相当长的逗留，看望多年未见的家人和朋友。他仔细考虑后回复说，他最早能离开的时间是1月27日，估计2月6日或7日到家。“很抱歉，我们没有如原先计划的，在离开澳大利亚之前测量用15英尺（约4.6米）照相机获得的四张底片，”他补充说：“我在瑞士的访问以及这次旅行会更愉快。不过，请您放心，我将尽最大努力，按照您的意愿回国。”[83]

设备和底片于12月16日运抵汉密尔顿山。1周后，一张爱因斯坦底片放在测量显微镜上准备校准。“当然，”坎贝尔写给特朗普勒，“我希望你在这里继续进行校准和测量。我们显然需要你多做些指示，这样才能在不浪费时间下进行校准。”[84]

此种耽搁，使许多人暂停了重要计划。塞缪尔·艾尔弗雷德·米切尔，写了一本关于日食的书，打算包括爱因斯坦理论的一大节内容。“我上次见到戴森的时候，”他告诉坎贝尔，“他说，如果1922年照片没有证实爱因斯坦效应，他一点也不会感到惊讶。他认为英国人可能过分强调了爱因斯坦。”米切尔想在书中包括对利克之旅和结果的描述。至于戴森，他在整个日食观测远征队中居功至伟。下一次日食将在8个月后发生，届时可以在墨西哥、下加利福尼亚和南加州看到。坎贝尔的结果若与相对论不符，就没有多少时间做出安排了。“1919年日食的结果与爱因斯坦一致，但你的1922年结果并不会证实这一点。果真如此，你能尽快告诉我吗？当然，我的理由是，若有不一致，我们就必须认为这一点尚未解决，然后必须在来年9月做出一切努力再次验证这一问题。在那种情况下，我们最好派一支远征队去，但您若确认1919年结果，就几乎没有必要了，那样的话，问题就算是解决了。”坎贝尔告诉戴森，他至少需要六周时间才能电告结果。“我们有一些结果的迹象，”他说，“但目前任何声明都是科学上不合理的。”[85]

媒体也急于要结果。《密歇根钟声报》编辑找到坎贝尔，要他兑现一篇他曾经允诺的关于澳大利亚远征队的短文。为应对旧金山一家新闻短片公司的压力，坎贝尔宣称他不愿进一步公开。“天文学家和其他科学家不想在‘他们要做什么’以及他们行动之前，出现在公众面前。我相信，您会看到这一原则在整个上流科学界都被尽可能严格地遵循。”[86] 亨利 · 诺里斯 · 罗素邀请坎贝尔在4月份于费城举行的美国哲学学会会议上，就其研究成果做一个晚间公开演讲。他写道：“记者们在找我征求对你的观测结果的意见。”但他向这位不愿在公众场合露面的同事保证，“我只告诉他们一件事——在你完全确定结果之前，你不会宣布任何结果，而当你确定的时候，那些结果将是完全决定性的”。[87] 坎贝尔没有回复罗素的信。

T.J.J. 西伊写信给坎贝尔提出了他自己的有用建议，寻找日食底片上的折射效应：

当您现在测量最近日食中拍摄的底片时，我想问您是否可以验证从日面中心到不同方向的太阳附近恒星的折射量，如在底片上看到的那样？根据我给出的定律，太阳磁场在各方向上都不一样，但是在两极附近更强；鉴于折射原因很重要，您的工作完成后，检查不同方向的任何折射差异，如果合理的话，将是有价值的数据，为您的日食结果添加确定性。

西伊刚刚出版了关于以太的新理论。坎贝尔非常了解他，知道他正想方设法将自己的著作与引人注目的利克项目联系起来。“我们将牢记您的建议，”他以外交辞令写道，“如果这些测量看来足够高精度，就努力得出那种联系的结论。”谈到西伊的以太理论，坎贝尔补充说：“几年内，看看物理科学的进一步进展是否证实了您的理论，这将会很有趣。”[88]

接受加利福尼亚大学校长职位的邀请，给这支日食远征队忙中添乱。坎贝尔同意了，条件是他保留利克的台长职位。校方同意了，于是坎贝尔计划在7月1日开始履行他的新职务。“与此同时，间接后果将严重影响我的时间，”他告诉戴森，“我想节省时间，用于研究我身边的天文问题。”[89]

特朗普勒于2月初抵达汉密尔顿山。[90] 他接受了圣何塞一家报纸的广泛采访，涉及塔希提岛远征队和澳大利亚远征队的细节。他解释了为什么人们对那些大量存在的悬而未决结果感兴趣，但预计“至少需要两个月才能公布相关结果”。[91] 然后，他和坎贝尔投入到测量底片和归算测量的工作。(图8.4)

坎贝尔进行测量，两个著名组织竞相让他在来年春天的年度会议上提交结果。罗素早些时候曾代表美国哲学学会会长邀请坎贝尔在费城做一个关于日食结果的晚间公开讲座。“当然，我和全世界的人一样，都渴望知道底片是怎么出来的，”他写道，“但我很高兴看到，不出我所料，利克天文台并没有做出匆忙或急就章宣布。”美国科学院的执行秘书查尔斯·格里利·艾博特（Charles Greeley Abbot)，想在华盛顿的科学院会议期间做个晚间演讲。他希望坎贝尔能“为我们而不是费城人做决定……就相对论问题的应用而言，您的结果是肯定的还是否定的都没有区别。在这类问题上，我们不是真理的倡导者，而是寻求者。即使您要到费城做演讲——我非常希望不是这样——我们也至少要在这里的定期节目上听到它的内容”。坎贝尔拒绝了罗素的邀请，同意在科学院演讲。[92]

艾博特将这一消息转达给科学服务社的斯洛松，斯洛松立即向坎贝尔求证有关结果的头条消息。他还请坎贝尔写一本关于相对论的小书。“既然您掌握了有关这个课题最新、最权威的证据，”他写道：“您最有资格写这样的书。”

MEASURING THE STARS

San Francisco Examiner--Wed. Jan. 30, 1924

Prof. Trumpler of Lick Observatory at work with instrument which corroborates the Einstein theory of relativity.

图8.4 罗伯特·特朗普勒在利克天文台测量爱因斯坦底片，1924年1月30日《旧金山纪事报》所描述。（加利福尼亚大学圣克鲁兹分校大学图书馆利克天文台玛丽·莉·沙恩档案馆提供）

坎贝尔拒绝了，对于他将搁置结果，等待在华盛顿宣布结果的暗示，他很恼火地回应："某种程度上，这种印象已经到达华盛顿，我们的爱因斯坦结果将被保留，到4月23日星期一晚上我的讲座上公布。这不是我的本意。特朗普勒博士和我希望诸结果能在此日期之前公告，并可由利克天文台做出。许多科学爱好者希望在可行的第一天就要求获知。目前正在研究几个最小二乘解，至于结果如何，我今天无可奉告。"[93]

与此同时，钱特在忙着他的瓦拉尔底片。4月6日，美联社（Associated Press）

援引了“多伦多大学C.A.钱特教授对在瓦拉尔所做的爱因斯坦理论观测表示‘非常赞同’”。4月11日，赫伯特·霍尔·特纳在牛津给坎贝尔写了一封关于其他事情的信，附言道：“目前为止，我们还没有任何迹象表明您的测量有什么结果，不过加拿大人把赞成票投给了爱因斯坦。”坎贝尔准备同一天离开东海岸，但他和特朗普勒还没有完成测量所有四组日食底片和比较底片。坎贝尔断定，他们有足够的测量公之于世。来自利克的新闻发布了15英尺（约4.6米）照相机的初步结果，第二天坎贝尔就给柏林的爱因斯坦发了电报，证实了他的预言。[94]

坎贝尔给戴森发了一条类似信息，补充说“下次日食我们不会重复爱因斯坦验证”（图8.5）。这个消息，通过利克发布的新闻稿迅速传遍了美国。《纽约时报》逮住这条消息：“与爱因斯坦的相对论预言一致……是这一理论最热忱的支持者所能期待的。事实上，我们的观测值与预言值的吻合如此令人满意，利克天文台不打算于1923年9月10日对发生在加利福尼亚州极端西南地区和墨西哥的日全食再重复进行爱因斯坦验证。”[95]

在华盛顿召开的美国科学院会议上，坎贝尔给出了适当细节，如下所讨论。[96] 15英尺照相机观测有4张底片，每架照相机各2张。特朗普勒完全测量了3张底片，坎贝尔测量了2张。虽然所有底片上的星像对于亮星都是圆润、对称、清晰，但对于暗星，尤其是在底片边缘附近，则是模糊、扩散的。为能够使用尽可能多的恒星，坎贝尔和特朗普勒设计了一种系统来解释图像质量的可变性。各人都使用类似于阿勒格尼天文台拍摄视差照片所用的方法，为自己的测量值独立分配权重。每人测量相对于中间底片的日食底片和比较底片4次：沿赤经正向和反向的差值，沿赤纬正向和反向的差值。他们在每个日食星场使用尽可能多的恒星。对于比较底片，他们测量了“均匀分布在底片上且亮度合适”复核星场的37颗恒星。为防止测量过程中设置的变化，在每个系列的开始、中间和结束时测量了2到4颗离太阳最近的日食恒星，“它们对目前的问题至关重要”。

坎贝尔和特朗普勒计算了两个方向（赤经和赤纬）的平均日食底片与比较

WESTERN UNION

WESTERN UNION TELEGRAPH COMPANY.

ANGLO-AMERICAN TELEGRAPH Co. Ld.

No. D319

CABLEGRAM. Via Western Union.

RECEIVED AT 22, GREAT WINCHESTER STREET, LONDON, E.C.2.

1923 APR 12 AM 6 37

JW 2PZ LD84 LICK OBSERVATORY CALIF 55 11/707P

ASTRONOMER ROYAL GREENWICH

THREE PAIRS AUSTRALIA TAHITI ECLIPSE PLATES MEASURED BY CAMPBELL TRUMPLER SIXTY TWO TO EIGHTY FOUR STARS EACH FIVE OF SIX MEASUREMENTS COMPLETELY CALCULATED GIVE RESULTS BETWEEN ONE POINT FIFTY NINE AND ONE POINT EIGHTY SIX SECONDS ARC MEAN VALUE ONE POINT SEVENTY FOUR SECONDS WE NOT REPEAT EINSTEIN TEST NEXT ECLIPSE

CAMPBELL

图8.5 坎贝尔1923年4月12日发给戴森的电报，宣布支持广义相对论的初步结果。（剑桥大学皇家格林尼治天文台档案提供）

底片之差，方法是将正向测量值和反向测量值平均起来，并根据恒星的自行和视差进行校正。对于较差折射、像差和底片与光轴的倾角，他们使用了恒星的复核星场（距日食星场90度）予以对照。它们包含了使用以下形式方程的一阶项和二阶项：

$$\begin{aligned}\Delta x\,(\text{沿赤经方向的日食底片}-\text{比较底片}) &= a + bx + cy + dx^2 + exy + fy^2 \\ \Delta y\,(\text{沿赤纬方向的日食底片}-\text{比较底片}) &= g + hx + iy + jx^2 + kxy + ly^2.\end{aligned} \tag{3}$$

其中诸系数来自使用具有某些简化假设（对每张底片，归算有待确定的常数数目）的复核星场恒星的最小二乘解。他们应用这些常数矫正日食星场恒星的所测位移。

然后，他们用28到38颗日食恒星（取决于底片）重新确定了线性底片常数（零点、标度和取向）。这些恒星离中心的距离都超过2度，根据爱因斯坦理论，偏折都很小。这一创新，保证了底片常数可以合理独立于（存在于被食太阳附近的）任何光线弯曲定律。只有这样确定的标度值，如果存在光线偏折，才会有轻微误差，并在以后建立实际偏折定律时加以修正。这个方法所以成为可能，只是因为坎贝尔选择采用长时曝光，以获得与太阳的角距离相当大的大量恒星。他和特朗普勒使用距离中心2度以上的所谓参考恒星，通过标准公式的最小二乘解确定线性底片常数［他们的方程（2）；参见第142页］。

表8.3　日面边缘处的光线偏折值（利克天文台发布的初步结果）

底片	特朗普勒	坎贝尔	平均值
CD22–CD15	1.″84 ± 0.″28	1.″70 ± 0.″13	1.″77
CD23–CD17	1.″59 ± 0.″22		
AB18–AB12	1.″86 ± 0.″20	1.″71 ± 0.″22	1.″78
平均值	1.″76 ± 0.″13	1.″71 ± 0.″18	
5组测量值的平均值			1.″74
爱因斯坦预言的偏折值			1.″75

坎贝尔和特朗普勒对所测位移进行了修正，得到所谓的x残差和y残差。这些残差的视向分量代表了恒星因光线偏折而产生的位移。假设视向位移的线性律如下形式：

$$\Delta r = ad + b\ (1/d) \tag{4}$$

其中d是恒星到日面中心的角距离，b是日面边缘的偏折，a是标度值矫正，坎贝尔和特朗普勒通过使用所有日食恒星的最小二乘解求得了每一组测量值的a和b。日面边缘的偏折（b）如表8.3所示。对于一颗权重为1（良好）的恒星，所确定的平均概然误差，特朗普勒为±0.″18，坎贝尔为±0.″20。这些值，表示两幅实测星像之差的概然误差（p.e.)。为了得到一个星像的p.e.，他们假设中间底片的误差被消除，将平均误差除以$\sqrt{2}$，特朗普勒得到±0.″125，坎贝尔为±0.″140。该报告的结论是，数据的精度“与其他摄影测量相比非常好；例如，《照相天图星表》的巴黎区中，两个星像平均值的概然误差为±0.″13”。[97] 那份15英尺（约4.6米）照相机观测的最终报告，于5月完成，并于7月作为《利克公报》（*Lick Bulletin*）发布，给出了4张底片的结果（见表8.4）。[98] 将这些数据与坎贝尔在华盛顿会议提交的表（表8.3）进行比较可以看出，对于边缘偏折，更完整测量的平均结果现在是1.″72而不是1.″74，仍然与爱因斯坦预言吻合极好。

表8.4　日面边缘的光线偏折值（利克天文台发布的最终结果）

底片	坎贝尔	恒星数目	特朗普勒	恒星数目	底片平均值
CD22–CD15	*1.″72 ± 0.″32	62	*1.″88 ± 0.″27	69	1.″80
CD23–CD17	1.″35 ± 0.″22	77	*1.″62 ± 0.″22	81	1.48
AD18–AB12	*1.″78 ± 0.″22	80	*1.″91 ± 0.″19	84	1.85
AB17–AB10/9			1.″76 ± 0.″22	85	1.76（权重0.9）
各观测者的平均值	1.″60 ± 0.″14		1.″78 ± 0.″11		
4张底片的平均值					1.″72 ± 0.″11
爱因斯坦预言值					1.″745

*1923年4月11日，当我们通过媒体或其他途径初步公布爱因斯坦日食难题的结果时，这5个（略经修正）值是唯一可用的。当时，我们还从复核区星像的测量值中确定，现有的小的底片误差所建议或要求的任何修正都不能运算使得爱因斯坦系数5个值中的任何1个值减小。

第 9 章　批评者们现身

对利克结果的反应

利克的宣告，标志着人们对相对论态度的一个转折点。坎贝尔证实之后，在英国日食公告之后那些暂时持有的观点得以加固。戴森收到坎贝尔的电报，回复："我不认为爱因斯坦关于光线偏折预言的正确性有'任何可能的质疑概然阴影'，不管他理论的其他部分有什么困难。几乎不可能有人会来自加利福尼亚日食这一边。"[1] 哈罗德·斯宾塞·琼斯对1922年的日食大失所望，断言关于爱因斯坦理论正确性这场辩论的本质已经改变。"该理论反对者现在必须采取的立场在于，尽管它成功说明了水星近日点进动，尽管它预言了光线通过太阳引力场正确数量的偏折，可并不正确。现在他们再也不能说，对偏折量的预言尚未得到完全确证。"[2] 特纳在《天文台》的定期专栏中评论了这一事件的影响：

这并不是贬低加拿大的观测员，他们宣布了类似结果，说我们都在等待利克天文台的发言；现在，它来了，我们比以往任何时候都更感到岌岌可危。即使美国人的判决对他们不利，英国的观测员也坚决要坚持下去；在天文学方面，没有上诉法院或上议院来推翻判决——唯一办法就是一如既往，重新警惕证据中可能存在的漏洞，但他们对此做好了充分准备。然而，令人欣慰的是，发现这种进一步造势的必要性现在已被消除，如果任何英国观测员今年能够访问美国，毫无疑问，这将仅仅是为了回到他们的旧爱——日冕。[3]

在美国，人们的反应褒贬不一。罗素很高兴。“果然不出我所料！现在那些嘲笑我的人在哪里？我认为再也没有必要做这件事了。”[4] 查尔斯·圣约翰表示赞同。“当然有很多关于日食的讨论，”他写道，“坎贝尔的结果，对于弯曲到适当量的事实非常明确。”圣约翰刚刚开始在太阳光谱中发现相对论位移的证据，尽管他要公开呈现任何细节还需要几个月。[5] 米切尔从“打赌你的（坎贝尔）确证半偏折，而不是完全爱因斯坦量”[6] 变为在他最新的日食著作中断言：“相对论结果已被观测彻底证实，因此，如果一个人的科学声誉受到威胁，他一定会非常轻率地说，物理学家一定都错了，整个相对论都是‘空想’。”米切尔的转变，主要是由于“坎贝尔和特朗普勒取得的辉煌成果……那个偏折量与爱因斯坦理论所预言的值非常接近。利克的天文学家在拍摄和测量这些底片时所采用的严谨方法表明，所有可能的误差来源要么已被消除，要么被允许。观测到的日面边缘偏折1.″72，仍然有待解释”。[7] 但他依旧保持谨慎。他指出太阳谱线那种仍旧未证实的位移，以及相对论批评者在那个时候报道的其他一些发展。[8] 米切尔得出结论，相对论太重要了，不能只考虑两次日食，他对利克没有计划在1923年日食上重复验证表示遗憾。“幸运的是，其他天文学家将继续攻击，毫无疑问，天文学家和物理学家要在未来很多年以后才能就相对论的确切地位达成一致。”[9]

坎贝尔一些同事，则持更强烈的保留意见。坎贝尔在任何结果可得之前几个月于澳大利亚取得成功，珀赖因就祝贺了他。“我非常想知道，您对相对论底片的测量结果将如何产生。我将对其比以往任何事情都更有信心。我一直对此种效应持怀疑态度，尽管我是在1912年巴西（下雨）日食时，应弗罗因德利希的要求，带着两架‘祝融星’相机进行观测的。”然而，当坎贝尔电报他的初步结果时，珀赖因发现“尽管观测的重要性和与理论的极好一致性”，他仍然“有点怀疑……不是关于弯曲的事实，而是关于解释”。“整个相对论事业在我看来是不真实的，而且是纯粹哲学，接受它就会颠覆我们先前精心构建的非常物质的体系。的确，在我看来，这似乎是'接近'回到'归纳推理'时代，特别是对我们科学的物质基础的破坏。我们的基础若真的有问题，则越早发现越好。在这件事上，我思想既开放，又保守。"[10]

柯蒂斯告诉坎贝尔，他的四件套镜头"会解决问题"，他发现自己不能接受坎贝尔和钱特对英国测量的确证。"可能会有偏折，但我觉得在很长一段时间内，我不准备接受爱因斯坦理论。我是一个异教徒。"[11]《利克公报》7月面世后，另一位前利克天文学家乔治·F.帕多克（George F. Paddock）写信给柯蒂斯，对坎贝尔和特朗普勒发表的结果是否证实了爱因斯坦光线弯曲定律表示怀疑。利克的天文学家把他们的所有数据都绘制在一张偏折与太阳角距离的图上，并把爱因斯坦理论的理论曲线叠加在一起。那些观测的离散相当大，帕多克问："你真的认为图2中的观测值，证实了理论（虚线）曲线上升到1.″7吗？"柯蒂斯回复："不，我不能说我认为坎贝尔论文中的图2对日面边缘1.″7偏折的理论提供了太强支持。然而，在我看来，他的结果充分确立了（由于某种原因）偏折的存在，而且比牛顿理论所预言的偏折0.″87更大。究竟是什么原因造成的，无人知晓。"他告诉帕多克，查尔斯·莱恩·普尔，"另一个势不两立者（irreconcileables）"①（原文如此），认为这是"某种折射效应"，且在最近那次墨西哥日食，他自己曾尝试用普尔提供的设备来验证这一观点。[12]柯蒂斯异说的基础，是相信爱因斯坦的虚构物超出了科学允许的极限：

我一直无法接受爱因斯坦理论。尽管许多杰出数学家认为这是自牛顿时代以来最伟大的进步。我把它视为一个完美的替代"参考系"，显然是充分的，但决不是必要的，也决不是必然的正确参考系。我把它看作非欧几何；我们可以在弯曲或双曲空间上形成不止一个而是许多几何系统；可以用此种几何解释每一个几何定理，如同用欧几里得几何可以做到的那样；它们只不过是替

① 原文误为irreconcileables，应为irreconcilables。

代方案。我们不会强迫自己接受非欧几何，仅仅因为它看起来“适合”。也许我错了，但目前在我看来，我永远也不会愿意接受爱因斯坦理论，它美丽而奇异——睿智却并非物理宇宙的真实代表。

对于坎贝尔结果，柯蒂斯如是说：“我坚定认为……我们最终能够用普通牛顿力学解释水星近日点进动。我发现，不可能相信引力不是一种力，而是空间属性；空间和时间是‘弯曲’的；对我们表现为三维的宇宙，倒是‘六倍曲率空间中的四维流形’，诸如此类。”[13]

利克为爱因斯坦辩护，增加了批评者的赌注。第一次世界大战刚结束，英国人就证实了光线弯曲预言，这引起了空前的公众关注，爱因斯坦及其理论因此闻名世界。然而，科学界要求在做出最终决定之前，实验结果得到重复。三年半之后，利克的确证对科学观念的影响，不亚于英国早期结果对公众舆论的影响。现在，相对论批评者们处于压力之下，想方设法从证实爱因斯坦预言的经验主义主宰中解脱出来。随着科学辩论的升温，非科学问题也开始进入讨论。有几起是由战争引起的，引发了关于爱因斯坦及其理论在欧洲肆虐的激烈争论。美国国内涉及教育和研究的民族主义担忧，也助长了一些反对相对论言论。无论科学家站在哪一边，都有很多利害关系。无处不在的新闻记者，则使他们的立场两极分化。有很多的装腔作势。在许多方面，爱因斯坦理论的出现，使科学事业的民族性凸显了。它将学科领导人物的注意力集中在其职业共同体的优势和弱点上。

T. J. J. 西伊对阵利克天文台

利克公布坎贝尔和特朗普勒初步结果证实爱因斯坦的同一天，T.J.J. 西伊发表了一份详细声明，谴责利克的行动。1922年，西伊在《天文通报》和在法国、美国和英国出版的专著中发表了“以太新理论”。[14] 他相信可以利用日食结果引起人们对他自己工作的注意，他攻击坎贝尔1923年4月发布的支持爱因斯坦理论的新闻稿，并指责爱因斯坦欺骗和剽窃。媒体就喜欢这个。一个费城的新闻标题是："政府科学家揭露爱因斯坦的骗局"（图9.1a）。坎贝尔的声明，只被简短提及。这篇专栏的大部分内容都在讨论，坎贝尔的声明遭到了马岛（Mare Island）海军船坞的政府天文学家T.J.J. 西伊船长的"激烈反对"。《旧金山纪事报》的头条是："美国科学家把爱因斯坦理论的验证攻击为'骗人的把戏'"（图9.1b）。[15] 这两位天文学家的照片并排出现，配以摘自各自新闻稿中的文字说明。这篇文章的大部分内容，皆倾向西伊的观点。

西伊的攻击，部分受到了菲利普·勒纳和恩斯特·格尔克反爱因斯坦宣传的鼓舞，后者是仅有两位加入"德国自然哲学家研究小组"的著名物理学家，该小组20世纪20年代差点将爱因斯坦逐出德国。[16] 他们利用了一个数字上的巧合：爱因斯坦广义相对论关于光线在日面边缘弯曲1.″74的预言值，恰好是他1911年预言值的2倍。他们声称，爱因斯坦在1911年论文中抄袭了约翰·冯·佐尔德纳在1801年的预言值，后者碰巧包含了一个2倍的数学错误，于是爱因斯坦在1915年论文中更改了数字，以掩盖这个错误。西伊在表面上重复了德国人所说的一切，他们暗示，由于作为物理学家享有很高声誉，人们应该相信他们。

如E.格尔克博士教授、柏林帝国物理技术研究所所长［先由亥姆霍兹担任的一个职务］和诺贝尔物理学奖得主、海德堡的教授P.勒纳（P. Leonard）（原文如此）①所示，佐尔德纳省略1801年他的公式某个因子，这也是爱因斯坦1911年在其论文中挪用爱因斯坦–佐尔德纳公式时所复制的错误。在1915年提交给柏林科学院的一篇后续论文中，爱因斯坦尽其所能掩盖了这个骗局，但却未能阻止海德堡的勒纳教授、柏林的格尔克、斯德哥尔摩的威斯汀（Westin）的发现和曝光。[17]

① 应为P. Lenard。

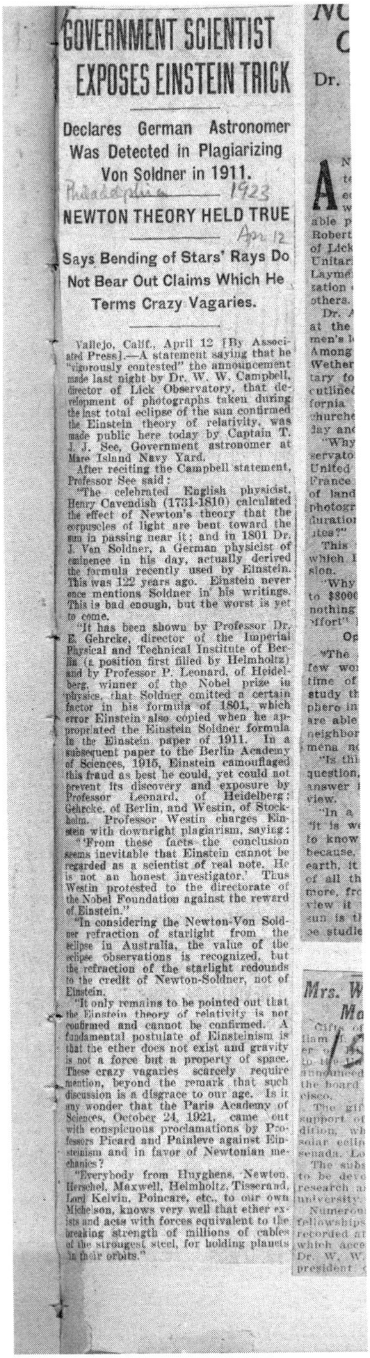

GOVERNMENT SCIENTIST EXPOSES EINSTEIN TRICK

Declares German Astronomer Was Detected in Plagiarizing Von Soldner in 1911.

Philadelphia 1923

NEWTON THEORY HELD TRUE

Apr 12

Says Bending of Stars' Rays Do Not Bear Out Claims Which He Terms Crazy Vagaries.

Vallejo, Calif., April 12 [By Associated Press].—A statement saying that he "vigorously contested" the announcement made last night by Dr. W. W. Campbell, director of Lick Observatory, that development of photographs taken during the last total eclipse of the sun confirmed the Einstein theory of relativity, was made public here today by Captain T. J. J. See, Government astronomer at Mare Island Navy Yard.

After reciting the Campbell statement, Professor See said:

"The celebrated English physicist, Henry Cavendish (1731-1810) calculated the effect of Newton's theory that the corpuscles of light are bent toward the sun in passing near it; and in 1801 Dr. J. Von Soldner, a German physicist of eminence in his day, actually derived the formula recently used by Einstein. This was 122 years ago. Einstein never once mentions Soldner in his writings. This is bad enough, but the worst is yet to come.

"It has been shown by Professor Dr. E. Gehrcke, director of the Imperial Physical and Technical Institute of Berlin (a position first filled by Helmholtz) and by Professor P. Leonard, of Heidelberg, winner of the Nobel prize in physics, that Soldner omitted a certain factor in his formula of 1801, which error Einstein also copied when he appropriated the Einstein Soldner formula in the Einstein paper of 1911. In a subsequent paper to the Berlin Academy of Sciences, 1915, Einstein camouflaged this fraud as best he could, yet could not prevent its discovery and exposure by Professor Leonard, of Heidelberg; Gehrcke, of Berlin, and Westin, of Stockholm. Professor Westin charges Einstein with downright plagiarism, saying:

"'From these facts the conclusion seems inevitable that Einstein cannot be regarded as a scientist of real note. He is not an honest investigator.' Thus Westin protested to the directorate of the Nobel Foundation against the reward of Einstein."

"In considering the Newton-Von Soldner refraction of starlight from the eclipse in Australia, the value of the eclipse observations is recognized, but the refraction of the starlight redounds to the credit of Newton-Soldner, not of Einstein.

"It only remains to be pointed out that the Einstein theory of relativity is not confirmed and cannot be confirmed. A fundamental postulate of Einsteinism is that the ether does not exist and gravity is not a force but a property of space. These crazy vagaries scarcely require mention, beyond the remark that such discussion is a disgrace to our age. Is it any wonder that the Paris Academy of Sciences, October 24, 1921, came out with conspicuous proclamations by Professors Picard and Painleve against Einsteinism and in favor of Newtonian mechanics?

"Everybody from Huyghens, Newton, Herschel, Maxwell, Helmholtz, Tisserand, Lord Kelvin, Poincare, etc., to our own Michelson, knows very well that ether exists and acts with forces equivalent to the breaking strength of millions of cables of the strongest steel, for holding planets in their orbits."

图9.1a 西伊的观点，《费城日报》1923年4月12日报道。

134

U. S. Scientist Attacks Test on Einstein Theory As 'Piece of Humbuggery'

Here Are Scientists' Divergent Views on Dr. Einstein's Theory

DR. ALBERT EINSTEIN'S theory of relativity, dealing in general with light, and gravitation in particular, is based on his belief that ether does not exist and gravity is not a force, but a property of space.

Supporting the Einstein theory, Dr. W. W. Campbell, director of the Lick Observatory, said: "The results (of photographic observations of the last solar eclipse taken in Australia) are in exact accord with the requirements of the Einstein theory. The agreement with Einstein's prediction from the theory of relativity—one and seventy-five hundredths seconds o fan arc—is as close as the most ardent proponent of that theory could hope for."

W. W. CAMPBELL

Contesting the Lick Obervatory's confirmation of Einstein's theory, Professor T. J. J. See insists: "Everybody knows very well that the ether does really exist and act, with forces equivalent to the breaking strength of millions of immense cables of the strongest steel, for holding planets in their orbits." Professor See asserts that the "Einstein theory" does not exist, in that the formula he claims belongs to Newton and Soldner; that Einstein is a fraud, and that the Lick Observatory belongs to better company than confirming Einstein.

T. J. J. SEE

Professor T. J. J. See Says Relativity Formula Belongs to Newton and Soldner and That Present Claimant Is a Fraud

Confirmation of the Einstein theory of relativity by the Lick Observatory was contested vigorously yesterday by Professor T. J. J. See, Government astronomer at Mare Island.

"A greater piece of humbuggery has not appeared in any age," declared Professor See, referring to the confirmation which, according to Dr. W. W. Campbell, director of the observatory, is based upon photographic observations of the eclipse of the sun, taken at Wallal, on the northwest coast of Australia, September 21 last, by the W. H. Crocker expedition.

This expedition was headed by Dr. Campbell personally, who, on Wednesday, declared the observatory does not intend to repeat the Einstein test at September's solar eclipse which will be visible in Southwestern California and Mexico.

SAYS EINSTEIN THEORY OLD

"The value of the eclipse observations is recognized," declared Professor See yesterday, "but the refractions of the starlight redounds to the credit of Newton-Soldner, not of Einstein."

Insisting that the German physicist, Dr. J. von Soldner, had derived the formula used by Einstein more than 122 years ago, Professor See concludes his written attack against the announced confirmation as follows:

"I value highly the work of the Lick Observatory, but I regret to see them issue statements to the press which tend to lend support to the discredited doctrine of relativity. A greater piece of humbuggery has not appeared in any age. The Lick Observatory deserves to be in better company."

WILL NOT REPEAT TEST

Dr. Campbell, in his statement relative to the Crocker achievements, declared "the agreement of our observed data with the predicted value is so satisfactory that the Lick Observatory does not plan to repeat the Einstein test at the solar eclipse due to occur in extreme Southwestern California and in Mexico on September 10, 1923."

On April 6 last C. H. Chant, professor of astronomy at the University of Toronto, described as "distinctly favorable" to the Einstein theory observations made at the same time and place by Toronto scientists.

SEE'S STATEMENT

Professor See's exception to the confirmation as published by the Lick Observatory was made public in the form of a statement, which in part follows:

"1—It is claimed that the photographs taken in Australia, of the eclipse of September 21, 1922, indicate an average refraction of the star light of 1".74. Such refraction of starlight in the eclipse of May 29, 1919, was also reported by the British observers in Brazil and Africa. The fact being recognized, the cause of this refraction is all the public is concerned with; and on this point we have several explanations, all equally possible and perhaps equally probable, thus:

"(a)—The presence of refracting matter near the sun, as shown by the Corona, which extends outward a degree or two.

"(b)—The magnetic field of the sun, which may give the magnetized matter a state of polarity or unsymmetrical action on light, as in the Zeeman effect.

"(c)—The action of the gravitational wave field, bending the rays slightly inward, as foretold by Sir Isaac Newton over two centuries ago. And so on.

"2—The celebrated English physicist, Henry Cavendish (1731-1810), calculated the effect of Newton's theory that the corpuscles of light are bent toward the sun in passing near it, and in 1801 Dr. J. von Soldner, a German physicist of eminence in his day, actually derived the formula recently used by Einstein. This was 122 years ago. Einstein never once mentions Soldner in his writings. This is bad enough, but the worst is yet to come.

"It has been shown by Professor Dr. E. Gehrcke, director of the Imperial Physical and Technical Institute of Berlin (a position first filled by Helmholtz) and by Professor P. Leonard of Heidelberg, winner of the Nobel prize in physics, that Soldner omitted a certain factor in his formula of 1801, which error Einstein also copied when he appropriated the Einstein-Soldner formula in the Einstein paper of 1911. In a subsequent paper to the Berlin Academy of Sciences, 1915, Einstein camouflaged this fraud as best he could, yet could not prevent its discovery and exposure by Professor Leonard of Heidelberg, Gehrcke of Berlin, and Westin of Stockholm. Professor Westin charges Einstein with downright plagiarism, saying:

Not Honest Investigator.

"'From these facts the conclusion seems inevitable that Einstein cannot be regarded as a scientist of real note; he is not an honest investigator.' Thus Westin protested to the directorate of the Nobel Foundation against the reward of Einstein. For these and other reasons the Swedish Academy of Sciences refused Einstein any recognition of the theory of relativity. Let this fact be plainly understood in considering the Newton-Van Soldner refraction of starlight deduced from the eclipse in Australia. The value of the eclipse observations is recognized, but the refraction of the starlight redounds to the credit of Newton-Soldner, not of Einstein.

"It only remains to be pointed out that the Einstein theory of relativity is not confirmed and cannot be confirmed. A fundamental postulate of Einsteinism is that the ether does not exist, and gravity is not a force but a property of space. These crazy vagaries scarcely require mention, beyond the remark that such discussion is a disgrace to our age. Is it any wonder that the Paris Academy of Sciences, October 24, 1921, came out with conspicuous proclamations by professors Picard and Painleve against Einsteinism, and in favor of Newtonian mechanics?

Piece of Humbuggery.

"Everybody from Huyghens, Newton, Herschel, Maxwell, Helmholtz, Tisserand, Lord Kelvin, Poincare, etc., to our own Michelsen knows very well that the ether does really exist and act with forces equivalent to the breaking strength of millions of immense cables of the strongest steel, for holding planets in their orbits. Without the ether for pulling the planets about the sun, Newton knew perfectly well that the planets would fly the tangent, like water thrown from a revolving grindstone, and thus our whole universe would come to wreck in a very little while. The order of the solar system would not endure a month.

"I value highly the work of the Lick Observatory, but I regret to see them issue statements to the press which tend to lend support to the discredited doctrine of relativity. A greater piece of humbuggery has not appeared in any age. The Lick Observatory deserves to be in better company."

Further Evidence Found.

WASHINGTON, April 12.—Scientists at the bureau of standards engaged in checking up the Einstein theory of relativity by physical experiments have adduced further evidence tending to show its correctness.

The demonstration involved the testing of the weight of topaz and diamond crystals under different placings in relation to the axis of the earth. Dr. Paul R. Heyl, in charge of the experiment, used scales so delicate they are able to detect a weight difference of one part in a billion of even the small precious stones.

According to the older theories of gravity a topaz or a diamond crystal might be expected to vary in weight when the direction of its axis was changed from a position vertical to the axis of the earth to a position horizontal to that axis. The Einstein theory which has challenged the Newtonian theory of gravitation in some respects, leads to an expectation that the crystals would not vary in weight under any conditions. So far Dr. Heyl in his wieghing has been unable to find any of the weight differences which the Newtonian explanation of gravitation would imply.

The crystals used have been arranged on the balances so delicately that they can be turned without removing them. The scales are enclosed in a small room and operated by long rods which extend through a hole in the wall, in order that even the heat radiating from the operator's body may not affect the result.

图9.1b 1923年4月12日,《旧金山纪事报》报道了坎贝尔和西伊之间的争斗。(加利福尼亚大学圣克鲁兹分校大学图书馆利克天文台玛丽·莉·沙恩档案馆提供)

盲目追随格尔克和勒纳，西伊不是傻子就是骗子。他的指控也可以这样说，即1921年10月巴黎科学院“发表了埃米尔·皮卡尔（Emil Picard）教授和保罗·潘勒韦（Paul Painleve）教授反对爱因斯坦主义、支持牛顿力学的高调声明”。[18] 再者，存在一个更大背景。在拒绝接纳前同盟国或中立国天文学家加入新成立的国际天文学联合会方面，皮卡尔发挥了重要作用。1914—1918年的经历所产生的强烈反德情绪，影响了他对科学事务的判断。[19] 过了好些年，巴黎科学院才把爱因斯坦选为外籍院士。即使是在英国，那些对德国人，尤其是一个如此有争议理论的德国人持怀疑态度的天文学家，也阻止了授予爱因斯坦1920年皇家天文学会金质奖章的动议。[20]

坎贝尔还在东部的时候，爱因斯坦即将发表“新发现”涉及“地球引力和地磁之间的联系”，消息从欧洲传来，西伊又大发雷霆。[21] 爱因斯坦最近在柏林科学院发表了关于电磁和引力的初步讨论，媒体对此大做文章。[22] 西伊提出他的以太理论为地球引力和磁力的最终联系。在一封后来被美国报纸转载的写给伦敦《泰晤士报》的信中，西伊控诉说他被抢劫了。媒体联系了利克天文台，要求对西伊的投诉发表评论。坎贝尔不在场，艾特肯告诉记者：“西伊教授有发表自己意见的自由……我们不希望卷入任何争议。”[23]

西伊不允许利克保持沉默。1923年4月，《旧金山日报》刊登了一系列由西伊对爱因斯坦、相对论和利克天文台的抨击文章。这个系列文章在报上连载之后，西伊把一份8页的粘贴版寄给利克天文台图书馆，一份寄给亚利桑那州弗拉格斯塔夫的洛厄尔天文台（图9.2a，图9.2b）。[24] 作为利克的台长和即将就任的大学校长，坎贝尔倍感焦虑。西伊写道：“让我们加利福尼亚人看看利克天文台的台刊，这是一个公共机构，由加利福尼亚州支持，看看他们是将见证历史的真相，还是试图掩盖爱因斯坦挪用冯·佐尔德纳1801年的作品。”[25]

坎贝尔选择指出西伊在佐尔德纳公式上的错误，而特朗普勒显然是此事的合适人选。坎贝尔让他“从你最近告诉我的观点，给我写下爱因斯坦和佐尔德纳之间那种莫须有关系”。[26] 坎贝尔安排艾特肯在《太平洋天文学会会刊》上发表一篇特朗普勒的文章，并将其转载于《科学》（*Science*）杂志。[27]“美国海军

T.J.J.西伊教授最近发表的一系列文章，”特朗普勒开门见山，“对于J.佐尔德纳和爱因斯坦在太阳引力场中的光线偏折方面工作的关系，给了一个相当错误的印象。”特朗普勒详细介绍了佐尔德纳和爱因斯坦（1911年）得出其结果的方法。他表明了他们的方法和目标完全不同。提及爱因斯坦1916年的值，特朗普勒评论道：“这个值比爱因斯坦1911年论文的值增加，不是因为之前那篇论文的计算错误，而是爱因斯坦和牛顿引力定律的差异造成的影响。”特朗普勒总结说，他的比较充分表明了爱因斯坦工作的独立性，“即使他知道佐尔德纳的论文，也是不可能的，因为佐尔德纳的结果已被遗忘，它所基于的光的微粒说被否决了”。他解释说，西伊的误解源于勒纳版本的故事。“西伊教授指控爱因斯坦剽窃，他显然没有读佐尔德纳的原文，而是被1921年发表的一篇零零碎碎的转载文章，连同德国物理学家P.勒纳的评论所误导。在这些评论中，勒纳把佐尔德纳公式转换成类似于爱因斯坦使用的符号和形式。西伊教授把勒纳的变换公式误认为佐尔德纳的，并把他毫无根据的指责建立在它与爱因斯坦结果相似性的基础上。”[28]

西伊对爱因斯坦及其理论的公开攻击，迫使坎贝尔参与了关于相对论的公众辩论。他所喜欢的立场总是提供最好的观测结果，把理论争斗留给别人。现在，他扮演了这个理论本身辩护者的角色，并被拉进一些理论问题，比如导出光线弯曲效应的不同方法。特朗普勒幸运的是，坎贝尔不仅是一个训练有素的观测者，而且是卓然出众的相对论者和争论者。在西伊事件之后，特朗普勒研究了佐尔德纳事件的细节，开始监测关于相对论新进展的文献。1922年至1924年，他编撰了一部该理论的注释书目，将其分为五类：(1) 理论进展；(2) 水星近日点；(3) 光线偏折；(4) 谱线红移；(5) 其他验证，包括以太漂移实验和宇宙学论述。[29] 特朗普勒在后来争议中作出了有价值的贡献。

媒体兴高采烈地报道各路新批评者的评论，使局势更加恶化。7月，一份期刊报道称：“圣克拉拉大学杰出天文科学家里卡尔神父……把爱因斯坦相对论贬损为对常识的侮辱。里卡尔神父还宣称，加州大学坎贝尔教授在澳大利亚远征队期间拍摄的星光照片非常不可靠，没有说服力。”[30] 杰罗姆・塞克斯图

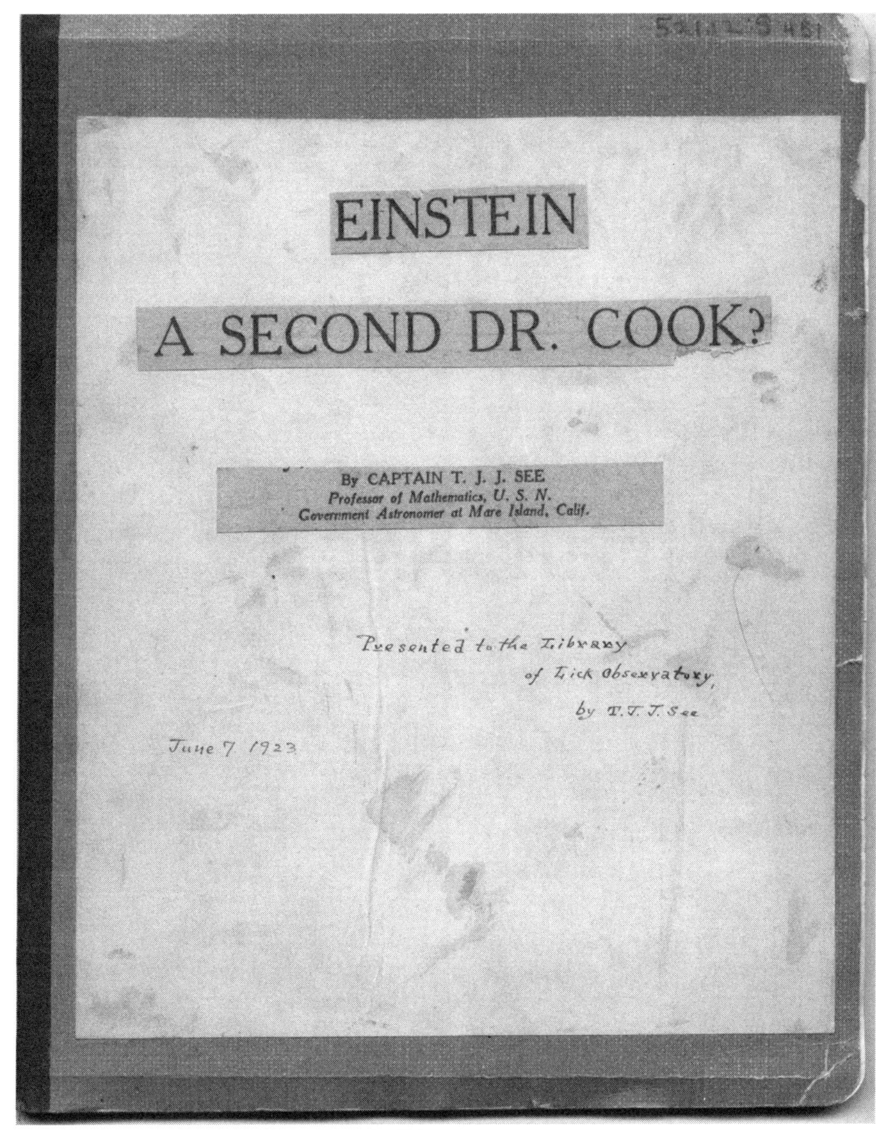

图9.2a，b　封面和第一页（附有边注），西伊的《旧金山日报》系列文章的粘贴副本赠送给利克天文台。（加利福尼亚大学圣克鲁兹分校大学图书馆利克天文台玛丽·莉·沙恩档案馆提供）

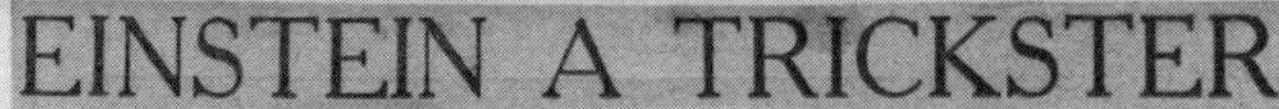

EINSTEIN A TRICKSTER

Objections to Relativity Theory

By CAPT. T. J. J. SEE
Professor of Mathematics, U. S. N.
Government Astronomer at Mare Island, Cal.

THE magazine and newspaper press for the last eight years has been so filled with systematic propaganda, undoubtedly organized and directed by Einstein and his agents, that the public has become familiar with the name of Einstein and with the phrase "Theory of Relativity." Not one lay person in a thousand has any idea what this all means; and as the people do not understand it, the phrases are passed on in joke, or assumed to represent something important in the higher lines of physical science. It is well known that about six years ago Einstein tried to cast a halo of glory about his head by allowing the report to go forth that not over twelve mathematicians in the word could understand his benighted theory of relativity. Of course this is preposterous, and nobody knows it better than Einstein himself.

We shall show in a simple way that the theory of relativity is unsound, and therefore rejected by the competent mathematicians and natural philosophers of our day, just as it would be by such great historic authorities as Kepler, Galileo, Huyghens, Newton, Euler, Lagrange, Laplace, Sir W. Herschel, Poisson, Bessel, Gauss, Hansen, Sir John Herschel, Maxwell, Airy, Adams, Leverrier, Tisserand, Poincare, Lord Kelvin, Newcomb, Hill, etc. Not one of these great men would lend the slightest sanction to the theory of relativity if they were living today; and hence it is the duty of any competent investigator to denounce the fraudulent trains of thought which Einstein and his deluded followers have spread about with no other effect than to confuse the public mind.

In short, I have at length become convinced that Einstein is a fakir, with considerable skill in deceiving the press and public, so as to ding-dong into the unthinking the idea that he is a great mathematician and philosopher, who is improving on Newton. Let us first notice the errors of Einstein, and the cunning way in which he gets away from them, owing to the layman's inability to pin him down.

Napoleon used to say that he put a stop to humbuggery in the arguments presented to him by confronting pretenders with the statement that two and two made four, not five. We propose to handle Einstein in this direct fashion, which will not allow him to wiggle out of his misleading teaching.

1. In 1919 it was oracularly heralded abroad by Einstein that there is no aether. This pernicious proposition was echoed in Holland, and repeated in England, by certain mediocre physicists in the Royal Society, more especially by Eddington and Jeans, who have since done so much to spread errors over the world. In fact, a joint meeting of the Royal Society with the Royal Astronomical Society was called and a formal debate held, November, 1919, on the proposition for the abolition of the aether.

Opposed by Lodge

In vain did Sir Oliver Lodge and other experienced physicists protest against this folly, but the misguided zealots shouted "On with the dance" —so determined were they on innovation and error, rather than truth! Lodge pointed out that if we accept Einstein's theory, "the death knell of the aether will seem to have been sounded, strangely efficient properties will be attributed to emptiness, and theories of light and of gravitation will have come into being unintelligible on ordinary dynamical principles." In other words, Einstein's theory was dynamically impossible, as Newton himself points out in the passage cited below.

In an interview at Chicago, December 19, 1919, Professor Michelson, the chief authority on light, openly rejected Einstein's theory just because it proposed to do away with the aether. "Einstein thinks there is no such thing as aether," remarked Michelson. "He does not attempt to account for the transmission of light, but holds that the aether should be thrown overboard."

These citations are evidence enough that Einstein committed the unpardonable philosophic sin of proposing to do away with the aether; and we see that this stupid proposal was at once rejected by Lodge, Larmor, Wiechert, Michelson, See and other investigators.

To judge how absurd it was to suppose all space to be filled with mere emptiness, without the aetherial medium, we cite the remarks of Sir Isaac Newton, Letter to Bentley, February 25, 1692-3: "That gravity should be innate, inherent and essential to matter, so that one body may act upon another at a distance through vacuum, without the mediation of anything else, by and through which their action and force may be conveyed from one to another, is to me so great an ab-

斯·里卡尔（Jerome Sextus Ricard）是圣拉拉大学的老理事，于19世纪70年代从法国来到这里教授数学和道德哲学。他声称自己是天文专家，是因为他研究过太阳黑子的长期预报，还担任过《太阳黑子》（*Sunspot*）杂志的主编。[31]

1923年底，与西伊的另一次摩擦使坎贝尔和同事们确信，在公开辩论中假装中立立场是没有用的。西伊要在旧金山发表公开演讲。他写信给罗伯特·艾特肯（时任利克天文台副台长），想要一个关于相对论立场的声明。他声称，艾特肯当被要求为相对论辩护时，“在爱丁顿的权威下寻求庇护”，并且“旧金山的领导人”同意他的看法，认为这种行为是“美国精神向卑微的、不可信的外国人投降”。他威胁说，如果利克不发表声明说这种说法并不真实，他的演讲就会遭到公开谴责。[32] 艾特肯并没有上钩。他退还了西伊的那些相对论论文，并指出它们“显然是对你个人观点和信念的阐述，附带一些参考文献，还引用了别人一些论文”。他看不出论文要求对他发表任何评论。“我也不认为，你的信需要任何特别答复，”他补充说，“不过，我也许可以提醒你，法庭不会接受听信证据，我还可以补充，我怀疑有科学地位的人的分量。你若想以此种证据作为公开声明或论点的依据，责任自负。”

西伊的言论，与某些圈子里反对欧洲科学和文化对美国机构的影响产生了共鸣。战后，大批欧洲人涌入学术和研究岗位，但有些美国人并不喜欢。坎贝尔在1921年秋告诉柯蒂斯，一个年轻天文学家突然辞职给利克留下了空缺，柯蒂斯敦促坎贝尔雇佣一个美国人。“是的，我知道科学是国际性的，我也知道在过去20年里我们每次意见相左，结果都证明你是对的。但是，利克或威尔逊山的人事名单读起来太像一页瑞典人的名录。有许多优秀年轻人，愿意不惜代价在利克或威尔逊山找个工作。”柯蒂斯声称，如果他有足够的钱再雇佣一个员工，“他们将是美国或加拿大公民，出生在美国、加拿大或英国”。无论如何，“外国人”应该偶尔请进来，以防止“近亲繁殖”，他承认，“但在地球上只有两个真正值得成为天文学家的地方，实际的谋生工作应该优先给我们自己人。如果不能用与生俱来的天赋让我们的同胞们漂洋过海，那就坦白承认我们的劣势吧”。[33]

柯蒂斯一些自发性的评论，呼应了西伊更为严厉的言辞。坎贝尔不得不回复柯蒂斯，尽管他非常同情他的评论，但很难找到美国人雇用。这个问题，一直持续到20世纪20年代。5年后，海尔告诉坎贝尔，有人请他为麻省理工学院一个研究职位推荐一位物理学教授，他提到了几位英国优秀男士，但都被拒绝了。“你当然知道，找一个有必需才干的美国人有多难。”[34]

1923年底，面对西伊引起的骚动，坎贝尔准备正式认可爱因斯坦理论。报纸收到了来自“西部天文学家的院长”的声明，“对爱因斯坦教授定律的批评乃建立在偏见基础上，对此我并不同情”。[35]《旧金山日报》在几个月前发表了西伊的完整宣言，但拒绝认为此事已经解决。相反，编辑们宣布“爱因斯坦再次得到支持”，并宣称加利福尼亚可以同时提供攻击者和捍卫者：“我们应该为这个划时代发现的争议双方提供科学弹药，这是对加利福尼亚科学的致敬。”（图9.3）[36]

美国东部的反相对论联盟

西伊与在美国西部的利克天文学家斗争，另一位相对论批评者则在东部发起了自己的造势。纽约哥伦比亚大学查尔斯·莱恩·普尔在英国人日食观测结果公布后，就开始试图反驳。20世纪20年代，他想方设法说服天文学家尝试不同验证来推翻这个理论，并为那些预言效应找到其他解释。受过天体力学训练的普尔，花了好几年时间试图解释水星近日点进动。他的方法之一，是寻找太阳形状的扁率。普尔的理由是，由于太阳自转，太阳赤道处的离心力会使太阳表面略微膨胀，使其球形变形为椭球形。这种效应若足够大，牛顿力学就可以解释行星轨道的进动。普尔对之前所有测量太阳的尝试都不满意，他花了几年时间试图说服天文台按照他的要求拍摄照片。他成功同叶凯士天文台达成了临时协议。他提供了特制的镜头和快门，并同意每月支付一笔款项作为这项课题的费用。他只拿到了“很少几张验证底片”。19世纪90年代末，萨缪尔·艾尔弗雷德·米切尔在约翰斯·霍普金斯大学担任维吉尼亚州林德·麦考米克天文

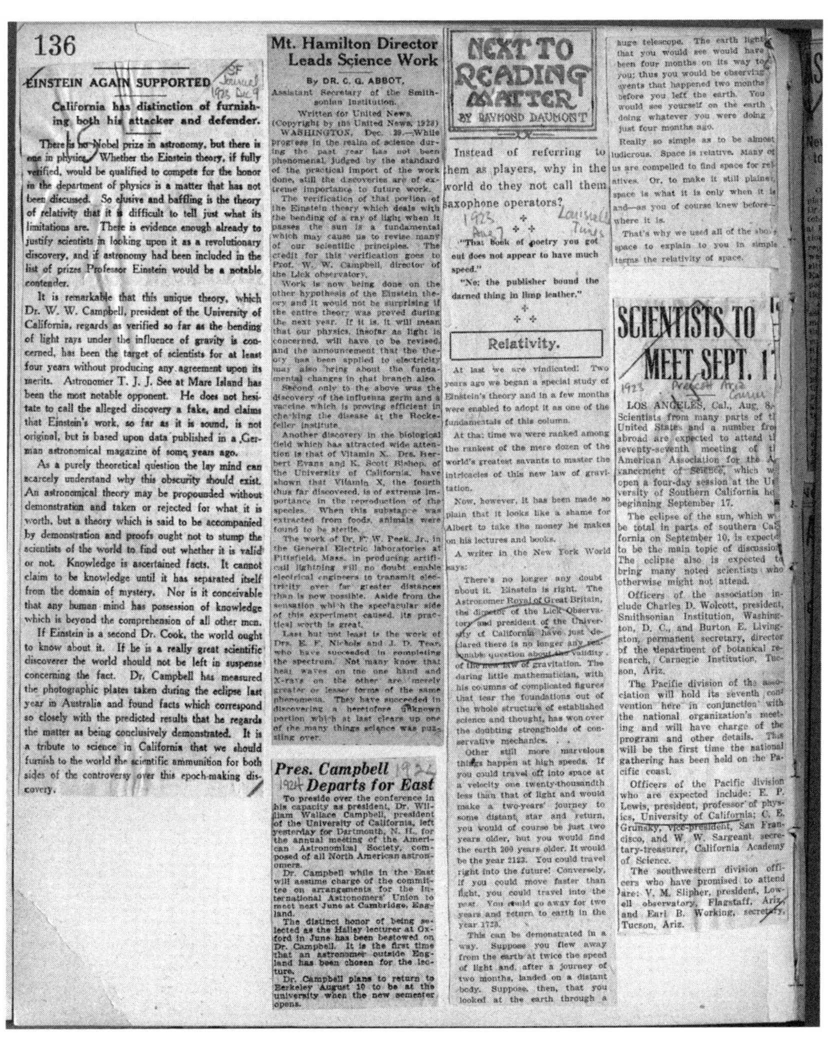

136

EINSTEIN AGAIN SUPPORTED

California has distinction of furnishing both his attacker and defender.

There is no Nobel prize in astronomy, but there is one in physics. Whether the Einstein theory, if fully verified, would be qualified to compete for the honor in the department of physics is a matter that has not been discussed. So elusive and baffling is the theory of relativity that it is difficult to tell just what its limitations are. There is evidence enough already to justify scientists in looking upon it as a revolutionary discovery, and if astronomy had been included in the list of prizes Professor Einstein would be a notable contender.

It is remarkable that this unique theory, which Dr. W. W. Campbell, president of the University of California, regards as verified so far as the bending of light rays under the influence of gravity is concerned, has been the target of scientists for at least four years without producing any agreement upon its merits. Astronomer T. J. J. See at Mare Island has been the most notable opponent. He does not hesitate to call the alleged discovery a fake, and claims that Einstein's work, so far as it is sound, is not original, but is based upon data published in a German astronomical magazine of some years ago.

As a purely theoretical question the lay mind can scarcely understand why this obscurity should exist. An astronomical theory may be propounded without demonstration and taken or rejected for what it is worth, but a theory which is said to be accompanied by demonstration and proofs ought not to stump the scientists of the world to find out whether it is valid or not. Knowledge is ascertained facts. It cannot claim to be knowledge until it has separated itself from the domain of mystery. Nor is it conceivable that any human mind has possession of knowledge which is beyond the comprehension of all other men.

If Einstein is a second Dr. Cook, the world ought to know about it. If he is a really great scientific discoverer the world should not be left in suspense concerning the fact. Dr. Campbell has measured the photographic plates taken during the eclipse last year in Australia and found facts which correspond so closely with the predicted results that he regards the matter as being conclusively demonstrated. It is a tribute to science in California that we should furnish to the world the scientific ammunition for both sides of the controversy over this epoch-making discovery.

Mt. Hamilton Director Leads Science Work

By DR. C. G. ABBOT,
Assistant Secretary of the Smithsonian Institution.
Written for United News.
(Copyright by the United News, 1923)

WASHINGTON, Dec. 29.—While progress in the realm of science during the past year has not been phenomenal, judged by the standard of the practical import of the work done, still the discoveries are of extreme importance to future work.

The verification of that portion of the Einstein theory which deals with the bending of a ray of light when it passes the sun is a fundamental which may cause us to revise many of our scientific principles. The credit for this verification goes to Prof. W. W. Campbell, director of the Lick observatory.

Work is now being done on the other hypothesis of the Einstein theory and it would not be surprising if the entire theory was proved during the next year. If it is, it will mean that our physics, insofar as light is concerned, will have to be revised, and the announcement that the theory has been applied to electricity may also bring about the fundamental changes in that branch also.

Second only to the above was the discovery of the influenza germ and a vaccine which is proving efficient in checking the disease at the Rockefeller institute.

Another discovery in the biological field which has attracted wide attention is that of Vitamin X. Drs. Herbert Evans and K. Scott Bishop, of the University of California, have shown that Vitamin X, the fourth thus far discovered, is of extreme importance in the reproduction of the species. When this substance was extracted from foods, animals were found to be sterile.

The work of Dr. F. W. Peek, Jr., in the General Electric laboratories at Pittsfield, Mass., in producing artificial lightning will no doubt enable electrical engineers to transmit electricity over far greater distances than is now possible. Aside from the sensation which the spectacular side of this experiment caused, its practical worth is great.

Last but not least is the work of Drs. E. F. Nichols and J. D. Tear, who have succeeded in completing the spectrum. Not many know that heat waves on the one hand and X-rays on the other are merely greater or lesser forms of the same phenomena. They have succeeded in discovering a heretofore unknown portion which at last clears up one of the many things science was puzzling over.

Pres. Campbell Departs for East

To preside over the conference in his capacity as president, Dr. William Wallace Campbell, president of the University of California, left yesterday for Dartmouth, N. H., for the annual meeting of the American Astronomical Society, composed of all North American astronomers.

Dr. Campbell while in the East will assume charge of the committee on arrangements for the International Astronomers' Union to meet next June at Cambridge, England.

The distinct honor of being selected as the Halley lecturer at Oxford in June has been bestowed on Dr. Campbell. It is the first time that an astronomer outside England has been chosen for the lecture.

Dr. Campbell plans to return to Berkeley August 10 to be at the university when the new semester opens.

NEXT TO READING MATTER

BY RAYMOND DAUMONT

Instead of referring to them as players, why in the world do they not call them saxophone operators?

"That book of poetry you got out does not appear to have much speed."

"No; the publisher bound the darned thing in limp leather."

Relativity.

At last we are vindicated! Two years ago we began a special study of Einstein's theory and in a few months were enabled to adopt it as one of the fundamentals of this column.

At that time we were ranked among the rankest of the mere dozen of the world's greatest savants to master the intricacies of this new law of gravitation.

Now, however, it has been made so plain that it looks like a shame for Albert to take the money he makes on his lectures and books.

A writer in the New York World says:

There's no longer any doubt about it. Einstein is right. The Astronomer Royal of Great Britain, the director of the Lick Observatory and president of the University of California have just declared there is no longer any reasonable question about the validity of the new law of gravitation. The daring little mathematician, with his columns of complicated figures that tear the foundations out of the whole structure of established science and thought, has won over the doubting strongholds of conservative mechanics. . .

Other still more marvelous things happen at high speeds. If you could travel off into space at a velocity one twenty-thousandth less than that of light and would make a two-years' journey to some distant star and return, you would of course be just two years older, but you would find the earth 200 years older. It would be the year 2123. You could travel right into the future! Conversely, if you could move faster than light, you could travel into the past. You could go away for two years and return to earth in the year 1723.

This can be demonstrated in a way. Suppose you flew away from the earth at twice the speed of light and, after a journey of two months, landed on a distant body. Suppose, then, that you looked at the earth through a huge telescope. The earth light that you would see would have been four months on its way to you; thus you would be observing events that happened two months before you left the earth. You would see yourself on the earth doing whatever you were doing just four months ago.

Really so simple as to be almost ludicrous. Space is relative. Many of us are compelled to find space for relatives. Or, to make it still plainer, space is what it is only when it is and—as you of course knew before—where it is.

That's why we used all of the above space to explain to you in simple terms the relativity of space.

SCIENTISTS TO MEET SEPT. 17

LOS ANGELES, Cal., Aug. 8.—Scientists from many parts of th United States and a number fro abroad are expected to attend th seventy-seventh meeting of th American Association for the Ad vancement of Science, which w open a four-day session at the Un versity of Southern California he beginning September 17.

The eclipse of the sun, which w be total in parts of southern Cal fornia on September 10, is expecte to be the main topic of discussion The eclipse also is expected to bring many noted scientists who otherwise might not attend.

Officers of the association include Charles D. Wolcott, president, Smithsonian Institution, Washington, D. C., and Burton E. Livingston, permanent secretary, director of the department of botanical research, Carnegie Institution, Tucson, Ariz.

The Pacific division of the association will hold its seventh convention here in conjunction with the national organization's meeting and will have charge of the program and other details. This will be the first time the national gathering has been held on the Pacific coast.

Officers of the Pacific division who are expected include: E. P. Lewis, president, professor of physics, University of California; C. E. Grunsky, vice-president, San Francisco, and W. W. Sargeant, secretary-treasurer, California Academy of Science.

The southwestern division officers who have promised to attend are: V. M. Slipher, president, Lowell observatory, Flagstaff, Ariz., and Earl B. Working, secretary, Tucson, Ariz.

图9.3　页面来自利克天文台的剪报档案。左边一篇文章原载《旧金山日报》，报道了坎贝尔于1923年12月9日正式支持爱因斯坦相对论。（加利福尼亚大学圣克鲁兹分校大学图书馆利克天文台玛丽·莉·沙恩档案馆提供）

台台长，他同意接受普尔的项目。这台仪器是从叶凯士迁来的，普尔给了米切尔“几笔钱，用于建造新的快门、底片盒等”。然而，他从未见过一张照片。[37] 在英国人宣布星光被太阳引力场弯曲后，普尔试图提出折射解释。他还再次努力用牛顿理论解释诸行星的近日点进动。[38]

1922年，普尔出版了一本批评相对论的书，声称“没有任何相对论的拥趸提交过实质性的实验证明”。第一章解释了普尔所理解的相对论，显然他并不理解。凭着隐含的能力，他断言引力的广义相对论研究“涉及最复杂的数学，而爱因斯坦所使用的数学过程和方法，根本不能用非技术语言来解释”。他声称，因为“物体速度进入每一个公式，进入它在空间中位置的每一种测量”，引力定律的数学表达式“与艾萨克·牛顿爵士的表述不一样”。参考狭义相对论中的洛伦兹变换方程，普尔注意到其中包含了物体速度和光速之比的诸项。“当物体的速度与光速相比非常小时，这个比值就变得很小，这些项与该表达式的其他项相比可以忽略不计。在这种情况下，爱因斯坦公式退化为牛顿公式，因此，对于低速，这两个定律给出了完全相同的结果。”[39] 普尔不能再进一步，因为他做不到。“我搞不懂爱因斯坦等人使用的那种方法，”书出版几个月后，他私下承认，“我从未验算过他们的工作”。[40] 甚至求助于爱丁顿关于相对论的专业论著时，普尔也未受到进一步启发。“我搞不懂他的数学体操。”[41]

在1922年这部书中，普尔回顾了相对论的经验证据。他拒绝了任何要求红移支持相对论的呼吁，引用了圣约翰发表的驳斥相对论解释的工作。普尔断言圣约翰使用“远远超过其他任何地方所能找到的”设备，而其他人使用的是“小型实验室或天文台的普通设备”。[42] 普尔承认近日点进动和光线弯曲是“支持该理论的唯一有形证据”，但是警告说这些证据必须予以仔细检查。[43] 为了否定近日点结果，普尔重新提出关于太阳形状的观点。他声称赤道扁率可以解释3.″5的水星进动，将那种无法解释的水星近日点进动归算为“不超过36.″3，即爱因斯坦预言值的16%”。“这样的差异，对相对论来说几乎是致命的，”他总结道，“因为该理论不包含任意常数，爱因斯坦在未来无法根据这些常数重新调整他的数字，以符合真实而非虚构的事实。”[44] 普尔讽刺地宣称，尽管在行星运动中还有爱因斯坦理论无法解释的其他反常现象，“如果这位相对论作者的方法得到承认，就没有必要解释水星近日点进动。它若给我们的理论带来麻烦，则可以和其他所有的不一致一起被抛弃。为什么还要担心水星本身呢！据说哥白尼从未见过这颗行星；没有水星，太阳系真的会简单得多！”[45]

普尔还攻击了英国人对光线弯曲的日食观测结果。他求助于罗素的解释，即定天镜由于受热而产生的变形导致了索布拉尔天体照相偏折的非视向性，并得出结论："用整套底片证明'爱因斯坦效应'存在与否，是毫无价值的。"[46] 他仔细考虑了折射解释，忽略了英国期刊上几个月来讨论的（为了回应纽沃尔试图找到一个）所有论点。他写道："这种以完全正常方式计算所观测光线偏折的可能性，已被相对论者用寥寥数语当作不值一提的事情驳回了。"[47] 普尔的简短总结强调，爱因斯坦的假说和公式"对于解释所观测现象来说既非**必要**，也非**充分**"，所有相互矛盾的证据都被相对论者们轻松驳回了。[48] "但对于真正的相对论者而言，克服相互矛盾的证据所有困难的道路平坦而清晰；因为一切不都是取决于观测者吗？没有什么是绝对的，一切皆相对；一位观测者认为雕像是金的，另一位观测者认为雕像是银的。"[49]

1922年12月，普尔寄给坎贝尔一本他的书，介绍说他试图"对引证为相对论证明的天文学证据进行全面调查，并将其正方（pros）、反方（cons）公正地摆在读者面前"。不久之后，听说坎贝尔最近在澳大利亚成功获得了底片，他再次写信询问坎贝尔是否愿意在其"精彩照片"上尝试一个想法。他的计划是，测量月球直径，看看它的变化是否和恒星方位的变化一样。"在您的照片上测量月球边缘的一些点，用与星像相同的方法测量它们是否可行？如果可行，此种测量可以完全类似于恒星测量所用的方式进行归算，对取方向、标度值、较差折射等进行同样的校正。于是，从这些测量数据可以得到月球直径值，这些观测直径可以与月球表中计算出的直径进行比较。"如直径在方向和数量上的增加与恒星偏折的方式相似，人们就必须寻找月球和地球之间的原因，而不是太阳引力场的效应。[50]

坎贝尔直到4月份，在他初步公布结果的前一周才回复。他认为，普尔的建议对利克底片行不通："我们在澳大利亚的爱因斯坦底片的曝光长度从1分钟到2分钟不等，转仪钟是根据恒星速率调整的。因此，内冕的图像不仅曝光严重过度，而且侵蚀了月球图像的边缘，况且，在曝光期间，月球的漂移非常大……也许根据你的建议制订一个观测方案是有用的，但是我不敢肯定。"坎贝尔告诉普尔，希望对他的和特朗普勒的爱因斯坦结果“在两三个星期内”做出初步公告。为了他那位反相对论通信者的利益，他补充说：“我们在整个运动中的哲学一直是亚历山大·蒲柏（Alexander Pope）的哲学——‘存在即合理。’”[51]

初步结果公布后，普尔回复了坎贝尔的信。他问是否可以得到一份所使用方法的说明和可能已准备好的结果表。坎贝尔回复，他和特朗普勒只是在为一篇要发表的文章“做最后的润色”。[52]

普尔向其他天文学家咨询他的月球折射效应验证。[53] 他写信给柯蒂斯，提出要支付费用时，他找对了人。柯蒂斯正打算在9月即将到来的日全食中，与约翰·A.米勒（斯沃斯莫尔学院斯普罗尔天文台台长）重新进行爱因斯坦验证。他告诉普尔，如果他的信早一两个月收到，“我会很高兴利用您的提议，因为我试图为我自己的远征队争取资金失败了”。他建议普尔直接与米勒联系，提供“各种帮助，在日食时，或通过协助预先设计仪器”。柯蒂斯甚至更进一步：

> 我可以说，首先，我花了一年令人心碎的工夫测量戈尔登代尔底片，底片不够好，不能给出决定性结果。我听说过坎贝尔博士最近的论文，并和他详细讨论了所用的方法等。我的结论是，在我看来，绝对毫无疑问，他的底片上所显示的偏折实质上存在，大约是日面边缘1.″75。然而，这并不使我成为相对论的信徒。我仍然是一个无可救药的异教徒，而且我永远也不会接受这个理论，除非先被麻醉。

柯蒂斯说，“听到坎贝尔论文后，经过短暂犹豫”，他和米勒决定“继续”他们的计划，重复那个爱因斯坦验证。“为了使它成为迄今为止用过的最好的爱因斯坦装备，我们不惜工本和小心。”“我希望有一个比我更有时间和能力的人，来检查由普通引力理论引起的偏折量。爱因斯坦起先在工作中犯了一个倍数2的错误。没准，已经有人这么干了。”[54]

普尔立刻回复。“英国人宣布1919年日食结果的那天，我称爱因斯坦为‘科学布尔什维克主义者'，从那以后，我一直在打击相对论；所以，我很高兴听到你强烈的不信声明。”他承认在坎贝尔宣布后，“我十分惊讶。”现在，他断言坎贝尔“没有使用所有可能的复核”。

如果坎贝尔的个人测量值与钱特的类似，我们就不需要太担心，因为那些加拿大人的结果非常不一致，几乎可以代表任何东西……我不是观测者，所提出的各种建议都被完全置之不理，我（在讲座和出版物中）反复发表关于日食底片拍摄的异常条件的评论被所有相对论者置若罔闻……我希望我的建议能够被证明有价值，我们能够合作对那个现代最危险的学说进行有力而持久的攻击。[55]

普尔想到了几项验证。首先，利用他那个在日食期间测量月球直径的想法，对异常折射进行“全面而彻底的复核”；其次，他想验证“伊士曼柯达公司的专家们”提出的胶片失真的可能性。[56] 然而，弗雷德利克·斯洛克姆（Frederick Slocum）断然否定了这种可能性。他计算了因乳化效应所致星像可能位移的最大量。它太小了，无法解释日食底片上所观测星像的偏折。柯蒂斯告诉普尔，使用照相底片进行精确测量的天文学家可以排除这个建议，因为这个来源的可能误差非常小，而且“这种变形纯粹是随机效应……现在被测量和归算的成千上万的视差底片，就足以证明这一点”。柯蒂斯感兴趣的是，底片乳剂会如何受到底片中心的大强度图像的影响。环绕它的星场的一般模式，会受到影响吗？“有一件事我希望看到，如果它尚未完成，我认为我们必须尝试，是在人为星场中间，打印显眼的人工日晕和显著的天空变黑，且在没有此种中央胶片改变情况下，与同一个人工星场进行比较。”[57] 普尔还想对内冕进行光谱观测，以确定日冕中的物质是随太阳速度还是随因引力所致变化速度而旋转。“如果日冕是一群太阳卫星，也就是说，在引力作用下围绕太阳旋转，那么大多数关于极低密度的论证都失败了。”在这种情形下，日冕可能会对通过的光线产生更大影响。普尔告诉米勒，他在1922年日食之前就向海尔提出了这个建议。然而，关于日冕结构的想法早已超过了微粒模型的阶段，而普尔这个想法很可能被认为是过时的。[58]

柯蒂斯和米勒只考虑了月球验证，但存在一些问题。普尔指出，可能很难同时获得一次曝光后星像和月球在同一个底片上。他建议用一连串相连的底片，有些用长时曝光拍摄恒星，有些用短时曝光拍摄月球。柯蒂斯和米勒采用了沙恩程序，使用一个离日食视场10°的辅助星场。他们想要消除由坎贝尔和特朗普勒在日食前后几个夜晚进行这一复核的方法所造成的任何可能误差。柯蒂斯认为，对日食期间因月球影锥中的大气冷却所致反常折射效应，那些复核恒星可以提供最精确的测量值。普尔不认为复核星场对其验证有用。他的假说化折射会与食影的轴线对称，且会随着与轴线的距离增加而迅速减小。“我担心，在离轴线10°位置上，（由折射所致的恒星位移）如不是微不足道，也会非常小。因此，有可能一个距离太阳10°的星场，既不会显示出任何反常效应，也不会显示出与偶然误差相混淆的此种小效应，但是，在月球边缘的距离上，异常折射效应是可测量的。”[59] 柯蒂斯担心，即使是短时曝光，也不可能阻止明亮的色球层干扰负片的其他部分，包括月球边缘；如长时曝光，“无论底片是背衬，还是使用双镀膜或三镀膜底片”，其效应将相当显著[60]。此外，项目已经太满了。

不可能……用爱因斯坦照相机在这次日食任何时候进行此种短时曝光；它需要各种各样的计划，使每个镜头获得两次曝光，且允许有足够（时间）更换底片，移动到辅助星场，并对它进行短时曝光。为了在即将到来的日食中获得此种短时曝光和长时曝光，实际上需要复制整个爱因斯坦设备、极轴、转仪钟等。……也许是我过于悲观，当然，应该尝试一切可能帮助我们走出困境的建议，但月球直径测量，在其实际应用和我们严格解释测量结果的方面遇到了许多困难。[61]

普尔固执己见，从朋友那里筹钱买了另一件设备。米勒可以订购一台由詹姆斯·麦克道尔公司制造的照相机，此乃为斯普罗尔远征队制造的爱因斯坦照相机的“几乎完全复制品”。等所有费用付清后，普尔自己也捐了一些钱，他的两个熟人H.G.S.诺布尔（H.G.S. Noble）和E.维尔·斯特宾斯（E. Vaile Stebbins）也捐了一些。日食之际，柯蒂斯同堪萨斯大学的丁斯莫尔·奥尔特（Dinsmore Alter）操作了诺布尔照相机进行普尔验证。[62]

以太试图卷土重来

对相对论的广泛兴趣促使许多顽固的以太拥趸重新燃起对以太漂移实验的兴趣，作为验证相对论的另一条攻击思路。1905年，爱因斯坦发表第一篇相对论论文那一年，克利夫兰的物理学家戴顿·克拉伦斯·米勒（Dayton Clarence Miller）与E.W.莫雷（E. W. Morley）合作，证实了最初的1887年迈克耳孙-莫雷实验。迈克耳孙和莫雷的著名结果是，地球在“以太”中的运动不可探测。米勒和莫雷在凯斯应用科学学院的地下实验室里，也得到了同样结果。然后，他们在一块高地上做了实验。一些物理学家曾提出，地球部分地曳引着以太。在地球表面，曳引是100%，故在以太中没有可探测运动。在较高海拔高度，曳引将是部分的。相对于以太的运动，可能是可测量的。米勒和莫雷报告了在更高海拔上的“明确肯定效应”，但承认温度效应亦可能导致该结果。莫雷于1906年退休后，米勒独自一人继续这项工作，但“许多原因阻碍了观测工作的恢复”。[63]

1919年英国人日食观测结果发表后，人们对爱因斯坦和相对论的广泛兴趣给米勒的项目带来了新的生命。海尔正在积极建设威尔逊山的科学设施，威尔逊山日益成为热衷于先进设备和良好气候的科学家们的圣地。在将威尔逊山确定为引力红移的最终仲裁者之后，海尔看到了进行另一个相对论验证的机会。他邀请D.C.米勒来他的山地天文台，近6000英尺（约1828.8米）的海拔使它成为一个理想地点。米勒用他和莫雷几年前用过的完全相同仪器重复做了实验。他得到了肯定结果，但还存在一个无法解释的半频率的周期效应。[64] 爱因斯坦第一次访问美国，在普林斯顿发表演讲时，米勒的结果才为人所知。各路记者要求他对此发表评论，他说了一句如今闻名遐迩的话："上帝难以捉摸，但并无恶意。"（Subtle is the Lord, but He is not malicious.）这句话，在普林斯顿大学前数学大楼的石质壁炉上方用德语镌刻。爱因斯坦评论说，大自然通过难以捉摸而不是狡猾（slyness）隐藏它的秘密。换句话说，他没有思考米勒实验将被证明是正确的，因为那种情况复杂得无法解释。尽管如此，爱因斯坦还是去克利夫兰拜访了米勒，在那里进行了友好讨论。[65] ①

海尔一直在寻求理论家们支持他的观测研究。因此，他很高兴收到（康奈尔大学物理系主任）欧内斯特·梅里特（Ernest Merritt）的以下信件：

> 我最近听到一个传言，说有人，很可能是D.C.米勒，要在威尔逊山重复迈克耳孙和莫雷的实验。假设此传言是真的，我写信的目的是建议得到罗切斯特大学的L博士（Dr. Ludwik）在理论方面的帮助。西尔伯施泰因最近加盟伊士曼柯达研究实验室。西尔伯施泰因博士正在给我们的研究生开一门相对论课程，我觉得同他很熟。我很高兴与他交谈后发现，尽管他在数学方面能力非凡，但他对待相对论这一课题的方式与实验物理学家非常相似。[66]

西尔伯施泰因最近从英国移民美国，曾经活跃在英国天文学界。他最初很赞成爱因斯坦1905年的相对论。广义理论发表时，他的反应很消极，特别是对引力的几何诠释。他对英国人对光线弯曲预言的证实结果所引起的不知情的公众关注感到不满。在英国日食结果公布后，西尔伯施泰因试图用一个围绕太阳的凝聚以太模型予以解释。他认为，科学家不应该被大众对相对论的兴趣所裹挟。

让我们想象一下，爱因斯坦从未发表过他那有争议的（尽管无疑是美妙

① 《上帝难以捉摸》，142—143页。

的）新理论——甚至不是1905年的理论。几乎可以肯定，日食结果会容易被誉为太阳附近以太凝聚的证据，如斯托克斯–普朗克理论所要求，将鼓励物理学家在此种凝聚的光学及其相关后果方面细细开掘。但是，即使爱因斯坦理论已经发表，并以一种最耸人听闻方式普及开来，我们还是不能不坚持上述观点。[67]

到达美国后不久，西尔伯施泰因就成为一名受欢迎的相对论讲师。1921年1月，他在多伦多大学开了一个为期3周的15节课，主题是“爱因斯坦相对论与引力理论”。那年夏天，他在芝加哥大学讲授了47节关于“相对论、引力和电磁学”的课程。他把关于广义理论的讲座扩展成一本书，书中他对相对论的批判立场是明确的：“也许，一些读者会怀念本书中充满热情的语调，这种语调通常弥漫在有关这个主题的书籍和小册子中（爱因斯坦自己的作品除外）。然而，笔者是最后一个对爱因斯坦理论令人钦佩的大胆和严谨的构筑之美视而不见的人。但似乎这样的美，通过采用一个冷静语调和明显冷峻的表现形式，得到加强而不是模糊。”[68] 在书中，西尔伯施泰因继续把引力红移作为该理论的反证据。在芝加哥演讲时，他声称发现了一个致命缺陷，“完全推翻了‘相对论’”，引起了轰动。后来，他发现自己的计算有误。[69]

迈克耳孙参加了西尔伯施泰因在多伦多的一次讲座，很快两人就开始讨论以太漂移实验。西尔伯施泰因提出了一种方法，验证由地球自转所致的以太部分曳引。它还可以用来验证爱因斯坦广义相对论。迈克耳孙起初不愿意尝试这个实验，但考虑到目前人们对爱因斯坦理论的兴趣，同意监督一个项目。[70] 1921年5月，西尔伯施泰因在普林斯顿大学一次演讲中宣布了这一计划，并强调该实验“能证明爱因斯坦相对论是完全错误的”。《纽约时报》适时报道了西尔伯施泰因的言论。迈克耳孙在给海尔的信中写道：“我还有一个重大的相对论实验，伊士曼柯达公司通过西尔伯施泰因博士为此提供了资金。”[71]

海尔对此新闻特别感兴趣，是因为他和D.C.米勒的课题。迈克耳孙于1921年夏天去帕萨迪纳在威尔逊山做初步验证时，米勒咨询了海尔和迈克耳孙。他设计了一种新的干涉仪，使用混凝土底座（而不是钢底座）消除任何可能导致反常周期性位移的磁效应。新设备的观测结果显示，肯定效应“与4月份的实质上相同”，包括那个神秘的周期性结果。在海尔建议下，米勒写信给洛伦兹，希望他“或许能提出一些建议，以缩短发现（在仪器一次旋转中周期性产生）此种效应来源的时间”。[72]

与此同时，迈克耳孙的验证进展顺利。到7月底，他写信给西尔伯施泰因，“与我之前的怀疑相反……机会很有利”。[73] 海尔向米勒描述了这个方案：“迈克耳孙正准备尝试一种不同形式的以太漂移实验，在实验中，干涉仪的反射镜将置于边长超过1 000英尺（约304.8米）三角形的各角处。在山谷中进行第一批验证，总路径约为1 000英尺，得出了美丽明锐和稳定的条纹。因为这是在中午，阳光充足，我相信在一天中的某些时辰，在山上那些更长路径上，诸多条纹会很清晰。”[74] 海尔最初愿意考虑资助这个项目，但迈克耳孙告诉他“西尔伯施泰因博士为这项工作设立了一种定制基金，不过我怀疑他是否能有所作为”。[75] 最后，这个项目确实到了芝加哥。芝加哥大学捐赠了1.7万美元，市政府为光路提供了免费管道，还有芝加哥电话公司捐赠了一套电话系统。西尔伯施泰因又筹到了500美元。[76]

米勒1922年将仪器送回克利夫兰，在那里他开始进一步观测，寻找干涉仪条纹额外周期性位移的原因。1922年4月，他将研究结果提交给了美国科学院。虽然1905年在凯斯的地下室里没有发现以太漂移，但在威尔逊山海拔6000英尺（约1828.8米）的地方发现了一个。他的解释通常保守，他提到了在得出任何结论之前必须得到解释的反常条纹位移。[77]

到1922年，计划进行两个以太漂移实验，皆为旨在否证爱因斯坦。

第10章　争论加剧

验证爱因斯坦的又一个机会

在戈尔登代尔的失败后，坎贝尔原本打算通过1923年9月10日在南加州和墨西哥可看到的日食再次在本土附近攻克爱因斯坦难题。1919年英国人的公告提高了赌注，他抓住了早先在澳大利亚的机会。在为1922年至瓦拉尔的观测远征队做准备时，作为美国天文学会日食委员会主席，坎贝尔曾对加利福尼亚和墨西哥地区进行过勘测。他断定，美国靠近圣芭芭拉南部和圣地亚哥西部的岛屿都是很好的地点。1923年春天，坎贝尔和特朗普勒宣布他们的澳大利亚结果证实了英国人对1919年日食的结论后，欧洲天文学家选择不去观测1923年的日食。只有美国团队和墨西哥团队出发了。卡尔顿学院古德塞尔天文台（Goodsell Observatory）台长赫伯特·库珀·威尔逊（Herbert Couper Wilson）决定在爱因斯坦难题上碰碰运气。他的专长是天体照相和在寻找小行星时测量照片，这些技能非常适合这项任务。在坎贝尔推荐下，他决定驻留在卡特琳娜岛（Catalina Island），其他几支远征队也是如此。斯普罗尔天文台约翰·A.米勒的团队，跟柯蒂斯和普尔合作，策划了两个独立验证——常规的光线弯曲项目和普尔的月球反常折射验证。尽管坎贝尔认为在边境以南取得成功的机会并不大，米勒还是决定在墨西哥驻留。[1]

1922年初，约瑟夫·拉莫尔爵士致函威尔逊山的海尔："我一直对爱因斯坦引力理论着迷。”作为一个固执的以太拥护者，他对以太死在爱因斯坦之手并不满意。“在我看来，恒星仍然由电子构成，而电子之间的引力对其在以太中的存在**至关重要**，所以人们无法想象一个没有电子的世界。”[2] 自1919年，拉莫尔一直在提议重建广义相对论，消除引力红移的必要性。他对爱因斯坦“形而上学”方法特别恼火：“争论中的问题，似乎可以归结为：把那种修正时空的严格数学分析跟一种外部的、半形而上学的、松散表达的‘等效原理’混在一起是否安全。”[3]

拉莫尔继续思考广义相对论，1922年夏天，他开始确信光线偏折应该是爱因斯坦值的一半。1923年初，他写信给海尔说爱因斯坦终究是错的：

> 我确信，如靠引入变化的空间和时间将引力引入电动力学和光学（有限）相对论的方案，它一定与爱因斯坦的方法截然不同。去年夏天，我通过最小作用得出了这个结论，并在10月中旬向皇家学会提交了一篇论文，声称光学效应必须减半。我害怕那个年轻的守卫……我想我是昏了头。回想起来，我无法使自己确信那个课题。然而，2个月后我撤回了论文，（我希望）它刊于1月份的《哲学杂志》（*Philosophical Magazine*）。在11月，J. 勒鲁（Jean Marie Le Roux）开始对轨道可能为“最短路线”的假设进行抨击……经过多次交锋，他似乎占领了这块领域。它们若不是测地线，就不是不变量，爱因斯坦自己的原理就变成胡扯。

坎贝尔和其他日食猎人，仍在测量那些澳大利亚日食底片。拉莫尔向海尔有力证明了这些验证的结果至关重要：“我认为我的最小作用理论是自洽的：但如未得到光线偏折的一半值，它就必须退出。光线若发生了偏折，那当然意味着引力和以太之间的相互作用：因此，一个纯粹否定结果将是对知识的有力补充，但不太可能。无论如何，勒鲁那种破坏性批评证实了这一点，就我的理智而言，我相信爱因斯坦的形而上学已经永远消失了。”[4]

当时海尔因病休假一年，他在船上收到了拉莫尔的信。这封信显然产生了影响。他把最后一段话一字不漏抄写在1922年完成的日志最后一页，然后把信寄给亚当斯，当时亚当斯是威尔逊山天文台执行台长。海尔和亚当斯没有把爱因斯坦难题放到他们观测1923年9月那次日食的计划中，因为知道坎贝尔等人正在澳大利亚重复这个验证。拉莫尔的通信，改变了海尔的想法："很明显，太阳光偏折的幅度必须由几个观测者以最高精度和独立材料确定。报纸上说坎贝尔拍摄的最后一次日食的照片非常好，但是考虑到拉莫尔的结论，他们很难解决这个问题。因此，我相信它应该列入我们的日食项目中，这项工作应使用可获得的最合适的仪器。"[5] 于是，亚当斯在威尔逊山日食项目中进行爱因斯坦验证。

与此同时，拉莫尔很难让其想法在英国得到认真对待。"我关于光因引力而偏折减半的文章……适时出现，可是没有人把它当回事。"他试图引起剑桥大学纯粹数学家的兴趣，但"他们从不相信它有实际意义"。他甚至试图"让洛伦兹在《自然》杂志关注此课题，但他不上钩……""我观察到，它偶尔在《法国科学院报告》（*Comptes Rendus*，简称C.R.）中以无力尝试来回避批评……无论如何，恒星若被证明不偏折，它将完全排除一切对空间的干扰。但我认为可能性很大。"[6] 海尔在国内的同事们，对拉莫尔也不怎么感兴趣。亚当斯咨询了加州理工学院物理学家保罗·爱泼斯坦和查尔斯·G.达尔文（Charles G. Darwin），以及德国来访的阿诺尔德·索末菲。"爱泼斯坦和达尔文不认为拉莫尔是正确的，"他给海尔写道，"索末菲倾向于同样想法。最初爱因斯坦认为位移是一半的量，但后来得到了更大的值……我们一定要计划在日食时为这一效应竭尽所能。"亚当斯期望在3月见到坎贝尔，并希望他能取得一些结果。"他们如能显示出一半的位移，今年的日食将非常重要。"密立根还跟海尔写道，"爱泼斯坦和达尔文都感兴趣，我觉得（拉莫尔的信）有点好笑。""他们两人都不太相信拉莫尔结论是可靠的，而我自己也有理由知道他并非无懈可击。"[7] 拉莫尔不久向海尔承认："恐怕我随信附上的文章（《哲学杂志》文章）遇到了永久麻烦。但是，他们两次拒绝了我在皇家学会公开解读的要求，同时法国人每周都在《C.R.》上讨论有说服力的事情……迄今为止，我唯一的通信来自维也纳的弗里德里希·科特勒（Friedrich Kottler）……他很挑剔，认为整个方案不成熟，神秘兮兮的。”[8]

直到4月17日，亚当斯才能对海尔传达有关利克测量的消息：“今天，最重要的天文学消息是，坎贝尔对澳大利亚日食底片的相对论位移的完全证实。他的最终结果是1.″74，预言值是1.″75。多伦多的观测人员也得到了类似结果，但精度要低得多。坎贝尔认为他的数值足够明确，不必在即将到来的日食中再重复观测。当然，这对我们的远征队有重要影响，但是大家都同意，我们应该照原计划执行。”设备很先进，“比坎贝尔的更棒”。恒星视差测量专家阿德里安·范马南将操作这些照相机。“它只会构成我们日食项目的一小部分，忽略它不会有什么好处。总会有意想不到的事情发生的可能性。”这位英国人特别注意到威尔逊山天文台的参与，而坎贝尔却没有去。“由于他的（澳大利亚）结果与1919年英国远征队的结果一致，他将不再讨论这个课题。”[9]

卷入经年累月爱因斯坦难题的坎贝尔，决定不把它包括在1923年日食项目中，乃是一个恰当的决定。然而，人们对其正面结果公告的反应，让他和同事们迎来了更大问题，即该理论的有效性及其被科学界接受的程度。利克天文台开始发现自身在这场如火如荼进行的相对论争论中扮演着专家和仲裁者的角色。威尔逊山天文台的海尔努力在国内建立理论专长，并借鉴国外的建议，而坎贝尔最初完全专注于观测问题。但幸运的是，在罗伯特·特朗普勒身上，他不仅找到了一位熟练的观测者，而且找到了一位精通该理论的人。特朗普勒的理论能力，在与T.J.J.西伊就德国佐尔德纳事件的冲突中被证明是无可估量的。坎贝尔搬进大学校长办公室，特朗普勒越来越多负责澳大利亚日食数据的后续工作。他负责准备15英尺（约4.6米）照相机结果的最终出版物，以及归算5英尺（约1.5米）照相机的数据并发表结果。15英尺照相机被设计用来测量太阳附近的恒星位移，以确定边缘位移，并将其与爱因斯坦预言进行比较。5英尺照相机捕捉了太阳周围更宽的星场，以便详细研究恒星位移如何随离太阳越远而减小。这个问题的改进，完全归功于坎贝尔。

特朗普勒还摇身一变成为一名“相对论专家”，因为他承担了处理媒体、发表公开演讲以及与科学同事通信的任务。他在同一位专栏作家的交锋中表达了对相对论的看法，这位专栏作家要求利克复核他为一家当地报纸写的一篇文章的准确性。[10] 那个作者认为，来自澳大利亚的利克观测结果有利于相对论，但不一定有利于貌似必须与该理论伴随的关于空间和时间的哲学蕴涵。他把相对论的哲学方面等同于历史上哲学家们［比如，贝克莱（Berkeley），康德（Kant），黑格尔（Hegel），叔本华（Schopenhauer）］对空间和时间的臆测，讽刺地说，尽管“这些冗长词语连成了一长串可怜的旧空间和时间，却支撑得非常好”。[11] 特朗普勒向该作者保证，他的陈述“非常正确，非常符合大众心态”。是的，恒星位移本质上证明了爱因斯坦引力定律，但他更进一步：

然而不可忽视，爱因斯坦理论的几何部分目前构成了这一新引力定律的唯一基础。这一理论的几何部分，导致了最近得到证实的对太阳附近光线偏折的预言，这一伟大成就值得更多赞扬，而不是被归类为哲学臆测。关于爱因斯坦空间和时间测量，没有什么比牛顿引力更有哲学蕴味的了。引力是一种无需任何传播介质远距作用的力；在牛顿时代，对此种力的接受在人们预成观念中遇到了如同爱因斯坦理论同样多的阻力，爱因斯坦理论是由许多物理学家和数学家根据纯粹实验结果提出的，它们与你提到的那些哲学体系截然不同。更确切地说，我们那种旧运动几何乃基于哲学而不是实验的。[12]

随着1923年日食的临近，坎贝尔越来越少参与日食准备和总结1922年日食结果的工作。坎贝尔作为大学校长承担了额外职责，且始终心心念念光线弯曲验证，他请威廉·H.赖特带领利克远征队观测1923年那次日食。赖特决定让特朗普勒带上罗斯5英尺（约1.5米）照相机，重复1922年项目的一部分。面对对相对论的持续怀疑态度，尽管利克确认了边缘偏折，利克的天文学家决定继续收集关于更为复杂问题的数据。特朗普勒指出：

虽然1922年日食观测充分证明了太阳附近光线偏折的存在，并显示与爱因斯坦预言非常好的一致性，还是需要通过观测准确地建立定律，根据该定律，光线偏折取决于恒星到日面中心的角距离。这至关重要，以决定是否其他效应，而不是引力（环日介质中的折射，库瓦西耶每年折射，等等）对所观测恒星位移有所贡献。爱因斯坦理论要求这些位移与恒星到日面中心的角距离成反比。必须证明，这是唯一能以足够精度满足观测结果的定律，然后才能消除对观测结果的正确解释的最后一个疑问，即由引力所致光线偏折。需要对被食太阳周围恒星不同分布的几次日食进行观测，以确定其有所需确定性的恒星位移定律。[13]

利克团队去了墨西哥下加利福尼亚（现称Baja California）的恩塞纳达（Ensenada）。大多数观测者（包括另外三支爱因斯坦验证队中的两支）都听从坎贝尔的建议，驻留在食带的美国一边。威尔逊山团队位于圣迭戈附近的洛马角（Point Loma），古德塞尔天文台团队去了卡特琳娜岛。只有米勒和柯蒂斯不顾坎贝尔的建议，在墨西哥中部设点。他们最后说了算。云雾沿南加州海岸和下加利福尼亚从圣巴巴拉到恩塞纳达下面，挫败了驻扎在那里的观测者。这些团队，都没有获得任何爱因斯坦底片。墨西哥的天气让米勒和柯蒂斯有些焦虑，但他们成功拿到了用爱因斯坦照相机和诺布尔照相机拍摄的底片。批评者们只好另寻机会。[14]

威尔逊山天文台与利克天文台把票投给爱因斯坦

1923年9月的日食标志着这场进行中的相对论争论一个时期的开始，争论越来越多地把利克天文台和威尔逊山天文台作为爱因斯坦理论的支持者。日食发生后，美国天文学会、太平洋天文学会和美国科学促进会D部在洛杉矶和帕萨迪纳举行了一次关于“相对论和日食”的联合研讨会，由此奠定了争论的基础。坎贝尔、米切尔、圣约翰、特朗普勒和J.A.米勒都做过报告。特朗普勒和圣约翰谈论相对论。圣约翰通过正式宣布太阳谱线中存在引力红移而引起了轰动。他和其他人多年来一直在寻找这种效应。正是这个相对论的实证预言，尚未得出决定性的正面结果。圣约翰坚决反对把他的大量数据解释为有利于相对论，尽管埃弗谢德等人有更多的正面报告。关于太阳大气密度极低的新信息，使他能够把所观测谱线位移解释为一种效应混合。相对论的贡献，乃是理论的预言值。“得出的结论是，造成太阳波长和地球波长之间有规律差异的主要原因有3个，有可能梳理其效应；即太阳上的原子钟减慢到广义相对论所预言的量，中等宇宙星等和可能方向的视向速度，以及来自日面边缘的光在较长路径中所经过的较差散射。”特朗普勒有把握提出了1922年日食用利克15英尺（约4.6米）照相机拍摄的最终结果。他展示了一张幻灯片，显示了太阳和偏移恒星：边缘位移的计算平均值是1.″72，与预言值1.″75大体相当。特朗普勒总结说，在最近两次日食中，“用完全不同的仪器和方法”做出的观测一致表明，“光受引力的影响，爱因斯坦引力定律比牛顿引力定律更精确。”[15]

英国人在《天文台》上评论说：“得知圣约翰博士最初持相反态度，现在由于他在威尔逊山进行了仔细而艰苦的研究，看法为之一变，这非常有意义。”他们对威尔逊山和利克天文台的新结果感到满意，爱因斯坦3个预言“都得到了满意的证实”。[16] 埃弗谢德此时已从科代卡纳退休，回归故乡萨里建立了一个私人天文台。就此刻突然倒向相对论（圣约翰最终宣布相对论利好），他对赫伯特·霍尔·特纳挖苦地说：

我向你坦白，在过去两三年里，由于我们科代卡纳工作的价值被认为比威尔逊山天文台差，这一事实或假想使我感到有点沮丧。圣约翰的第一篇论文，我在1918年《天文台》杂志（第41卷，371页）上进行了详尽批评，在我看来此论文过于受到重视了。我一直意识到，我们在科代对这个问题做了更广泛研究，除了开发一种比威尔逊山所使用更为精确的测量方法以外，还测量了比圣约翰多得多的底片。然而，似乎任何来自威尔逊山的东西都一定要优于科代卡纳，因此，圣约翰的第一个结论迄今没有什么资格被接受。

“我当然认为您受到了不公平对待，”特纳（他在威尔逊山而非科代卡纳持股）回复，“我将尽力弥补。”[17]

威尔逊山对红移的确证和利克日食验证结果的综合效应，将彻底改变关于该理论诸多讨论的本质。批评者们现在不得不与世界上最负盛名的两个天文台的裁决作斗争，这两个天文台致力于两种完全不同的相对论验证。利克的结果具有巨大分量，因为它来自参与日食验证近乎10年的坎贝尔。红移验证更具争议和复杂，然而圣约翰对过早投票的公开沉默给他的宣布提供了巨大可信度。一些史家认为，英国日食观测结果证实了爱因斯坦1919年的预言，研究引力红移的光谱学家动摇了，重新解释他们的数据，以支持相对论。就埃弗谢德和圣约翰而言，情况显然不是这样。他们虽然面临着解决这个问题的巨大压力，但对这个难题复杂性的了解使他们在宣布引力红移存在之前非常谨慎。事实上，尽管两家享有声望的太平洋天文台对相对论做出了有力裁决，批评者们并未大发慈悲。[18]

反相对论造势获得了动力

利克和威尔逊山的天文学家在联合研讨会上宣布支持相对论，查尔斯·莱恩·普尔则在另一个会议上抨击相对论。他的抨击，乃基于对爱丁顿1918年的《引力相对论报告》。普尔不喜欢爱丁顿用近似法得到一个与方向无关的太阳附近的光速方程。注意到使用等效原理会导致和光的微粒说相同的偏折，普尔坚持认为爱丁顿就光线弯曲的相对论计算1.″78“无效”，因为它基于一个近似。[19]

普尔寄了一份论文副本给鼓励他“保持良好工作”的柯蒂斯。柯蒂斯抱怨道：“人人似乎都‘爱上’了这个理论，却对它知之甚少。我肯定仍然是一个势不两立者，目前我再也不能相信它了。”他对普尔透露，他心里有一项亟待实施的调查。他又说：“也许其中什么都没有，但如果有的话，我一定要让对方考虑。”[20] 柯蒂斯讲述了最近的日食事件，告诉普尔他和奥尔特运行了“您的机器”。直接摄影的项目“近乎百分之百完美”，这“也给了我们对爱因斯坦底片的希望”。他们得等到J.A.米勒在斯沃斯莫尔研究那些底片。至于普尔的实验，柯蒂斯建议对月球进行短得多的曝光是明智的。“‘下次’（三思而后行）最好是使用伊士曼公司制造的一个大焦平面快门，这样在月球上的短时曝光就能得到合适时间调节。1/20秒会太长，而不是太短。”下一次日食将发生在1925年1月，在美国东部即可见。柯蒂斯告诉普尔，他打算到纽黑文进行一次“适度的探险”，米勒“也在考虑这个问题”。[21]

9月会议结束后，米勒把1923年日食的所有底片都带到斯沃斯莫尔，但大学工作和校外讲座使他直到11月才看这些底片。[22] 到12月，他得出一个令人沮丧的结论：尽管他的日冕照片非常出色，但爱因斯坦底片却不能使用。只有日食星场14个星像出现在底片上，且大部分都在太阳的一边。图像不佳，更糟糕的是，由于云层覆盖了天空那片区域，整个参考星场都丢失了。[23] 柯蒂斯听到这个消息，敦促米勒扔掉那些底片：“我强烈建议，凡是测量爱因斯坦底片你将一无所获。关于它的一切就像你说的那样，愚蠢至极。恒星不够多本身就是致命的，即使你有一打复核星场。不对称分布是另一个致命缺陷。我花了一年心碎时间测量爱因斯坦底片，结果发现底片不够好，我再也不干了。把责任归到红墨水那一边，诅咒轻云，置之脑后。”柯蒂斯让米勒从他出色的日冕底片和他未在加利福尼亚驻扎的事实中得到安慰。[24]

米勒在柯蒂斯和奥尔特用诺布尔照相机拍摄的底片上，运气稍好一些。他们设计该项目得到两张底片，每张都有一个参考星场、日食星场和两个对月球的短时曝光。日食前夜，他们在第一张底片上曝光一个参考星场。日食的头63秒期间，他们将日食星场在同一张底片上曝光。然后，移动照相机中的底片，他们拍了两张曝光非常短的月球照片。在第二张底片上他们反过来重复这个过程，参考星场在日食之后的夜间拍摄。这两张底片将使他们不仅可以获取月球直径，而且可以获得光线偏折，“使用那些适用于坎贝尔和特朗普勒所拍摄的瓦拉尔底片的方法”。[25] 遗憾的是，在日食之前或之后，云层阻止了任何夜间星场的拍摄，而在日食开始和结束时稀薄的云层中仅见寥寥无几的恒星。只有4颗恒星加上金星，满意地出现在底片上。在测量过程中，必须排除金星和一颗恒星。为数不多的恒星，足以使底片获得满意的标度值。[26] 月球的短时曝光“确实非常好”，尽管“圆形图像周围有日冕的迹象，而底片上的散光使月球直径略有减小”。[27]

米勒对这两幅图像分别完成了月球直径的两组测量。由于他所在的斯沃斯莫尔学院没有对那些底片足够大的量度仪，耶鲁大学的弗兰克·施莱辛格给他一台机器分享。米勒利用底片上的几颗恒星确定底片标度。将底片标度跟每组直径的平均值结合起来，他得到了月球的角直径值（表10.1）。

表10.1　J. A. 米勒对月球角直径的初步结果

第一组测量值	1984.″93，权重1
第二组测量值	1986.″ 67，权重3
加权平均直径	1986.″ 2 ± 0.″ 30
加权平均半径	993.″ 1 ± 0.″ 15

普尔安排W. S.埃切尔伯格（W. S. Eichelberger）（位于华盛顿的美国海军天文台航海天文历部主任），由掩星计算月球的平均直径。他得到半径值为992.″ 96，即小于日食期间的平均观测值0.″14。普尔的验证，很可能会让爱因斯坦失败。米勒总结说：“毫无疑问，普尔博士提出的方法，为他的理论提供了一个切实可行的验证。测量值表明，月球有轻微的视向膨胀，尽管发现的数量大约等于概然误差。如果仅考虑第二组直径值，其差值（观测直径**减去**计算直径）是0.″37。我们相信，这比上面给出的数量更接近真实值。”[28] 米勒告诫，此结果“只能被认为是初步的”。他重申了这些问题：没有夜间星场；稀疏且分布不均匀的恒星样本，以此来计算底片常数（由于云层稀薄）；月球上的短时曝光时间有点过长；还有“日冕边缘和一些散光”。尽管如此，他对自己对底片标度的判断还是很有信心，确信“直径未被测得太大，很可能被测得太小了”。鉴于这一结果的巨大影响，米勒宣布他打算“在1925年1月24日重复这个实验，让月球的曝光实际上是即刻的”。[29]

特朗普勒看到这篇论文，注意到关于冕光扩散的评论。“不考虑辐照和扩散；曝光时间很短，不能确定辐照是否有效。”然而，他认为，“如果在确定和验证辐照时谨慎，该方法可以作为大气折射的验证”。[30]

米勒在测量1923年日食底片，普尔则对1922年澳大利亚的利克日食观测发起了抨击。他的第一炮，是试图反驳15英尺（约4.6米）照相机基于非视向位移结果的有效性。使用《利克公报》发布的数据，他将日食星场中的恒星分成几个象限，并将观测位移的切向（非视向）分量予以平均。他把研究结果的图寄给了柯蒂斯，声称他发现了明显的非视向偏折，这些偏折似乎与日冕结构有关。柯蒂斯热情高涨，鼓励普尔“不久”就发表他对利克数据的批评。他叫普尔看了利克发表的一张偏折与离太阳角距离关系的图。“在我看来，坎贝尔的结果表明了某种偏折，但你若拿他的图，则会发现很容易通过他的标绘点画线，这些点几乎可以从0.″87出发的任何地方与日面边缘相交，其解的概然误差几乎未增加。”[31]

普尔告诉柯蒂斯，他正努力协调一个系统的运动来调查相对论。“我脑海中组织了一组科学家彻查所谓相对论者的所有证据，也包括他们的数学。我还打算为实验和出版组织财政援助。你觉得这个主意怎么样？”[32]柯蒂斯决定告诉普尔他之前提到的调查，可能会“让对方有所斟酌”。[33]他认为，“该事件目前应被视为机密，不得公开或引用。”“我们在这里要做的，将是关于谱线向红端位移的问题。在伯恩斯博士的监督下，我们正在进行一些新的太阳工作。在这项工作中，要精确到五百万分之一的太阳波长，是毫不费力的。圣约翰如认为他发现的位移就在那里，我们会找到的。但是，从初步测量值来看，我们要反驳他，一点也不奇怪。以后的结果，就会改变这一点。”[34]

柯蒂斯指的是阿勒格尼天文台和华盛顿标准局的一个联合课题，此课题是他在1922年秋天发起的。国际天文学联合会刚刚为太阳光谱学家制定了一套新的国际标准。柯蒂斯看到了利用新标准在其天文台开发一个大的光谱学课题的机会。他计划将标准太阳谱线与实验室的镉和氖标准进行详细比较。柯蒂斯获得了美国科学院资助，为这个课题重新安装和改装了定天镜和太阳摄谱仪。他指派（当时是他“得力助手”的）伯恩斯进行观测。柯蒂斯提出了一项合作计划，标准局将指派光谱学组的威廉·F. 梅格斯对数据进行归算。局长威廉·F. 斯特拉顿（William F. Stratton）批准了这个计划。[35] 柯蒂斯对普尔的试探性评论，乃基于几个月的观测。

柯蒂斯及其同事研究太阳光谱，普尔继续对利克日食观测予以抨击。他使用了一个花招造成一个强烈的视觉印象，即利克15英尺（约4.6米）照相机结果实际上并不支持爱因斯坦预言。他从《利克公报》那篇论文中勾勒出一张图，显示了92颗恒星围绕被食太阳的观测恒星位移。它显示了日面中心，日冕最亮部分的轮廓，冕光最微弱痕迹的边缘轮廓，以及92颗恒星的方位。从每个点（恒星方位）发出的谱线，表示恒星位移。但普尔做了一些细微改变。在利克台刊中，所有92颗恒星的所测位移都以表格形式出现。每个值都有一个分配的权重，基于星像的质量和其他因素影响每个个体结果的可靠性。在这幅利克图中，实线表示权重2.0到3.9之间的位移，虚线表示权重1.0到2.0的位移，只有恒星点（无位移）表示较小权重。普尔取最小权重恒星位移的值，把它们放在图中，用实线表示所有92个位移。在这个“篡改”版本观测结果的左边，他展示了对同样92颗恒星的理论爱因斯坦位移的一幅相似图。他没有提到任何关于分配权重或概然误差，只是说右边的数字“是《利克天文台公报》第346号的星图的直接轨迹。然而，在那张图中，21颗恒星的位移被省略了：为了使上面的图更加完整，它们被添加了进来”。1923年11月，普尔做了一个公开演讲，名为“爱因斯坦的错误”，他在纽约的美国自然历史博物馆向500多名观众展示了他的图。他还把这张图寄给柯蒂斯，指出“我在几周前一次公开讲座上用过它，引起了相当大的关注”。[36]

坎贝尔极力反对普尔的滑稽行为。几年后，为了回应坎贝尔的反对，普尔对他那张图做了轻微改动。他仍然包括权重最低的21颗恒星位移，但用虚线表示位移。他把修改后的手稿寄给坎贝尔，解释他的修改，并愉快地在结尾处写道：“相信这些变化将完全防止任何此类误解，如您在那篇论文非正式复制中的图和说明上所做的那样，我非常真诚地感谢您……”坎贝尔迅速回复道：“关于你信的最后一段，我很遗憾地告诉你，困难不在于误解，而在于你早期手稿中的陈述错误。”[37]

与坎贝尔不同，柯蒂斯和伯恩斯发现这张图“非常有趣”。伯恩斯认为，诸多偏移貌似是随机的，“就像在比较同一星场任意两张底片上的测量值时，都会发现的残差排列”。柯蒂斯更加谨慎。“然而，也许有一个轻微优势，箭头与视向小于90度，而不是如视向那样有很多切向，不出我们所料，不存在任何偏折效应。”关于他自己的课题，柯蒂斯告知普尔：“我们在这里非常忙，在做一些最后的‘收尾’工作，以解决太阳谱线向红端移动的问题；希望能准备好在4月会议上公布。”[38]

柯蒂斯指的是在费城和华盛顿的年度聚会，那两个著名社团前一年曾竞争坎贝尔关于日食结果的公开讲座。J.A.米勒曾经了解过柯蒂斯几周前为美国哲学学会在费城召开的会议写的一篇“大众兴趣”的论文。柯蒂斯提出了伯恩斯和梅格斯的课题：“作为凯文·伯恩斯博士正在进行的精确太阳波长测定项目的副产品，我们有一些非常有意义的结果，显然否定了一个所谓的相对论证明。虽然还需要几个月工作才能把事情搞定，但毫无疑问，伯恩斯非常精确的结果（精确到大约五百万分之一）表明，太阳谱线**绝对没有**向红端**偏移**。”因为他从美国科学院获得了部分资助，他告诉米勒，“严格地说，首先应该在华盛顿发表”，但他告诉同事，他看不出几乎同时在这两个地方“泄密”有什么不对。[39]

不久之后，伯恩斯从梅格斯那里得到了决定性结果。与柯蒂斯告诉米勒的相反，梅格斯发现了红移；但红移随着谱线强度的变化而变化，而不是像相对论所要求的那样对所有谱线都是恒定的：“我现在确信，实验室弧和太阳波长值之间存在着差值。令人困惑的是，这种差值表现为谱线强度的函数。从我的结果来看，1到3之间的太阳强度谱线被移到红端0.003 A，4到6之间的谱线被移到0.007 A，较强谱线（7到15）被延长了0.016 A。这里我们有爱因斯坦效应，一半爱因斯坦效应，两倍爱因斯坦效应。这是什么意思？”梅格斯排除了仪器效应，认为也许电子散射可以解释这个结果。他敦促伯恩斯“呼吁这些结果尽快引起天文学家和物理学家注意，因为它是思考和臆测的好食物”。虽然柯蒂斯没有得到他的“绝无位移”，但梅格斯提出了另一个需要澄清的复杂问题。[40]

与此同时，普尔对利克日食观测抨击找到了新的突破口。在坎贝尔1923年4月做出的初步公告中，他报告的平均边缘偏折为1.″74。他和特朗普勒1923年7月公布15英尺（约4.6米）照相机底片的最终测量结果时，所有底片修正后的平均值略小，为1.″72。讨论可能的误差来源时，坎贝尔和特朗普勒引入了另一个因素。他们指出，由于某种未知的仪器效应，复核恒星朝着太阳呈现视位移。利克的天文学家有理由相信，日食恒星没有受到类似影响。然而，为了完整起见，他们计算了在日食恒星与复核星场恒星朝着太阳的位移量相同的情形下，边缘偏折的情况。由于光线弯曲，远离太阳的位移将比公布的要大。在这种情况下，他们计算出引力边缘偏折将为2.″05。坎贝尔和特朗普勒在讨论中强调，他们只是试探性提出这一结果，并在得出最终结论之前，等待5英尺（约1.5米）照相机底片的测量。[41] 在英国，哈罗德·S.杰弗里斯（Harold S. Jeffreys）同意“基于这些（复核星场恒星）残差的校正是否应该应用于日食恒星的观测位移，是值得怀疑的”。不过，他确实指出，修正后的偏折值是2.″05，“超过了爱因斯坦值，与1919年日食结果的讨论得到的值非常吻合。”[42]

普尔在《纽约时报》一篇长文中披露了坎贝尔数据的这一脆弱性。他的目标是诋毁相对论、爱因斯坦、英国人和利克，同时强调米勒最近的日食远征队是这个问题的最终仲裁者。他提出了相对论的不可理解性，及其“第四维度和弯曲空间的先验概念”那个熟悉的幽灵。他做出一个老生常谈的论断：爱因斯坦关于光的引力弯曲的预言包含“很少的新东西”，他提到了佐尔德纳1801年的计算，称之为“牛顿”偏折。重申他的主张，“最近对相对论数学的研究”表明，爱因斯坦在得出日面边缘偏折1.″75时做出了“错误的计算”。“相对论者坚持1.75秒这个数字，并声称如观测到这样的偏折，将完全证明整个理论和他们所有数学把戏的正确性。”普尔详细描述了各种折射效应如何能解释任何观测到的光线弯曲。他对英国人1919年日食结果提出了质疑，声称他们的照片显示的偏折“与爱因斯坦预言无论在方向还是在数量上皆不一致”。普尔对1922年日食的利克观测结果提出了类似指控，又添上新的致命一击。关于坎贝尔1923年4月的初步公告，普尔说：

不到3个月后，坎贝尔教授在某种程度上收回了这句话，在利克天文台的官方公报中他说今年4月公告为“初步宣布”，给出真正的数字为2.05角秒，大于爱因斯坦预言值17%。4月份的“很好”吻合，现在变成了一个粗略近似吻合……坎贝尔这些观测，并不能证明爱因斯坦理论的真实性：它们表明，在日全食期间光线是弯曲的，没错，但并没有给出任何关于这种弯曲某个原因（或某些原因）的任何说明。

普尔在总结时，将人们注意力转移到最近米勒远征队在墨西哥观测1923年日食的成功上。“这支远征队所拥有的装备，远远优于其他各支远征队。在约翰·A. 米勒教授精心指导下，观测方法演进，并采用了一个程序来捕捉那些难以捉摸的偏折，迫使它们记录其起源，确定这种偏折是发生在我们自己的大气还是太阳上。”普尔宣布米勒团队取得了成功，但“要想解开这些底片之谜，需要花费数月的艰苦测量和计算，而且在此之前，还不能给出任何关于这些难以捉摸的光线偏折（某个或某些）原因的答案”。[43]

普尔对利克公布结果的公开抨击，开始产生反响。1924年2月，米勒写信给坎贝尔，问他是否愿意在费城举行的美国哲学学会会议上提交一篇关于澳大利亚日食结果的论文。他觉得有必要解释一下：“我想补充的是，我并未提出这一要求，但事实是在东部有某些报纸文章……表明你对那些结果不像一年前那么确定，我发现它给人留下了某种印象，事实上，委员会一个成员说，他理解你完全改变了对你的结论有效性的看法。”米勒向坎贝尔保证，他曾试图说服委员会，“我认为这肯定不成立”，但他觉得利克公告“将是一件大好事，可能会稍微净化一下舆情”。[44]

坎贝尔在校长办公室收到了这封信。他在信的顶端潦草批了一句：“立刻寄给艾特肯博士（利克的副台长）。”一个星期后，利克天文台给米勒发了一封电报，说特朗普勒要为这次会议准备一篇论文。米勒告诉艾特肯：“我赶紧向你保证，我们没有受到干扰，我认为科学人士未注意那些报告，但在报纸上有相当顽固的叙述说该理论不如利克观测家起初以为的那样得到充分确证。现在，在A.P.S.（美国哲学会议）年度会议之前发表这样一篇论文，就能平息那些舆论，我觉得这相当值得做。”艾特肯给米勒写信说，他一收到坎贝尔的信，就“与特朗普勒博士进行了充分讨论”。特朗普勒完全测量了5英尺（约1.5米）爱因斯坦底片中的两张，并希望及时测量第三张，以便在其论文中使用该结果。“第一张底片的测量值完全归算，强烈证实了从15英尺（约4.6米）底片测量值中推导出的一般结果。我想，完全可以放心地说，我们没有理由放弃对先前这些测量值结果所采取的立场。”艾特肯补充了以下附言：“你会对这个感兴趣，获悉西伊博士将在下周日，3月2日，在加州科学院发表演讲，他承诺告诉世界关于爱因斯坦和他那有害学说的全部真相。我知道你们和我一样，必受他的话语极大启迪。”[45]

柯蒂斯同时把太阳谱线论文放在美国哲学学会项目之上，是年3月，他还联系了美国科学院的执行秘书，提出要提交一篇“有意义的论文”：“伯恩斯博士关于太阳谱线波长的结果是最精确的，且否定了所谓相对论的证明之一。正是这些反对爱因斯坦所预言的太阳谱线向红端移动的证据。构成本论文的主题。伯恩斯博士会在美国哲学学会（早于华盛顿会议几天）之前提交这篇论文，但如果坎贝尔博士或圣约翰博士是否计划在N.A.（美国科学院）会议上发表与该理论相关的论文，此文可能会引起特别的兴趣。”执行秘书回答说，他将提交有关该项目的论文。“你一定会有兴趣知道圣约翰博士打算写一篇论文，题目是‘引力对光谱谱线的影响’。”[46]收到与威尔逊山对峙这一确认消息几天后，柯蒂斯收到了坎贝尔在加州大学校长办公室秘书的一封信：“坎贝尔校长要我转达，艾伦·H.巴布科克先生两天前跟他说您打算发表一篇文章，基于您和伯恩斯博士做出的观测，对光谱红端而言并不存在爱因斯坦谱线位移。他想表达对您不加入现由托马斯·杰斐逊·杰克逊·西伊和查尔斯·莱恩·普尔（原文如此）①组成的协会的担忧。”[47]

柯蒂斯无动于衷。写信给在威尔逊山的老朋友和同事保罗·梅里尔，谈到他和伯恩斯的太阳工作时评论道：“看起来我们得到了一些非常有意义的‘副

① 原文误为Poore，应为Poor。

产品’；还有更多工作要做，但是我们将在费城会议和华盛顿会议上以初步方式告知翘首以待的公众。”[48]

事实上，对于反相对论联盟来说，事情进展得相当顺利。这些会议前几周，普尔在哥伦比亚大学和普林斯顿大学发表了一篇关于“相对论数学”的短文，他声称自己在其中“揭露了用行星运动确定相对论公式的根本错误”。他给柯蒂斯寄去了一份，并告诉他：“普林斯顿的数学家们现在承认，爱因斯坦和爱丁顿这方面工作存在严重漏洞，并不存在水星近日点的相对论运动。”他还有更令人兴奋的消息。普尔没有忘记他要组织科学家进行系统性的努力诋毁相对论的想法，并花好几个月获得了资金支持。他告诉柯蒂斯“终于大功告成”。“3月20日，纽约科学院理事会通过决议，同意作为此类研究发起者，并在我总体指导下进行研究。我们现正在协商一笔大的基金支付研究费用，包括公布结果：我们希望在未来几年，每年至少支付1万美元。我们得到了坚定支持，虽然可能得不到要求的全部资金，但我相信我们将得到足够资金进行一到两年的工作。”普尔告诉柯蒂斯，纽约科学院的非院士可能会参与其中，合作的天文学家和物理学家“会在配备了各部分研究设备的地方工作”。他要求柯蒂斯给他一个简短支持函，且很高兴地说：“现在很难选择一个更及时和合适的援助领域。”柯蒂斯对普尔的近日点论文“非常感兴趣”。他曾试图根据牛顿原理解决水星近日点进动的问题，可是一无所获。尽管如此，他仍然“相信这种反常现象将会在牛顿定律下得到解释”。柯蒂斯附上了一份他和伯恩斯在那些即将举行的会议上发表的论文摘要。“还有很多工作要做，但我们认为我们的结果否定了光谱位移的论点。”出于实证倾向，柯蒂斯提到，普尔的项目若能够启动，他还有另一个想法。“我一直希望用实验室方法，用一个可能‘疯狂的’方案，得出否定结果，对恒星位移的论点进行打击。你如得到了想要的钱，且还有余钱，我可能可以用1 000美元左右做这个实验的仪器、光学部件等等。”[49]

在东部会议召开之前，柯蒂斯和普尔纠集在一起，想方设法搞臭相对论。普尔更注重理论抨击，而柯蒂斯更喜欢实验和观测。这些差异，后来成为诸多分歧的来源。

针锋相对

利克平息普尔所煽动的谣言的策略，是保持攻势，并宣布他们从5英尺（约1.5米）照相机观测到的新结果。这个项目包括在日食期间用孪生照相机进行3次独立曝光，产生6张底片。第一次曝光在照相机里的底片上进行，这些底片于日食前夜对复核星场曝光；第二次在新底片上于日食中间曝光，无复核星场；第三次曝光在第三对底片上进行，底片保留在照相机里，直到第二天晚上对复核星场曝光。完成15英尺（约4.6米）照相机阶段的项目后，特朗普勒马上着手5英尺照相机底片的工作。首先，他得设计一个特殊装置，使原量度仪适应恒星照片的较差测量。然后，他测量了第一次和第三次曝光的4张底片，这4张底片上有复核星场，连同4张相应的塔希提比较底片。他能够及时完成归算，以便坎贝尔在东部会议上宣布。由于底片大星场，需要在公式中加入三阶项，使得归算过程复杂而冗长。然而，来自一对底片的恒星位移的概然误差为 ± 0.″3，只比15英尺照相机的测量值大1.6倍，尽管标度小1/3。[50]

坎贝尔将特朗普勒的论文提交给了美国哲学学会4月26日下午的会议，他以副会长身份主持了会议。J.A.米勒（与柯蒂斯、凯文·伯恩斯和查尔斯·圣约翰皆在座），收到了他所寻求的关于利克结果的最终公告。诸多底片显示了400到500个星像，但特朗普勒只选择了135到140个适当分布在底片上、清晰度最好的图像进行测量。他用4张底片的平均值获得每颗恒星的光线偏折。把恒星按它们到日面中心的距离顺序排列（从0.° 5到10.° 4），然后分成7组，每组大约20颗恒星。于是，偏折那组平均值的概然误差仅为 ± 0.″04。因此，7组平均值提供了距离定律的精确验证。特朗普勒将7个平均值与以下公式推导的理论值进行了比较：

$$\text{光线偏折} = 1.''75\ R\ /\ d$$

其中R是太阳视半径，d是恒星到日面中心的角距离。特朗普勒报道，观测组平均值代表了这个公式“非常接近”，没有组残差超过0.″05。[51]

特朗普勒还利用这个机会，驳斥了弗兰兹–约瑟夫·霍普曼（Franz-Joseph Hopmann）在波恩最近对英国19英尺（约5.8米）照相机和利克15英尺（约4.6米）照相机结果的批评。[52] 霍普曼声称，通过假设诸多底片的不同标度值，他将就英国和利克的数据集得到一个与太阳的角距离恒定的恒星位移，而不是爱因斯坦所预言的减小值。特朗普勒表明，霍普曼忽视指出，在他的计算中，英国人和利克观测到的边缘偏移量“完全不一致”（分别是1.″41和0.″68），其中关于爱因斯坦诠释，分别给出1.″98和1 .″72。[53]

特朗普勒报告说，5英尺（约1.5米）照相机结果“更坚决反对”库瓦西耶每年折射效应。[54] 任何试图将光线偏折的组平均值与库瓦西耶公式拟合的尝试，都会导致一些组偏离该曲线。特朗普勒甚至尝试过将库瓦西耶效应和牛顿半效应结合起来，但这“在满足观测结果方面并不成功”。他的结论铿锵有力：“1922年全食，5英尺照相机所做观测的初步结果，完全证实了爱因斯坦广义相对论关于太阳引力场中光线偏折的数值和距离定律的预言；同时，也提供了强有力证据驳斥将库瓦西耶效应作为其诠释。”[55]

在坎贝尔发言的同一次会上，柯蒂斯介绍了凯文·伯恩斯发表关于阿勒格尼太阳光谱结果的论文。J.A.米勒介绍了查尔斯·圣约翰，后者提交一篇关于“探索太阳大气”的论文。[56] 大约一年以前，圣约翰终于能够对自己多年观测做出最终解释，现在发现自己陷入了一场关于他的解释的争论。这场争论被转移到华盛顿的美国科学院会议上，柯蒂斯提交了论文《相对论所预言的太阳谱线位移的阿勒格尼结果》，圣约翰在论文《光谱谱线的引力影响》中提出了自己的观点。[57]

此种分歧，围绕着谱线强度。爱因斯坦理论预言，太阳光谱线应该轻微向红端偏移，偏移幅度大约只有8/1000埃。阿勒格尼设施可以测量比这一预言偏移小10倍以上的波长变化。伯恩斯声称，观测偏移不符合“相对论所预言的简单而均匀的量。不是所有的太阳谱线都被等量红移，也不是爱因斯坦理论所预言的那个量，而是得到一个非常显著的谱线强度因子。也就是说，对于非常微弱的太阳谱线来说，偏移即使有也很少，且随着使用更宽更强的太阳谱线，这种偏移量会增加”。[58] 柯蒂斯呈交了一个谱线强度与红移之间关系的表，显示了“明确无误的累进”，从偏移0.002埃的最弱谱线到偏移0.015埃的最强谱线。那个相对论性预言，则处于该区间的中间0.008埃。伯恩斯和柯蒂斯认为，这种累进“一定是由于相对论以外的某个因子或某些因子造成的，而且不可能将这些结果与相对论相调和”。

因为这个理论要求所有的太阳谱线都要向红端偏移一定的量值，而我们的结果显示，极弱太阳谱线只偏移那个量值的1/4以下。也就是说，如果相对论预言没错，我们必须假定有某种原因使这些极弱谱线倒过来向紫色偏移。现在，虽然各种原因会使光谱线向红端偏移，但目前还不存在任何案例使光谱线向紫端偏移，除了速度，速度在这种情况下不能成立。因此，笔者认为，这些结果是对所谓相对论的否定。[59]

圣约翰很清楚，红移随谱线强度的变化而变化。他和埃弗谢德就氰线的红移问题争论了多年。埃弗谢德依赖于强而宽的谱线，得到爱因斯坦量值那个量级的位移，而圣约翰更喜欢弱而窄的谱线，甚至在边缘都得到零位移。天文学家意识到太阳大气压强微不足道，圣约翰开始使用金属谱线，发现了伯恩斯和柯蒂斯在报道的相同的强度效应。他对330条铁线的结果显示，平均位移向红端移动，与爱因斯坦预言一致，但当他根据谱线强度将它们分组时，“位移随着强度的增加而逐渐增加”。然而，圣约翰并未把这种模式看作是对相对论的打击，而是给出了更简单的解释，用作解释的时候，它与相对论是一致的。亚当斯在关于威尔逊山天文台的工作报告中描述了圣约翰的方法：“强度是发出谱线的太阳大气中层面的指标，圣约翰先前的工作表明，（至少）在某些元素情况下，对流存在，低层面处向上升，高层面处向下降，速度为十分之几千米每秒。对这些对流进行校正，消除了其差值中的累进，得出所预言的相对论位移。”[60] 圣约翰用钛线的日食数据支持其结论。他指出，太阳大气中上升到较高层面的钛电离谱线，比在较低层面出线的普通钛线呈现更大的红移（超过相对论量值)，尽管这些谱线的强度相同。[61] 早前对太阳大气环流性质的研究表明，向上气流发生在太阳表面炎热明亮的颗粒上，向下气流发生在较大较冷的空隙上。这些运动会产生需要解释不同层面谱线表观各异结果的多普勒频移。[62]

圣约翰用当光必须在太阳大气中穿过较长路径时分子会发生散射，解释了边缘的额外红移(这也让埃弗谢德困惑不已)。威廉·尤利乌斯的反常色散要求光谱红端产生更多折射，这将使红侧谱线变宽，产生额外红移。[63] 圣约翰的结论是，有三个因素导致了观测谱线位移：①太阳中的原子钟，减速到相对论所预言的量值；②太阳大气中的视向速度；③来自日面边缘的光穿过更长路径所致边缘值中的较差散射。伯恩斯和柯蒂斯在解释强度效应时，只是简单地把速度效应掩饰成“站不住脚”。对圣约翰来说，他对太阳大气运动做了广泛研究，此种因素是这种现象不可分割的一部分。

就在坎贝尔能够“平息”关于利克日食结果的谣言之际，围绕相对论的另一个实证验证的新的争议爆发了。塞缪尔·艾尔弗雷德·米切尔(在1924年4月东部会议之后出版的)《日食》第二版中更新了他的评论，体现了专家意见。他认为，阿勒格尼的结果与在科代卡纳和威尔逊山天文台得到的那些结果“非常吻合”。“真正的问题，在于诠释。”他断定，圣约翰所描绘的太阳大气中不同层面气体不断上升的图景“经非常仔细的研究所充分证实”，并得出结论，日面中心的红移“得到了令人满意的解释”。然而，米切尔对圣约翰关于日面边缘额外位移的解释并不满意。

这种对边缘效应的解释只是权宜之计，在被更完整的观测证实之前，我们无法对此有很大信心。不幸的是，假设此种效应的必要性，极大削弱了所有倾向于证明爱因斯坦预言已被证实存在于太阳光谱中的论点。太阳中的波长无疑比地球实验室中的波长要大，波长较大的主要原因无疑是太阳原子钟加速——但波长之间存在着微小差异，对此目前尚无充分解释。显然，除了等待这些不和谐得到解释，没有别的办法。[64]

虽然专业意见大多站在圣约翰一边，但来自柯蒂斯和伯恩斯的抨击使这场争论继续，特别是考虑到尚未解决的边缘效应。[65] 圣约翰和利克天文学家们继续面临来自“势不两立者”的公众批评，他们开始协调反击，以捍卫自己的职业操守和科学声誉。

与此同时，普尔的反相对论造势开始遇到困难。在华盛顿举行的美国科学院会议上，柯蒂斯收到了一封普尔发的电报，敦促他不要提及任何关于纽约科学院可能为他的反相对论研究课题提供资金支持的事情。柯蒂斯对此事“秘而不宣”，他6个星期后从普尔那里听到这个计划失败了。“华盛顿会议上，或者在那之后不久，发生了一些事情，破坏了我的计划。与我就爱因斯坦研究项目的资金进行谈判的各方，突然取消了约定，并从此拒绝划拨款项。”[66] 无论发生什么事情导致了这种突然变故，它都标志着普尔没落（Poor' s eclipse）① 的开始。T. J. J. 西伊在美国西部的滑稽举动和普尔在东部的一些公告，开始给反相对论运动蒙上阴影。普尔越来越多地与西伊之流联系在一起。柯蒂斯甚至跟他开玩笑说，由于他的红移结果，他害怕“西伊会‘收养’我”。[67] 其他人也有同样的联系。几个月后，一位记者问柯蒂斯关于阿勒格尼的工作：“目前为止，我还没有看到你承诺的那种破坏性因素的迹象，除非是西伊博士发表了一些他特有的言论。”[68]

普尔感到越来越孤立无援，觉得这是一种要把对相对论的批评挡在科学期刊之外的阴谋。他看到伯恩斯的工作在《科学》杂志上发表摘要时，给柯蒂斯写道：“你的演讲报告在编辑过程中一定被大大阉割了，因为没有出现‘禁忌’的东西。这一点也不使我感到惊奇，因为几乎所有科学刊物的编辑都有一条明确政策：凡是没有‘对这一理论有贡献’的文章，一律拒绝发表。”[69] 普尔在给《纽约时报》的信中公开了他的阴谋，可能是因为他的论文被拒绝在科学文献上发表而感到沮丧。多年后，《科学》杂志的编辑写道：“当我们（他和普尔）是同事和朋友时，他提交了我们无法接受的论文，让我处于尴尬境地。”[70]

---

① Poor' s eclipse，作者在此一语双关，eclipse（日食）亦有“黯然失色”之义。

柯蒂斯在科学界比普尔的声望更高。他是一位备受瞩目的观测家，在利克开创了星云观测的先河，并因此成名，现在他是东部主要天文台之一的台长。尽管如此，他作为世界级观测天文学家的声望可能会因为强调他与普尔的关系，以及与西伊的联系而降低。相反，反相对论者可以利用柯蒂斯的声望来巩固地位。随着对相对论有利的观测证据在随后几年积累起来，批评者的境况也愈加艰难。

验证爱因斯坦的新证据链

20世纪20年代，天文学家对恒星物理学的理解有了爆炸性的增长。这场革命背后的大部分理论工作，都要归功于阿瑟·爱丁顿。战争岁月，他证明了恒星是平衡的气团。向外辐射压在平衡向内引力（特别是巨星）中，起着重要作用。1920年，爱丁顿用他的理论预言了几颗红巨星的角直径[71]，获得了参宿四的最大角直径——0.″051。这意味着，它的体积大到火星轨道都可以容纳进去。但其密度如此之低，许多物理学家对此持怀疑态度。[72]

爱丁顿的理论计算，面临威尔逊山天文台的观测验证。弗朗西斯·皮斯和约翰·安德森（John Anderson）与A.A.迈克耳孙合作，设计并制造了一个干涉仪，可以用100英寸（254厘米）望远镜测量恒星直径。海尔看到爱丁顿发表的计算结果时，估算角直径“如此之大，以至于我们计划尽快用100英寸（望远镜）测量参宿四”。1920年12月13日，威尔逊山的天文学家发现这颗恒星确实是“庞然大物”[73]。爱丁顿先从一位美国体育记者那里听到这些评论，“他给我带来了比我能给他的更多信息，这一次他很受欢迎”。[74]威尔逊山的发现是“对罗素理论的完美证实，证明了极其庞大的巨星存在，其平均密度约为大气的千分之一。”[75]这也证实了爱丁顿基于巨星理论的理论预言。

1924年，爱丁顿做出了一个更惊人的预言。他意识到，在巨星的高温和低密度下，气体会表现得像理想气体。因此，他可以使用物理实验室的标准定律来计算巨星中温度、密度和压强之间如何关联。他推导出一个简单关系，表明巨星的本征光度完全依赖于其质量。为了验证他的方程，爱丁顿绘制了少量已知质量和光度的实际巨星的数据。它们非常接近理论曲线。爱丁顿又尝试了一些矮星，看看它们离理论曲线有多远。他预计会有偏差，因为当时天文学家认为，矮星密度太大，不符合理想气体定律。当它们落到该曲线上时，他震惊不已！爱丁顿得出结论，在恒星温度下，在不破坏理想气体的条件下，原子可以比普通物质更紧密聚集在一起。原则上，这意味着恒星可被压缩到难以置信的密度。“像太阳这样的恒星，实际上处于理想气体条件（具有可压缩性），因此离最大密度还有很长的路。然后……在物理上……（恒星的）最大密度将是巨大的。”[76]

密度极高恒星的一个可能候选者，是亮星天狼（Sirius）的伴星。天狼甲星（Sirius A）和天狼乙星（Sirius B）的光谱相似，表明温度相同。伴星比主星暗淡得多，故它应该要小得多。此种极热的暗星，被戏称为“白矮星”。天狼乙星被归类为光谱型F，意味着温度约为8000度。爱丁顿利用温度和光度计算它的表面积和直径，“它比地球大不了多少，质量大约是太阳的4/5，所以密度巨大——约5万克/立方厘米。这个论点众所周知，但我认为我们大多数人在心里补充说‘这是荒谬的’。然而，根据目前结论，这并不荒谬；所以，除非光谱学分类欺骗了我们，否则，天狼伴星就是一个实际例子，说明了被打乱的原子如何聚集在一起，比普通物质的密度要高得多。”[77] 爱丁顿认为，如果天狼乙星是一个如此高密度的天体，那么根据广义相对论，它的谱线应该会红移一个大量值。他问威尔逊山天文台的沃尔特·亚当斯靠100英寸（254厘米）望远镜是否可能探测这个红移：“我最近一直在想，你是否设法用你的巨大仪器能够测量天狼伴星的视向速度——为了通过谱线的爱因斯坦位移确定它的密度（与天狼星比较）。”[78]

爱丁顿指出，天狼乙星比天狼星暗10个星等，但光谱型相同，所以“理论上它应该有一个小10 000倍的表面，小100倍的半径”。他计算出，爱因斯坦位移应该是太阳位移值的50倍。他给出了大约30千米/秒的粗略估算，更精确的预言是28.5千米/秒。“当然，这涉及大约10万倍水的密度，简直不可思议，但最近有人怀着那个疯狂想法，这只是可能。”爱丁顿向亚当斯解释说，此恒星的高温会强烈电离恒星内层的原子，剥离外层电子壳，有效缩小每个原子的直径。“由于恒星的高电离，原子几乎肯定会被剥离到K层，我真的看不出有什么阻止它们紧密堆积，从而产生这一密度——如果压强足够高，它就会自动变成这样。”爱丁顿强调他的建议在理论上的重要性：“我若不把一个否定结果看作是有意义的，就不敢冒昧建议你追随这个疯狂想法。假设你证明爱因斯坦位移小于3千米，[79] 这就给出了恒星半径的下限，也因此给出了单位面积光度的上限，这对热力学家来说是一个非常明确的挑战——如何在如此低的辐射率下显示出A型光谱。”[80]

亚当斯在独特位置上理解爱丁顿的要求的重要性。作为太平洋天文学会即将离任的会长，他最近在学会理事会发表了演讲，向爱丁顿颁发布鲁斯奖章。亚当斯选择把爱丁顿成就的一些技术细节包括进来，既然爱丁顿不会出席，“出版无疑更为重要，因为爱丁顿自己会看到它”。[81] 获悉爱丁顿关于天狼乙星的预言之前，亚当斯写下了评论。他概述了这位英国天文学家值得获得学会最高奖的三个研究领域：“这些是他对恒星运动的研究和我们恒星宇宙的稳定特性的问题；他为相对论提供了强有力支持，并通过相对论的诠释和应用为其提供了服务；最后，关于恒星内部物理条件的一系列卓越研究，首次让我们充分解释了恒星为什么以我们所发现的形式存在，以及如何经历其演化的各个阶段。”[82] 他的演讲包括了爱丁顿巨星理论的详细总结，结论是“巨星的总辐射仅依赖于其质量，与温度和密度无关”，并将其推广到矮星。[83] 布鲁斯奖章典礼活动几周后，爱丁顿的来信产生了巨大影响。

亚当斯是第一个获得天狼乙星光谱的天文学家，① [84] 他向爱丁顿解释说观测问题“很麻烦”。即使在最好条件下，“我们也永远无法从天狼星那里获得它的（指天狼乙星的）光谱……结果是，我们的底片显示了由天狼星本身而产生的广谱，并由于伴星而在上面叠加了一条较窄的暗纹。为了测量，我多次观察

① W. S. 亚当斯，《天狼伴星的光谱》，载：《天文学名著选译》，宣焕灿选编，知识出版社，1989年，331—333页。

过这些底片，但总是把它们放在一边”。然而，考虑到这个问题的重要性，他和同事决定尝试测量科赫记录光度计上的底片。该仪器将光线通过玻璃底片照射，并将光强转换为电压，从而决定描记笔的偏转，并在移动纸带上记录光谱的谱线轨迹。强度与位置结果之间关系的一个精确图形，在底片乳剂上具有与原谱线相比大大放大的色散。亚当斯告诉爱丁顿，他们直接放大了这些底片，很快就会进行测量。“当然，我们对伴星的研究结果将在某种程度上（与天狼星）整合，但我相信会得到有意义的结果。”[85]

到3月初，亚当斯可以报告结果（表10.2）。“画出的曲线一共三组：首先是天狼星，然后是天狼星和伴星的叠加光谱，最后又是天狼星。这些曲线是根据天狼星两条曲线的顶点对应的伴星的顶点来测量的，故测量结果完全是较差结果。我们用了四条谱线，并为除一条之外的所有曲线作了四组曲线。测微光度计的狭缝对每组谱线都被移动，以减少银粒对放大的影响。”[86]

表10.2　亚当斯的天狼乙星初步结果

谱线	曲线数目	位移值	
		毫米	千米/秒
Hγ	4	+0.004	+9
4404	3	+0.010	+26
4481	4	+0.006	+16
Hβ	4	+0.009	+31

亚当斯计算出的简单平均值是+20千米，“亦即，若Hβ被赋予双倍权重，是目前最好的谱线，则平均值是+23千米”。他还觉得这个结果“应该再乘以一个因子，以便考虑到天狼星和伴星光谱的叠加。我认为1.5倍的因子非常合理，给出离30千米不远的结果。这同你的预言一致”。亚当斯承认概然误差很大，但看不出为什么应该有系统误差。“个别谱线给出的值，并不比我们直接测量不佳谱线时经常遇到的更大的不一致。我可能会说，在前三条谱线的情况下，单个确定的概然误差是该结果的1/4。在Hß情形中，就少得多了。”亚当斯吓了一跳。“我认为这些结果最不同寻常的特征，若取其表面值，是它们提供的证据

表明那些密度存在于10^5到10^6。”[87]

与此同时，爱丁顿修正了他对期望爱因斯坦位移的预言。这一变化来自对伴星从A型星到F型星（后者温度更低）的光谱型的修订。

我写信给你时，把光谱取为A型；不久之后，我发现在威尔逊山的观测结果将其归类为F0，于是爱因斯坦效应会小一些。将F0表示有效温度为8 200开，爱因斯坦效应将为19千米/秒。然而，它可能要大一点，因为这种恒星（其表面引力值非常大）需要比普通恒星更高温度才能得出F光谱。所以我得出结论，20~25千米/秒是最可能的值。

尽管如此，测量结果与预言相符，爱丁顿对结果感到惊讶。“想起来很奇怪，天狼伴星只有直径大约20 000千米——比地球大不了多少——与参宿四形成对比。”爱丁顿告诉亚当斯他刚刚更正了一篇“冗长论文”的校样，这篇论文给出了“所有让我得出恒星物质可以获得极高密度这一观点的证据”。他附上了理论质量-光度关系图（以绝对星等作为质量的函数绘制）。他指出，除了调整曲线的垂直偏移，以拟合五车二星（Capella）的观测值，“否则就是纯理论”。他解释了关于恒星表现得像是由“理想气体”构成的关键点，并得出结论：巨大密度必定是有可能的。

我十分确信更高的密度是**可能的**，但我们是否足够幸运地找到一个真实标本则是另一个问题。这几乎好得令人难以置信。看起来不错，但由于测量困难和相当大的概然误差，我对您的结果有些谨慎——我认为您会希望这样，目前我不会公开谈论它。我不知道您是否打算在发表之前采取进一步的光谱图或测量值。它除了是克服困难的巨大实践胜利外，显然具有特殊的理论重要性。[88]

亚当斯回信说，他很“高兴”爱丁顿认为这个结果“完全是临时的”。尽管他没有理由认为科赫测微光度计的测量结果在此恒星较差比较应该受制于系统误差，但认为这些结果“需要确证”，他更倾向于“在我们能确定之前什么也不公布”。到那时候，望远镜无法观测到这颗恒星，亚当斯能做的只有“希望明年我们能使用更适合的仪器进行观测”。亚当斯发现爱丁顿的理论结果“非常有意义”，期待着阅读他的论文。“如果天狼伴星碰巧能提供最后一点证据确证您的理论，就值得克服几乎任何麻烦和困难。”[89]

第四部分

1925—1930 年

最终接受

第 11 章　相对论获胜

1925年日食：反相对论联军中的争吵

普尔和J. A.米勒的关系，自他们最初为策划1923年日食而联系以来一直很友好。叶凯士天文台的埃德温·B.弗罗斯特（Edwin B. Frost）提名普尔为美国哲学学会会员，米勒和柯蒂斯支持他的申请。[1] 1923年日食之时，普尔的月球验证得出支持月球膨胀的初步结果。虽然米勒在证实其发现之前在淡化它，但那个肯定结果鼓舞了普尔。1924年7月，米勒提交了一篇关于那些结果的论文，但直到1925年春天才发表。普尔和米勒的关系，到那时已恶化了。

1925年的日食，引起了公众的强烈关注。食带涵盖美国东部的大型城市中心，包括6个天文台。[2] 这将是美国1970年3月7日之前最后一次可见的日全食。尽管条件不利，隆冬的太阳低悬在空中，全食持续时间很短，天文学家还是组织了多支远征队，尤其是在东部。[3] 在利克天文台，艾特肯对米勒开玩笑说，如能保证"好天气"，他会很乐意去的，但他决定"让你们东部人照看这次日食，无需我们帮助。你们要是运气好，就有充分理由在气候问题上对我们夸耀一番"。[4]

米勒和柯蒂斯决定在纽黑文（New Haven）驻留。使用与1923年几乎相同的设备，项目包括日冕直接照相、爱因斯坦验证和闪光光谱。[5] 虽然米勒关于1923年日食的论文还没发表，大家都知道，他的团队有"两架15英尺（约4.6

米）爱因斯坦照相机，以试验查尔斯·莱恩·普尔的想法，即认为不存在爱因斯坦效应。普尔预期，月球的测量直径将决定这个难题”。[6] 由于条件不利，柯蒂斯和米勒曾考虑不在纽黑文进行普尔验证，但他们决定只是为了练习才进行。柯蒂斯在威尔逊山告诉保罗·梅里尔“他（米勒）将运行他的爱因斯坦验证，但他不这么叫，因为他想要的只是实践和数据，以便下次如何最好地做到这一点。”[7]

这次事件的宣传力度空前。在可看到日食的那些城市，报纸上刊登了整版的日食计划。普尔利用这次机会向记者们描述月球验证。他表示，希望这否证爱因斯坦理论。《纽约时报》宣称 :“普尔博士这次（月球验证）若失败，他的实验很可能会载入天文学史册，成为对相对论的卡斯特（Custer）最后一击，而相对论现在似乎得到了大量的证实。”米勒告诉记者，他怀疑在日食中会发现可以推翻爱因斯坦理论的东西。[8]

新英格兰那个食日天气晴朗，米勒向艾特肯“欢叫”:“日食的条件，好得惊人。在太阳高度如此低的情况下，这些底片比预期的要好。我们拍了很多满意的照片。”然而，这种判断只适用于日冕底片。他虽然获得了极好的月球短时曝光照片，但未能捕捉到足够恒星确定诸多底片的标尺度。由于米勒对这次日食没有任何期待，他也没有失望，但普尔不得不在记者面前改口。他声称，此次验证受到了“阻碍”，他并不是在寻找决定性结果。他认为，由于当时的温度大约是零上5度（华氏度）①，温度随着影经过而下降只有大约1/10华氏度。如此微小的温度变化，不可能产生他所说的引起光线弯曲的那种“反常折射”。在之前的历次验证中，都在炎热气候条件下进行，此种冷却效应约为2~3华氏度。他的解释不得要领，因为零结果的真正原因是条件不充分。人们很想知道，如果底片不错，他会说些什么。[9]

柯蒂斯继续向普尔敞开大门。在纽黑文，他把去年春天在美国科学院宣读的那篇论文告诉这位哥伦比亚大学教授，那篇论文描述了他与圣约翰的对峙。

① 相当于零下15摄氏度。

后来他给普尔寄了讲演手稿。他还描述了他建造的干涉仪，“用来得到另一条调查思路，针对‘偏折的证明’”。普尔热情地回答。“在我看来，你完全抛弃了所谓相对论的第三个证明，我要最真诚地祝贺你的结果，也祝贺你阐述自己立场的明确方式。”普尔在威尔逊山的工作中找不到“任何支持该理论的证据”。“我推断圣约翰自己并不相信相对论，因为政治原因他不得不回避。”普尔问柯蒂斯，他是否研究过如何“摧毁这种位移的理论基础，以及实际的观测结果”？他告诉柯蒂斯，他成功抨击了另外两个预言：“我可以直接从关于‘可变时间’（variable time）的基本假设中推导出他那些行星运动方程和光线偏折方程，而不使用任何‘第四维度’‘空间曲率’或‘新’引力定律。”他还声称，他可以展示爱因斯坦如何引入那个“难以捉摸的2倍”，使他1916年的光线弯曲预言比他1911年的预言加倍。普尔希望，柯蒂斯若能处理第三个验证的理论，其中两个就能涵盖所有3个预言。[10]

柯蒂斯谨慎回复：“我的观点跟你有些不同：我没有任何东西可以支持我的观点，我完全准备好了在任何时候承认错误，可能在看了你的论文之后会这么做。”他认为，试图诋毁爱因斯坦的数学没有抓住要点。那些预言的现象若确实存在，且无法用其他方式解释，那么柯蒂斯坚称：“我们皆是‘过客’。”他告诉普尔，他从未研究过第三个验证的理论基础，但通过伯恩斯只研究了观测方面。“这种爱因斯坦预言的位移，根本不存在”，他断言。至于其他效应，水星近日点反常进动“确实存在”。试图证明相对论没有预言它，“并不能满足我的实用主义倾向”。他概述了他若是一个足够优秀的理论家就将尝试的事情，包括“通过机械求面积的巨大任务”验证它的存在，而不是像勒威耶等人那样通过摄动验证它。他还提到试图推导出太阳因其自转所致的“有效椭率”。他告诉普尔，他花了“令人心碎的一年”，测量1918年日食的爱因斯坦底片，并看到后来英国人日食结果和利克天文台日食结果，觉得“它们是好的”，此效应很可能存在。“现在，再强调一下实用主义，爱因斯坦2倍因子未让我感到很困扰，并不比偏折更让我困扰。”[11]

普尔的回应是告诉这位观测同事，他一直在做柯蒂斯建议的大部分事情。

普尔告诉他，他早期试图通过探索太阳扁率解释水星近日点进动。他曾试图从事柯蒂斯提到的任务（机械求面积）：“这是我在几年前（或者只是在去年）试图筹集资金时想到的问题之一。我没能筹到必要的钱，只好作罢。”他还提醒柯蒂斯他的月球大气折射验证，米勒貌似发现了对那些墨西哥底片的效应。“关于纽黑文底片，我还没有得到任何消息。”普尔若止步于此，则可能会与柯蒂斯产生共鸣；但随后开始长篇大论解释他对爱因斯坦方程的推导，“没有任何关于扭曲空间、四维和五维或新引力定律的‘粉饰’”。他进一步坚持描述他的发现，即爱因斯坦如何提出“难以捉摸的2倍因子”。柯蒂斯简短回复：“我将很高兴看到你‘展示’爱因斯坦假说逐步成长，希望有一天你能拿到钱，继续进行你不得不中断的研究。”[12]

米勒的文章就在这个时候发表，暂时证实了普尔的信念：月球膨胀在1923年日食期间被观测到。然而，普尔与米勒的关系却恶化了。他不知道纽黑文验证的实验性质，仍然在焦急等待结果。下一次日食，将发生在1926年1月，从东非到菲律宾的岛屿上都可看到。最长可观测时间，将发生在苏门答腊岛西海岸。普尔问柯蒂斯是否有什么计划。柯蒂斯若要去，且愿意带上仪器，普尔很乐意为他安排费用。他向柯蒂斯抱怨说，米勒“搞砸了”两次用这仪器的机会，“我不希望他有第三次机会”。柯蒂斯试图安抚普尔，暗示他对米勒不公平，向他保证这些测量已经“认真执行”。他提醒这位理论同事，天气状况妨碍了复核视场的拍摄。“过去9天里，连绵不断的雨和云形成了我所记得的7次日食中最令人恼火、最令人心碎的状况”，他回忆道，特别强调了观测方面。

普尔对那次纽黑文日食有许多具体抱怨。那事过去将近4个月，可是他还听说“不知道结果如何”。米勒接手了最后的资金安排，这是普尔与纽约科学院发起的远征队。现在，普尔感到心寒。“我只知道，向科学院报到的期限早已过了，从米勒那里得不到确切消息。我甚至搞不清楚，这个商定的项目究竟是否在纽黑文实施了。”考虑到日食发生期间普尔在纽黑文，我们可以推测米勒现在多大程度上与这位哥伦比亚教授分道扬镳了。柯蒂斯解释说，米勒决定使用爱因斯坦照相机和普尔照相机“更多是为了练习，而不是其他什么”。“我们俩都觉得，要想在太阳在地平线以上17°对这样的困难问题取得任何有价值的结果，绝对没有希望。事实上，我们非常担心有些天文同事会嘲笑我们在这个地平高度的任何尝试，所以我们称他的仪器为孪生照相机，而称你的仪器为诺布尔照相机，也就是说，非爱因斯坦照相机。”柯蒂斯告诉普尔，他若管理自己的团队，则会“很高兴”为他管理普尔的仪器。但他又要和米勒一起去。“他不仅是一名出色侦察员，拥有良好判断力和勤奋工作，而且是一名优秀的日食人。”柯蒂斯建议普尔在仪器上安装一个焦平面快门，使得曝光时间足够短，假如他决定寄给米勒的话。普尔并没有。[13]

1925年左右的那场相对论争论

20年代中期，人们开始接受相对论，很大程度上要归功于利克和威尔逊山的天文学家继续提供支持性证据的努力。这些著名天文台的台长，并没有假装理解相对论。然而，两者都为其预言的实证检验提供了重要资源。坎贝尔作为日食观测家和美国顶级天文台台长的国际声誉，最初吸引了埃尔温·弗罗因德利希去找他。坎贝尔自然会着手解决这个问题，坚持到最后得出一个明确结论，并在结果公之于众后为其辩护。威尔逊山天文台是太阳光谱学领域公认的领导者，海尔及其团队着手搜寻引力红移，如同让坎贝尔着手处理爱因斯坦日食难题那样合适。这两种情况，相对论验证都符合之前进行的研究。就在1919年英国人日食结果公布之前，两项调查都对诸多相对论性预言给出了否定结论。1919年事件使相对论成为人们关注焦点后，利克天文台和威尔逊山天文台加倍努力以获得最终结果。他们作为世界级研究机构的声誉，得益于世界对判断相对论的迷恋。两个天文台在1923年同一时间宣布了肯定结论，引来了批评者的攻击。随之而来争论的性质，迫使利克天文台和威尔逊山天文台的天文学家不仅仅是为其观测进行辩护。他们以支持这个理论告终。

批评者的动机令人怀疑。到1924年，从太阳黑子起源到地震成因，T.J.J.西伊声称自己对一系列惊人发现作出了贡献。他针对相对论的长篇大论，帮助在反相对论团体中制造了一种疯狂气氛。1924年10月，他在旧金山加州科学院发表公开演讲，声称爱因斯坦犯了错误。再一次，他的指控是基于德国传播的关于佐尔德纳1801年那篇论文的错误信息。在早先的骚乱中，媒体给了西伊一个没有什么他人意见的大听证会。这次记者们肯定要征求其他意见。普林斯顿的物理学家路德·埃森哈特（Luther Eisenhart）、来自英国的弗兰克·戴森和阿瑟·爱丁顿都对西伊的指控予以严词驳斥。爱丁顿（当时正在访问加州，做了关于相对论的系列讲座）将西伊的批评斥为“一派胡言，一无是处”。[14]

普尔的反相对论动机，源于他过去对水星近日点进动的研究。他曾试图让观测同事们寻求太阳扁率解释这种效应，但都失败了。1919年英国人日食公告后，对水星近日点的相对论解释盖过了所有其他解释。普尔的第一本能是，用他曾经攻击过水星近日点问题的同样方法处理光线弯曲效应。他沿着经典思路做了理论计算解释光线弯曲，并建议通过观测验证寻找可能解释这种效应的太阳和大气现象。柯蒂斯成为这些努力的坚定支持者，促进了普尔月球验证的运行。普尔未能为反相对论项目获得资金，转而攻击“相对论数学”。在这一努力中，他将追随其他人的脚步，对爱因斯坦那个“2倍因子”做出错误陈述。这些误差和他肆无忌惮的推波助澜，开始使普尔与西伊成为一丘之貉。

柯蒂斯的动机与普尔的相似，作为一名有国际声誉的观测者和天文学家，他并不感到孤立。他对坎贝尔处理1918年戈尔登代尔结果的方式怀恨在心，尽管他接受了利克天文台1922年结果，而普尔和凯文·伯恩斯却没有接受。尽管如此，他还是鼓励普尔试图诋毁利克天文台的观测，忽视他压制所有概然误差讨论的可疑做法。柯蒂斯并不知道广义相对论如何预言各种有待验证的效应，继续试图为它们找到经典解释。普尔的理论和柯蒂斯的观测，构成了一种权宜婚姻。除了偶尔提到一个在实验室里验证光线偏折预言的非常规想法，柯蒂斯所做的只是重复了米勒的日食验证。担任阿勒格尼天文台台长后，他越来越多转向仪器的设计和建造。跟标准局启动太阳波长项目后，他除了制造一些仪器，无所事事。[15] 令他惊喜的是，这项研究开辟了一条似乎否定太阳谱线位移相对论性解释的研究路线。柯蒂斯对这场辩论充满热情。

伯恩斯在利克天文台早期，就遇见柯蒂斯了。他1913年在标准局任职，并在柯蒂斯的战时工作期间与他成为朋友。伯恩斯1919年离开标准局，相对论的消息从大西洋对岸传来时，他正在利克天文台当志愿者。作为一个坚定的怀疑论者，他的立场从未动摇过。在利克天文台和威尔逊山天文台漂游了一年，柯蒂斯担任新台长后的第一件事，即让伯恩斯到阿勒格尼当天文学家。对他来说，伯恩斯头脑敏锐，还是一流光谱学家。当相对论的副产品从太阳光谱学中出现时，伯恩斯自然会感到高兴，因为他认同柯蒂斯的反相对论情绪。

威廉·梅格斯的态度，在好几个层面上不同于其天文学同事。柯蒂斯反对欧洲人涌入美国的科研机构。战后，他坚持强烈的反德立场，特别是关于德国科学家加入新成立的国际天文学联合会。相比之下，梅格斯在1921年向联合会美国分部的秘书抱怨道：

我冒昧补充一句，现代科学中最有意义的发展是相对论和量子理论，它们在天文学和天体物理学中都有巨大重要性。这些理论的大多数发展，都是由那些目前还没有被邀请与联合会合作的人做出的。忽视爱因斯坦、普朗克、索末菲、弗兰克、施瓦西、屈斯特纳、埃伦菲斯特、爱泼斯坦、凯泽、科嫩、朗格（Runge）、帕申（Paschen）、埃德（Eder）、万塔（Vaenta）、埃克斯纳（Exner）、哈施克（Haschek）等等的研究，肯定不会推进联合会的工作。[16]

爱因斯坦1921年在美国访问期间，参观了标准局。梅格斯会见了这位相对论创始人，并把这段经历写信告诉了伯恩斯："上周我与爱因斯坦教授进行了一次愉快访问，用德语与他交谈没有多大困难……顺便说一句，你在3月7日《法国科学院报告》看到佩罗证实了b族镁的爱因斯坦位移吗？"[17] 柯蒂斯在华盛顿，也遇到了爱因斯坦。对比一下他对这位著名科学家的描述：

他看起来肯定像第四维！面孔有点灰黄，眼睛敏锐明亮。但他还是留着帕德雷夫斯基（Paderewski）式的小而油腻的卷发，有四五英寸长。他为犹太复国主义运动而来，显然对人们的小题大做和对他的演讲请求感到有些惊讶和烦恼，这些请求现在不那么多了，因为他的报价众所周知。他在辛辛那提的一次演讲，需要1 500美元（无疑是为犹太复国主义筹款），一位科学院院士告诉我，他在明尼苏达大学5次系列演讲要价15 000美元！！（可是没有得到！）[18]

从严格科学角度来看，梅格斯也不同于柯蒂斯和伯恩斯。伯恩斯寄给他一份到1925年秋季积累的一些成果手稿时，梅格斯承认，他一直希望以一种有利于相对论的方式解释强度效应："爱因斯坦和圣约翰听了这些话不会心旷神怡，但是目前显然没有别的事可做，只能提请大家注意谱线位移所涉及的许多因素。我希望，那个所谓的反常色散会解释一切。"梅格斯最初曾呼吁用散射解释强度差异。他告诉伯恩斯，公认的散射定律会给出"不同宽度的谱线在正确方向和正确数量级上的位移"，但是"红移效应，应该比紫移小得多……而引力位移则与波长成正比"。他问伯恩斯："吸收强红线的气体下降的速度，可能比吸收强蓝线的气体快吗？"几年后，圣约翰提出了一种与气体运动有关的不同机制，得到了梅格斯所寻求的结果。

梅格斯告诉伯恩斯，他"准备接受你的说法，在这个时候对红移的性质做出判断并不明智"。伯恩斯论文的副本于12月寄给爱因斯坦，梅格斯几个月后在一封给爱因斯坦的信中提及："很遗憾，太阳波长以这样不负责任的方式表现，我们被迫就引力位移悬搁判断。"[19]

梅格斯坚持悬搁判断立场，即使其他人开始接受引力红移已证实。1926年9月，收到伯克利一位物理学同事一份报告，梅格斯写道："我不知道去年报告中关于相对论那一段是谁写的，但太阳谱线的红移未被讨论，因此，伯恩斯和梅格斯的结果……未被引用。圣约翰的解释在我们看来有些人为做作，我们认为他并没有解决此问题。"梅格斯请他这位同事补充说："伯恩斯和梅格斯通过对太阳波长和真空弧波长的干涉仪比较得出结论，目前还不能说所预言由引力引起的红移是否存在。"他还要求，将报告中的结论改为："目前这整个课题的现状是，除了D.C.米勒自己的工作，太阳谱线的位移，相对论的所有实验验证都得到了相当充分的证实。”[20]

J.A.米勒也通过与柯蒂斯和普尔的合作，参与了反相对论活动。他以最初的满腔热情决定进行爱因斯坦验证。1922年在澳大利亚发生的日食超出了他的经济能力，所以他等待着1923年的下一次日食。在策划阶段，柯蒂斯加入了他，并让他参与了普尔的月球验证，旨在否证相对论。米勒在归算1923年墨西哥日食的月球观测数据时，看到了报纸上关于普尔的公开活动直接反对利克天文台结果的报道。他请坎贝尔在1924年美国哲学学会年会上发言时，不要明确提及普尔。与普尔的交往让他感到尴尬，抑或他只是在谨慎保留对此事的判断，目前还不清楚。所有证据表明，他接受了坎贝尔和特朗普勒的结果，并继续执行他的计划，力求在1925年日食时再次进行验证。米勒继续在随后几次日全食中进行爱因斯坦验证，资金来自希望否证相对论的团体。他会在光线弯曲验证中屡屡受挫，让人想起坎贝尔1918年观测中遇到的早期麻烦。

D.C.米勒利用他对相对论的强烈兴趣，为继续进行他在莫雷退休后放弃的以太漂移实验争取资金和支持。他同威尔逊山的海尔交往，只会对他有利。对海尔来说，接受米勒和迈克耳孙的以太漂移实验是很自然的。他们进一步强调了他的天文台对当今重大问题的前沿研究的重要性。路德维希·西尔伯施泰因参与进来时，其理论能力吸引了海尔。对西尔伯施泰因来说，这次合作提高了他的可信度和声誉。这些美国人还为他提供了继续寻找他那心仪以太观测证据的手段。

随着诸多验证的继续，出现了更多貌似与相对论相矛盾的结果，利克和威尔逊山天文台对该理论采取了更积极的支持立场。他们可以通过揭露普尔在解释爱因斯坦最初预言时犯了哪些错误击退他的理论攻击，并通过关联T.J.J.西伊质疑他那种攻击的动机。柯蒂斯、伯恩斯和梅格斯加入与威尔逊山红移结果相矛盾的争论，这让批评者们更加可信。他们的工作成功说服了一些科学家对爱因斯坦“第三个验证”采取悬搁判断。以太漂移实验的复活，让一些老一辈以太拥趸感到满意。然而，随着这10年时间推移，它最终为相对论提供了另一种支持途径。

支持以太、反对以太的公告

1924年7月，D.C.米勒带着改装过的设备回到威尔逊山。在1925年3月恢复观测，持续到4月中旬。他仍然得到一个略微肯定的结果。他在山上的驻留使他与古斯塔夫·斯特伦贝里（Gustav Strömberg）有了接触，后者开始帮助他对其结果提出一个可接受的解释。斯特伦贝里多年来一直致力于推导太阳运动与恒星和星团的关系。通过根据恒星平均速度对它们进行分组，他发现了一个显著模式。低速星以均值为中心的速度范围较小，而高速星在不同均值周围的速度范围较大。有趣的是，高速星的平均值接近旋涡星云的平均值。在速度范围最大的天体中，旋涡天体的平均速度最高。这些事实，使斯特伦贝里就所有天体假设双速度分布。一个对应于局部运动（低速星），另一个对应于基本系或“世界系”（world frame，旋涡天体的参考系）中的运动。[21] 斯特伦贝里把这些旋涡天体描绘成在海上随机移动的船。我们的视角，是其中一艘船上的乘客。其他乘客（低速星）的速度范围很小，其平均速度亦如此。“海鸥”（高速星）可以向各个方向快速移动，形成一个速度范围很大的群。它们的平均速度，在空中几乎是静止不动；相对于观测者的船，其平均速度则很高。其他船的速度范围最大，平均速度几乎与“海鸥”相同。

为使这幅图景更加完整，斯特伦贝里必须解释为什么在“世界系”中速度分布并不比观测到的大。原则上，旋涡天体的速度比观测平均值大得多是可能的。斯特伦贝里不得不假定某种限制机制，使在“世界系”中随机运动的天体速度受到限制。他从那些反对爱因斯坦关于物质完全决定空间度规特性的观点的科学家那里，得到了启示。斯特伦贝里提出，空间或时空可能具有与恒星存在无关的基本属性，这些属性只在物质的周围得到修改。宇宙速度的限制可能与他那个基本空间属性有关，“它防止物质宇宙系统‘蒸发’，并赋予恒星系一定程度的刚性”。斯特伦贝里的想法使他认为以太真实存在，并在那里寻找速度限制机制。

当然，这个概念与相对论精神是对立的。早在1922年，威尔逊山的天文学家就意识到，斯特伦贝里的工作正在挑战爱因斯坦。斯特伦贝里对A型星空间运动的深入研究接近尾声。他发现，太阳相对于高速星的方向和速度同从旋涡天体得到的太阳运动一致。沃尔特·亚当斯向海尔报告说，斯特伦贝里在寻找一种能使速度在某些世界系内受到限制的机制。“他打算写信给洛伦兹，询问他对在‘惯性空间’中存在一种坐标系的可能性的看法，这种坐标系可以使速度达到最小值，从而解释高速星的奇特分布。相对论者会发现，大自然更喜欢任何特殊的坐标系。”[22]

然而，到1924年，斯特伦贝里可以为他对以太的呼吁向爱因斯坦本人寻求支持。“相对论并没有强迫我们否认这种介质存在；相反，四维时空已然被爱因斯坦等同于以太，他认为这是理解‘绝对’自转和加速度存在的必要条件。”[23] 斯特伦贝里指的是，爱因斯坦1920年10月27日作为莱顿大学客座教授所做的就职演讲。洛伦兹设立了这个职位，定期把爱因斯坦带到莱顿。爱因斯坦选择了相对论中的以太问题作为他的演讲主题，很可能是出于对他导师洛伦兹的尊重。爱因斯坦与洛伦兹一道发展了这个观点。他用描述引力场的度规张量表示的空间几何，把它等同于“以太”。他的概念不是那种可被视为绝对空间表现的传统以太。相反，他用这个术语描述引力场。他的朋友贝索取笑他对洛伦兹仁慈：“你赋予这个词在新领域中唯一可能的含义，使相信它的人，尤其是洛伦兹，不能因为两者概念存在明显的偏差而感到震惊。”① 贝索是正确的。爱因斯坦只不过是用以太来否认“空无空间不具有物理品质”这一观点。尽管爱因斯坦一生中那篇莱顿演讲被多次重印，但他从未在任何专业论文中使用过“以太”这个词。[24] 他的莱顿演讲和后来的出版物，引起了很大的混淆。批评者们利用这一点来攻击他。其他人（像斯特伦贝里）则用它来支持自己的想法。

到1925年，由于与斯特伦贝里的合作，D.C.米勒戏剧性改变了他的以太漂移实验方法。他在同年晚些时候的美国物理学会会长致辞中讲述了这一变化。

① 《爱因斯坦传》，343页。译文有所改动。

“1925年之前，迈克耳孙-莫雷实验总是被用来验证一个特定假说”从地球移动穿过的静止以太，到磁致伸缩对干涉仪的影响。“经过多年观测，对各种问题的答案一直是‘否’，一直存在着一个不变的、始终如一的小效应，但未得到解释。”现在米勒决定把干涉仪看作是一种适合于确定地球和以太相对运动的仪器。然后，他要求自己指出地球和太阳系在空间中绝对运动的方向和大小，“不依赖任何‘预期结果’”。[25]

随着干涉仪在水银床上旋转，米勒确定了干涉条纹最大位移的大小和方向。最大位移的方向在一天中呈周期性变化，平均在西北45°左右。位移量也呈周期性变化，最大位移约为10千米/秒。[26]斯特伦贝里帮助米勒进行图形和数值分析，以求解与数据相符的地球和太阳系的理论运动；但是，最大条纹位移的方向应该是向北而不是向西45°。米勒若忽略这个向西位移，就推导出了太阳和太阳系以10千米/秒的速度向天龙座（Draco）的某一点运动。[27]米勒的结果与年时间无关，他解释说，这意味着地球30千米/秒的轨道运动一定是不可察觉的。米勒认为，他的设备若不能检测到30千米/秒的速度，则有理由假设，一个更大的宇宙运动，大约200千米/秒，正显示为威尔逊山天文台处地球和以太仅仅10千米/秒的相对运动速度。“为了把这些效应解释为以太漂移的结果，似乎有必要假设，实际上，地球曳引以太，因此在观测点上的视相对运动从200以上减少到10千米/秒，而且这种曳引也使这运动的视方位角向北偏西偏移了大约45°。”[28]米勒称赞斯特伦贝里帮助他进行了太阳运动的“广泛计算”。有了米勒对其结果的新解释，他就可以不再是著名的迈克耳孙-莫雷实验的“孤单批评者”，而成为方兴未艾的宇宙运动研究的贡献者。他与威尔逊山的联系，进一步提高了他的信誉。

与此同时，A.A.迈克耳孙在芝加哥完成了西尔伯施泰因说服他做的实验。早在1925年，他在芝加哥大学校长欧内斯特·德威特·伯顿（Ernest De Witt Burton）主持的一次公开讲座上宣布了暂定结果。他那些结果，证实了爱因斯坦。《纽约时报》一名记者引用了迈克耳孙的话：“毫无疑问，这些验证再次有力证明了他的杰出工作。”然而，那位记者把这个故事搞混了，居然写道，“迈克耳孙教授说……爱因斯坦理论跟以太漂移理论一样都是正确的”。[29] 到了4月，最终结果出来了。阿瑟·康普顿（Arthur Compton）在1925年4月美国科学院年会上代为宣读了迈克耳孙（因病缺席）的论文。这篇论文题为《爱因斯坦理论的最新验证》，报告了关于地球自转的结果与广义相对论一致。[30]

第二天，米勒在一篇论文《以太漂移实验报告》中展示了他的初步结果。他声称，他最近在威尔逊山进行的著名的迈克耳孙-莫雷实验取得了肯定结果。他确实观测到干涉仪条纹的肯定位移，这表明地球和以太之间的相对速度约为10千米/秒。“没有任何类型的修正，适用于那些观测值。在迄今工作中，对威尔逊山做出的那种漂移的每一个解读都被包括在它的完全值。既没有因观测结果似乎很差而忽略任何观测结果，也没有应用任何‘权重’归算对那些结果的影响，因为没有对预期结果做出任何假设。”这一挖苦显然呼应了普尔对坎贝尔和特朗普勒日食数据的公开攻击，以及早些时候对英国人决定排除索布拉尔天体照相结果的批评。米勒将他的结果解释为，地球对以太的部分曳引随着离地面高度的增加而减小。他还表示，他相信这一解释可以说明对早些时候在山上进行的克利夫兰观测的重审。米勒预言，他的工作“将导致迈克耳孙-莫雷实验没有，也可能永远不会，给出一个真正的零结果的结论”。他在会上对记者表示，“它不能被视为爱因斯坦相对论的基本实验证据”。[31]

米勒的公告，引起了戏剧性反应。路德维希·西尔伯施泰因立即宣布相对论已死。柯蒂斯也参加了会议。他告诉普尔，“西尔伯施泰因扮演了主要哀悼者的角色，因为他承认米勒的结果把相对论打得千疮百孔”。西尔伯施泰因后来告诉麦吉尔大学物理学家路易·金，“我……正式干掉爱因斯坦1905年相对论”。他在《自然》杂志上得意洋洋地断言，以太的部分曳引理论得到了证实。爱丁顿随即同他展开了激烈交锋。以太的伟大捍卫者奥利弗·洛奇爵士对米勒效应并不那么乐观。“科学史不断表明，微小的残留效应会蕴藏着重要发现的萌芽。我希望目前情况能够如此，虽不能说我满怀信心。”沃尔特·亚当斯致信米勒：“你的那些值非常令人信服，尤其是在所指示方向的稳定性方面。我想大家都会同意，这项工作的继续是现代物理学中最重要的工作之一。”[32]

米勒成功将以太重新提上了研究议程，给了反相对论派一个巨大推动。世界各地的科学家，立即开始计划重做米勒实验。

天狼乙星结果的公告

D.C.米勒在威尔逊山天文台复活以太，沃尔特·亚当斯则在审理他那些戏剧性的天狼乙星结果，等待着天狼星及其伴星另一次有利出现。1924年秋天，爱丁顿有机会去加州进行一次长期访问。英国天文协会当年在加拿大多伦多召开了年度会议，这次会议将爱丁顿带到了大西洋彼岸。美国的许多科学领域，都竞相邀请他访问。加州大学成功把他吸引到伯克利10个星期，在那里他给物理系开了两门课，其中包括一门关于相对性数学理论的高级课程。他还举办了6次关于相对论的非数学系列公开讲座。在太平洋之旅期间，爱丁顿还访问了威尔逊山几天。他为天文台的工作人员和加州理工学院的成员做了几次演讲。[33] 在那里，他无疑有机会检查亚当斯的天狼乙星底片和D.C.米勒的干涉仪。

爱丁顿对太平洋海岸的访问，极大促进了天文学家对相对论和恒星天体物理的理解；这位英国理论家亲眼目睹了那里蓬勃发展的研究中心。他还有幸评论了T.J.J.西伊在加州科学院就其“发现”爱因斯坦错误的滑稽举动。在12月返程途中，爱丁顿在东部做了多次演讲。[34] 这一插曲，使他在亚当斯准备宣布天狼乙星观测结果几个月前，在美国就声名大振。

在等待地球绕其轨道运行并将天狼星送入其夜侧时，亚当斯设计了一种新的光谱照相安排。辅助反射镜的支承，产生了对光谱有干涉的衍射射线。亚当斯使用带有圆形孔径的光阑减少这种干涉，且发现了“显著改进”。[35] 1925年，100英寸（2.54米）口径望远镜再次观测到了天狼星。数据的观测和归算，需要好几个月。随着美国科学院在华盛顿召开年度会议的临近，海尔和亚当斯急于宣布一些结果——即使亚当斯不能及时准备一篇论文。科学院安排了一次关于相对论和最近1925年1月那次日食的特别公开会议。回忆前一年的相对论对抗，威尔逊山团队希望能够贡献其新结果。科学院的执行秘书也想要一些“烟花”。他在会议前几周致信柯蒂斯：“您的论文肯定会引起不同寻常的兴趣。此外，您知道如何与外行进行有意义的对话。您能不能不要介绍论文的日食-爱因斯坦组？”柯蒂斯回复，他自己的论文“包含了一些‘新东西’，但从本质上来说，它更适合定期会议，而不是晚上的公开会议”。尽管如此，他还是愿意合作。[36]

在威尔逊山，出发参加会议的时间到了，但仍然没有得出最终答案。海尔去了华盛顿，亚当斯留下来。在会议前夕，亚当斯发了一份电报给国家研究委员会的海尔说：“向科学院发送天狼星结果的完整声明几乎不可能，但如合适，我很高兴能公布。贝塔的位移29千米，伽玛的11千米，其他谱线居中。天狼星光谱比伴星蓝，故叠加给紫线更小的位移。密度因子校正给出的值与贝塔值非常一致，其中光谱几乎是纯的。考虑最优值25千米。爱丁顿给出20到25千米。”[37] 亚当斯也发了类似内容电报，给剑桥的爱丁顿。国际天文学联合会在那里召开三年一次的会议，爱丁顿计划在那里做一个关于相对论的演讲。他突然宣布了一个戏剧性消息：他刚刚收到亚当斯的电报。2.54米口径望远镜揭示，天狼乙星光谱的位移与爱丁顿基于广义相对论的预言相一致。[38]

在华盛顿，那场“爱因斯坦-日食”会议被证明平淡无奇。柯蒂斯没有什么新结果，J.A.米勒也未测量他由1925年日食得到的底片。柯蒂斯以“日食难题”为开场白，但他另一篇论文（与伯恩斯合著）则论述那次纽黑文日食的红外闪光和日冕光谱。海尔令人吃惊地证实了引力红移和“白矮星”的存在，这一消息一定给济济一堂的科学家们留下了深刻印象，但美国媒体并未注意到。唯一的相对论烟花，则涉及以太漂移实验。媒体则鼓吹迈克耳孙论文和D.C.米勒论文。首先，他们宣布迈克耳孙证实了相对论。第二天，他们宣布米勒“猛击爱因斯坦理论”。[39] 一听到D.C.米勒的以太漂移结果的消息，华盛顿的科学服务社立即给爱丁顿发电报征询意见。爱德华·E.斯洛松收到爱丁顿的回复，急忙从威尔逊山获取最新进展。他给亚当斯发电报：“爱丁顿回复了我们的电报，询问他对你实验和米勒实验的看法，你可能会感兴趣。米勒的地球速度结果同迈克耳孙关于地球自转的最新实验很难调和。我必须等待实验的细节。亚当斯完成了广义相对论一个惊人的新验证，它证明了广义相对论有助于天文学进步，并证实了一个以前怀疑的天文学假说。”[40]

爱丁顿的话强调了一个重要事实，这将极大影响天文学家对爱因斯坦理论的态度。除了作为对该理论的进一步验证，天狼乙星的结果第一次表明了相对论本身对天文学家来说是一个有用的理论工具。20世纪20年代后半期将进一步表明，广义相对论可以帮助对宇宙大尺度结构感兴趣的天文学家。这些后来发展的进程，设定了1925年4月的美国科学院会议。其中一个会议，哈佛大学天文学家哈洛·沙普利（Harlow Shapley）介绍了来自威尔逊山天文台的年轻非科学院院士埃德温·哈勃（Edwin Hubble）。他的发言“作为恒星系统的旋涡星云”，一劳永逸解决了关于旋涡星云本质的长期争论。很长一段时间，人们的疑问是旋涡星云是不是类似于我们银河系恒星系统的“岛宇宙”。哈勃显示，这些旋涡处在银河系之外——仿佛我们自己星系一样庞大的恒星系统。再过4年，哈勃的工作将在天文学研究中开辟一个验证广义相对论的宇宙学预言的新观测领域。它也将有助于在天文学中创建一门新的学科——相对论宇宙学。[41]

科学院会议后不久，亚当斯向亨利·诺里斯·罗素展示了天狼乙星的材料。这位普林斯顿理论家同意，证据“足以确保发表”。亚当斯向美国科学院提交了一篇论文，并将论文副本寄给了爱丁顿。“结果……显示比我斗胆预想的要一致得多。”然而，他仍然不满意需要应用校正因子。“我希望，没有必要对天狼星光谱的叠加采用任何校正因子。然而，所使用的结果不能有严重误差。以我们目前对这一问题的了解，将来应该能够确保更好的底片，也许可以避免现在所使用的这种校正。”[42]

亚当斯拍摄天狼乙星的光谱时，来自天狼星的散射光也将其光谱叠加到底片上。天狼星散射光的强度在短波时最大，而伴星散射光在长波时达到峰值。亚当斯用连续谱确定校正因子。他在连续谱的5个区域比较了伴星和天狼星的强度。在这5个区域，他测定了伴星与天狼星的照相密度之比。然后，他把这些比值应用到氢线。假设对于伴星和天狼星，谱线强度与连续谱的关系是相同的。在氢线Hβ的波长上，来自天狼星的干涉最小，不需要校正。对于Hγ，强度之比近乎统一，故亚当斯应用了接近2倍的校正因子。对于其他谱线，他使用了一个近似公式。由于天狼星散射光的相对强度向较短波长的方向增大，因此其光谱于伴星光谱上的叠加倾向于减少向红端波长（较长）方向的谱线位移。为了校正这种影响，亚当斯将所测位移乘以校正因子。对于Hγ，最终结果是所测位移的近乎2倍。[43]

亚当斯的最终结果乃基于4张底片，用以下三种方法测量：用Hβ从所有4张底片中做了8个测定；用Hγ从3张底片中做了6个测定；对光谱中的其他8个谱线的1或2张底片做了测定（表11.1）。

表11.1　亚当斯的天狼乙星测量的最终均值

	千米/秒
Hβ	+26
Hγ	+21
额外谱线	+22
均值	+23

这个+23千米/秒的结果，是对伴星相对于天狼星视向速度的较差测量。计算得出天狼星的视向速度为1.7千米/秒。因此，伴星的谱线位移为+21千米/秒，即+ 0.32埃。按照相对论位移的解释，这个结果得出了这一奇怪天体的直径为18 000千米。其密度是水密度的64 000倍。[44] 亚当斯将这一结果与理论预言进行了比较：

爱丁顿基于光谱型F0和有效温度8 000开的伴星，计算出的相对论位移为20千米/秒。就19 600千米的半径，产生的密度是53 000。虽然对于如此困难的观测来说，这种程度的一致只能看作是偶然的，但是用不同方法，特别是用记录测微光度计所做的测量结果，其内在一致完全令人满意。因此，这些结果可被认为提供了来自恒星光谱的直接证据，为广义相对论第三个验证的有效性，为爱丁顿那些早期类型的矮星光谱所预言的显著密度，皆提供了直接证据。[45]

亚当斯致信爱丁顿："对于这项工作的结果，我的主要感受是欣喜若狂，因为它们如此显著证实了你关于白矮星物质密度的美妙预言。"当然，爱丁顿"非常高兴"，回复亚当斯对他论文的细节非常感兴趣。"但令人震惊的是，结果竟然果真如此。"[46]

亚当斯的论文在7月发表，媒体抓住了一个双重故事，即一个新的相对论验证已从威尔逊山出现，且证实了爱丁顿的白矮星理论。[47]对职业天文学家而言，广义相对论在验证理论天体物理学这一新学科惊人结果方面的重要性，戏剧性证明了相对论的正确性。1926年，爱丁顿出版了著作《恒星的内部结构》，总结了1916年到1926年这一方兴未艾研究领域的理论工作。此书在最初4年售出1200多册，成为天体物理学家的标准教科书。在介绍亚当斯研究的细节后，爱丁顿总结道："这一观测结果如此重要，在光谱专家们有充分时间来批评或挑战它之前，我不喜欢太草率地接受它；但据我所知，这完全可靠。若是这样，亚当斯教授可谓一举两得；他对爱因斯坦广义相对论进行了一项新的验证，同时证实了我们的猜测：比铂密度大2000倍的物质不仅可能存在，而且确实存在于宇宙之中。"[48]

约翰·A. 米勒与日食验证

相对论的实证验证在美国西部达到高潮，平行事件则在东部展开。尽管普尔退出了与米勒和柯蒂斯的合作，米勒还是在1926年1月14日苏门答腊日食期间进行了这次月球验证。他跟印第安纳大学借了一个光圈9英寸（0.2米）、焦距63英尺（19.2米）的镜头。观测这一事件的远征队，有两支是为了解决爱因斯坦难题：米勒的远征队，和一支不是别人，正是埃尔温·弗罗因德利希领导的远征队。利克天文台决定不派遣远征队，尽管英国派遣了远征队，但这个项目只是为了研究日冕。[49]不幸的是，苏门答腊好几个地方的天气多云，结果好坏参半。英国人运气最好。米勒（在不远处）观测到日食期间太阳所在区域漂浮着薄云。尽管柯蒂斯不能获得闪光光谱照片的部分原因是由于雾霾，他们用日冕照相机和爱因斯坦照相机拍摄了成功的正片。弗罗因德利希拍了一些照片，但由于靠近米勒团队，他也透过雾霾拍摄了这些照片。[50]

米勒在日食几个月后，写信给艾特肯。回顾过去，他认为当时天气“非常有利”，并声称日冕的正片“非常好”。他也很满意爱因斯坦照片。“我们有四张爱因斯坦底片，（光圈）6.5英寸（约合16.5厘米），焦距15英尺（约合4.6米）。这些底片包含30颗日食恒星，其中一部分相当暗淡，但大多数都是很容易测量的很好图像。它们分布良好，几乎都在距离太阳2°的范围内。在两张底片上有日食时刻拍摄的夜视场，另外两张底片上兼具夜视场和昼视场。我相信，我们有一套很好的底片。”[51] 柯蒂斯对这个项目的贡献是建造一个大型精密量度仪，供米勒在这些底片上使用。米勒不想依靠施莱辛格在耶鲁的设备完成这项重要工作。柯蒂斯于1926年6月开始设计机器，而来自斯沃斯莫尔的罗斯·马里奥特（Ross Marriott）则回到苏门答腊拍摄比较底片。[52]

德国人就没那么幸运了。弗罗因德利希及其团队将仪器留在了苏门答腊，并于4月前往加利福尼亚。弗罗因德利希访问威尔逊山天文台，待了几个星期，他的同事H.冯·克鲁伯（H. von Kluber）去汉密尔顿山，检查他两张来自苏门答腊的爱因斯坦底片。他的工作是决定他们是否应该回去拍摄比较底片。他们来了又走之后，艾特肯悄悄告诉米勒，德国人对底片“有点失望”。最后，这些观测结果毫无结果。S.A.米切尔后来在日食著作中提到那些波茨坦观测者“由于雾霾的原因，获得有价值的照片很少”。剩下米勒和柯蒂斯拥有该视场。[53]

到了9月，柯蒂斯在此量度仪上取得了一些进展。米勒希望能“尽早”得到。“我从相对论者那里得知，这些底片是否被测量并没有太大区别。罗素已然告诉我们，这些底片若是好的，结果将是什么，但非相对论者正焦急等待着这些底片被测量。”[54] 柯蒂斯在量度仪方面工作的长期拖延，加剧了那些等待米勒结果的人的不耐烦。除了低估自己所需的时间，柯蒂斯在1927年冬天还患上了严重肺炎。直到5月中旬，他才开始考虑回去工作。他向米勒道了歉，但倾向于把这一切都归咎于自己的病：“现在，你就这台显然倒霉仪器对我说的任何脏话，我都不会怪你的。但这最后的拖延，我可受不了。我离死亡太近了，现在除了小心，我什么也不会做；事实上，没有人想到我会在这个节骨眼来到这里。把肺炎病菌放在生物系的显微镜下折磨；我想，如不是病菌的兄弟，到3月份你就会拥有那台仪器了。”柯蒂斯进一步道歉，他承认拖延的原因还有其他因素，包括“严重低估了所需的工作量”。米勒决定不催柯蒂斯。他告诉柯蒂斯，将在耶鲁大学使用施莱辛格量度仪。[55]

6月底，米勒写信给柯蒂斯说，马里奥特开始测量爱因斯坦底片，结果的一些想法将在10天左右可得。不幸的是，前往纽黑文使用施莱辛格量度仪成了一大障碍。在6月份首次测量后，他和马里奥特只在11月份再次测量。到12月初，米勒的工作还远未结束。他告诉柯蒂斯，他很难继续跑到耶鲁去测量。他更愿意使用柯蒂斯正在建造的量度仪——6个多月前，他告诉米勒即将完工。

我们把拍摄的其中一张底片，最后一对中的一张，带到了纽黑文，测量了它，连同马里奥特月球的直径，但我们不能离开天文台太久，也不能占用施莱辛格太多时间。我认为，我们在测量那张底片时有点匆忙。无论如何，我宁愿在自己的天文台测量底片。施莱辛格一直对我们很好，我以为会让我们在他的天文台测量剩余底片，但是从时间和金钱角度去那里是昂贵的，那些底片被测量期间，我们耽误了他研究自己的问题。[56]

得出爱因斯坦结果的延迟，正在影响其他计划。另一次日全食发生在1927年6月，从英国和斯堪的纳维亚国家都可看到。这是一个短暂事件，尽管在英国公众热情高涨，观测者们只是去记录事件，并试图获得日冕照片和光谱数据。[57] 无人试图搞爱因斯坦验证。米勒甚至根本没有去，而是忙着处理1926年的测量。米勒想去看1929年5月的下一次日食。苏门答腊和菲律宾，再次成为最佳地点。米勒写道：

我们开始想到1929年，当我去找朋友们为远征队筹钱的时候，被问到的第一个问题是，“你在爱因斯坦底片上发现了什么？”我为没有提及爱因斯坦底片而道歉，真的为自己感到羞愧，我认为我们没有测量那些底片将会在为下一次远征队获得资金方面造成相当大的有害（delatereous）（原文如此）① 影响。但除此之外，我相信我应该感谢天文科学至少测量和归算这些底片。现在我希望，你能确切告诉我关于量度仪的情况。[58]

他告诉柯蒂斯，即将到来的圣诞节假期，他最后一次不得不花一段时间不间断测量底片。斯沃斯莫尔学院这位院长将于12月底离开，米勒将负责到次年6月。“我认为很明显，在1月3日之后，我将没有太多时间处理那些底片……我愿意付出很多，能坐在自己天文台的量度仪旁，在圣诞假期里测量那些底片。现在，请告诉我是否有任何一个节目的鬼魂会这样做，你若能告诉我，你认为我们应该做什么，我会很感激。我不太可能在那个假期去纽黑文，因为圣诞节就在那里，它会被破坏的，所有的一切事情都相当尴尬。”[59]

柯蒂斯的回复，很快来了。他一直在主传动螺杆遇到麻烦，来回移动底片把叉丝设置在星象上。他可以报告，迄今为止做出的验证“表明螺杆基本上没有问题”。他仍然对他所谓的“蠕变”有很多困扰——如果他快速到达一个设置（例如，从一颗星到另一颗星），第一次测量结果就会太高。在量度仪装船之前，他还需要几天时间把另一个螺母装置修好。他把他对螺丝（连同其他指示）均匀性的验证结果包括在内。“我深感遗憾，在这场徒劳追逐中给您带来的延误和难堪，但我仍然觉得这并不完全是我的错，而是肺炎病菌的错。”柯蒂斯需要“几天”对付“蠕变”问题。“除非遇到意外，我想我会在假期前把那台——量度仪给你的。愿上帝怜悯你的灵魂。”[60] 最后，完工的量度仪并没有准时到达。4个月后，也就是1928年3月23日，柯蒂斯把它运给了米勒。[61]

柯蒂斯的量度仪无法到手，米勒也无计可施。他和马里奥特利用假期准备了一篇基于他们迄今工作的论文。在6月和11月两次访问耶鲁期间，完成了对月球直径的测量。1928年1月，他们提交了一篇得出结果的论文。4月，论文发

① 原文误为delatereous，应为deleterеous。

表，结论是明确的：

1. 通过对日全食时拍摄的**月球**短时曝光照片的测量，我们有可能得到**月球**相当准确的直径。
2. 目前尚未发现可以解释的可测量效应，甚至部分解释日全食时明显靠近**日面**边缘的恒星发出的光线偏折。[62]

米勒和马里奥特由1926年日食得出的月球结果具有特别重要的意义，因为普尔设计这个验证是为了反驳爱因斯坦。其目标是，找到会破坏1919年和1922年日食结果的相对论解释的折射效应。但是，折射效应并未显现。

米勒1926年日食远征队的总结，也发表在《太平洋天文学会会刊》上。这篇论文列出了1926年日食计划的所有项目，包括"用于验证爱因斯坦光线偏折理论的照片"，但只有日冕和光谱研究得到了讨论。[63] 米勒从未发表1926年日食的光线偏折验证结果。人们只能推测，是年3月，他带着爱因斯坦底片坐在自己量度仪前时，发现了波茨坦观测者曾遇到的问题。尽管如此，米勒还是获得了1929年日食的资金。据推测，他的月球结果让投资人很满意。柯蒂斯也认识到，爱因斯坦理论在日食筹款中仍然占有重要地位。作为一个公开的反相对论者，他感到了更大压力。随着1929年日食的临近，他问米勒是否可以再次加入远征队。"关于这次日食我想了很多，几乎已决定在这里筹集足够的资金，如果可能，靠我的孤独思考。但我知道这可能有点尴尬，因为我没有足够的钱运行一个爱因斯坦项目，他们可能会想为什么我没有。"[64] 事实上，柯蒂斯已对爱因斯坦日食验证失去了兴趣。他很想得到太阳光谱红端的闪光光谱（试图在那次纽黑文日食得到）。他还计划对日冕进行干涉观测和焦外测光。作为一名日食观测者，柯蒂斯的兴趣比爱因斯坦验证要广泛得多。他显然准备转向自己的问题。

1929年的日食，恰好对爱因斯坦光线偏折验证特别有利。虽然利克天文台不打算派远征队去，特朗普勒发表了一篇文章，让人们注意到一个事实：日食视场将包括非常接近太阳的恒星。苏门答腊的观测者只能拍到距日面边缘8.′4的恒星，理论位移为1.′14。从菲律宾群岛观测，距日面边缘6.′7的恒星，理论位移是1.′23。在1922年的日食，特朗普勒指出，“在距离日面边缘40′内发现了很少且大部分暗星，结果……主要研究恒星离日面中心1到9度的光线偏折。对接近被食太阳的亮星的进一步观测，似乎是目前可得数据的最理想补充”。[65]

许多天文学家决定重复爱因斯坦验证。1929年初，有报道称有两支德国远征队，两支英国远征队，还有一支澳大利亚远征队会去碰运气。[66] 如同在1922年做出的观测，几乎有同样多的团队在寻找光线弯曲现象。然而，自那以后发生了很多变化。随着1929年日食的临近，米勒是唯一一个有兴趣验证爱因斯坦的美国人。弗罗因德利希也去了苏门答腊，在经历了就此难题两次失败尝试和超过15年工作之后，他决心要取得最终结果。[67] 他的结果，将使他了结与利克天文台的坎贝尔和特朗普勒之争。

尽管东部的反相对论兴趣继续资助米勒再次进行爱因斯坦验证，但他从未能得到最终结果。利克的天文学家，最终放弃了这项工作。他们将设备和专门知识应用到其他地方，将爱因斯坦照相机应用到其他项目中，就像他们为爱因斯坦难题量身定制了“祝融星”照相机。1929年秋天，苏门答腊日食来了又去，新西兰威灵顿的查尔斯·E.亚当斯走近艾特肯（现为利克天文台台长）。他问是否会在1930年10月那次日食的时候重复爱因斯坦项目。如果不会，新西兰人可以借用爱因斯坦照相机吗？艾特肯回答说，他们计划用这些设备来观测小行星爱神星（Eros），以确定太阳视差。[68]

就利克天文台而言，相对论已被证实，还有其他问题要解决。然而，另有人坚持试图否证或回避爱因斯坦，迫使利克天文台和威尔逊山天文台为他们证实相对论的工作辩护。

D. C. 米勒与以太漂移

D.C.米勒在威尔逊山的新结果，给科学家们留下了深刻印象。他因论文

《以太漂移实验的意义》于1925年12月提交给美国物理学会，获得了美国科学促进会1 000美元奖金。[69] 欧洲和美国的研究人员，迅速制订计划来验证他的结果。

在德国，爱因斯坦被记者们包围，记者们要求他对米勒的初步结果发表评论。1926年1月19日，他发表了题为《我的理论和米勒实验》的声明。

> 米勒实验的结果如得到证实，相对论就不能维持，因为诸多实验将证明，相对于适当运动状态（地球）的坐标系，真空中的光速取决于运动方向。这样一来，构成这一理论两大支柱之一的光速不变原理就会被推翻。然而，在我看来，米勒先生**实际上不可能**是对的……如果你，亲爱的读者，用这个有趣的科学情境打赌，你最好赌米勒实验将被证明是错误的，也就是说，他的结果与“以太风”没有任何关系！至少我很愿意打这个赌。[70]

几个月后，爱因斯坦告诉一位美国记者：“我对米勒结果的可靠性没有很高的评价……但今天不是讨论这个问题的时候。完成这些完全符合米勒方法的实验，尚需拭目以待。”[71]

在加州理工学院，密立根鼓励一位同事、物理学家罗伊·J.肯尼迪（Roy J. Kennedy）用肯尼迪最近研制的干涉仪验证米勒结论。该仪器温度稳定性易于控制，便于观测干涉条纹。肯尼迪在加州理工获得“完全明确”的结果。“没有迹象表明依赖于取向的漂移。”他在威尔逊山重复了这个实验，以复核以太漂移可能依赖于地平纬度的观点。“这里，效应还是零。”[72]

与此同时，迈克耳孙在威尔逊山准备用相距145千米的反射镜测量光速。消息传出，他打算重复迈克耳孙–莫雷实验复核米勒结果。[73] 现任天文台台长沃尔特·亚当斯敦促他这么做。他认为，以太漂移实验比光速工作“更重要”，“科学界想要的是你对这个问题的最终结论。”迈克耳孙默许了这一做法，并开始与技术助理弗雷德·皮尔逊（Fred Pearson）和威尔逊山的弗朗西斯·G.皮斯一起计划这项工作。[74] 海尔致信爱因斯坦：“您肯定知道，迈克耳孙教授不久将在威尔逊山上用改进的干涉仪重复迈克耳孙–莫雷实验。在我看来，他不太可能证实米勒教授的奇怪结果。密立根教授可能写信告诉过您，肯尼迪博士最近在帕萨迪纳和威尔逊山上所得到的纯否定结果。”爱因斯坦回复，这样的尝试非常值得，但他确信米勒结果是某种温度效应所致。[75]

肯尼迪在帕萨迪纳和威尔逊山的实验结果表明没有以太漂移，查尔斯·圣约翰决定组织一个关于迈克耳孙–莫雷实验的会议。他邀请理论家和实验家从各个角度讨论以太漂移问题。这次时机似乎吉利。迈克耳孙打算重复这个实验复核米勒结果，H.A.洛伦兹在1927年初来到帕萨迪纳。圣约翰写信给伯克利的阿明·洛伊施纳："这样一群人的聚集是一个非常令人愉快的环境，提供了一个不容错过的好机会。"[76] 会议于1927年2月4日和5日进行。米勒刚刚在凯斯校园里进行了一系列新的测量。迈克耳孙和皮斯当时正在威尔逊山验证他们设计的仪器，然后才把它做成最终形状。会议的主要发言人是：迈克耳孙，洛伦兹，米勒，加州大学洛杉矶分校E.R.亨德里克（E. R. Hedrick），加州理工学院的保罗·爱泼斯坦和罗伊·J.肯尼迪。会议快结束时，古斯塔夫·斯特伦贝里概述了他相信"'基本'参考系，或者'媒质'，或者'以太'，随便我们怎么称呼它"存在的原因。[77]

在理论讨论中，亨德里克对以太漂移的标准理论提出了质疑。洛伦兹和爱泼斯坦对他的观点做出了回应，但圣约翰一直期待的明确声明并没有出现。[78] 米勒给出的结果，与他之前给出的结果大同小异。现在，他并不说以太漂移依赖于地平纬度。"一些批评者认为，早期的克利夫兰观测结果给出了实际的零效应，而目前的肯定效应是由于威尔逊山更高的海拔造成的。这不是真的。"[79] 米勒现在声称，克利夫兰和威尔逊山的肯定效应"非常接近"，不可能推断出由地平纬度所致的效应。当米勒开始用太阳系在以太中的宇宙运动解释他的肯定结果时，立场幡然已变。他的新假说是，地球表面附近大的以太漂移正在被变成小的，使得他没有必要去寻找地平纬度所致的效应。洛伦兹指出，米勒这个新解释的有效性取决于物质和以太的相互作用。例如，他认为无旋以太可能满足所有条件。"我告诉你们这些只是为了说明这个理论有多少不同的可能性，如果我们被新的实验强迫回到实体以太的概念。”[80]

实验方面，迈克耳孙宣布他打算重做以太漂移实验，并把肯尼迪最近的验证称为“出色工作”。[81] 肯尼迪报告了他在加州理工学院诺曼·布里奇实验室所进行实验的否定结果。保罗·爱泼斯坦概述了德国的鲁道夫·托马谢克（Rudolph Tomaschek）和加州理工学院的C.T.蔡斯（C. T. Chase）为复核1903年的特鲁顿-诺布尔实验独立所做的实验；但当时的结果，还不能决定是支持还是反对米勒结果。爱泼斯坦与奥古斯特·皮卡德（Auguste Picard）在布鲁塞尔的气球实验结果相关，该实验解决了米勒最初提出的以太漂移对地平纬度的依赖性。此实验本可以否定此种假说，但米勒在会议上予以否认。

此次会议的文集直到1928年底才出版，到那时，在1927年初提出的各种实验已经取得成果或被重复。这些更新皆收录在已出版的那本论文集中。1928年4月添加的一条注释表明，加州理工学院的K.K.伊林沃思（K. K. Illingworth）使用肯尼迪的仪器，使用改进的光学表面和平均法，继续此项工作。他的结论：“根本不存在1千米/秒的以太漂移。”[82] 爱泼斯坦报告说，蔡斯继续在哈佛大学的工作，将测量结果的精度提高了大约3倍。“在这种精度下，他得到的都是否定结果，皆有力支持了相对论。”[83] 爱泼斯坦还指出，皮卡德与欧内斯特·斯塔尔（Ernest Stahel）合作，在瑞士海拔1800米的地方重复了该实验。结果“完全是否定结果，据米勒说，只是预期的1/40”。[84]

迈克耳孙和皮斯在1927年末得到了结果，统统是否定结果。[85] 迈克耳孙1928年11月（在他发表了第一篇关于光速的文章50年后），在美国光学学会为纪念他而举行的一次特别会议上公布了初步发现。“在通常只有300人的讲堂里，聚集了也许大约500人听他演讲，而更多的人却没能进去”。D.C.米勒也出席了会议。迈克耳孙宣布，他在威尔逊山重复了以太漂移实验，并没有显示任何效应。[86] 媒体援引了这两个主要对手的话。迈克耳孙强调，他最近的实验“又是否定的”。米勒坚持说，他最初进行实验是“真诚地希望也能得到否定结果”，但他的结果仍然是“肯定的”。[87]

1928年底，肯尼迪在帕萨迪纳、蔡斯在哈佛大学、皮卡德和斯塔尔在瑞士所做的实验，都没有发现以太漂移，这与米勒结果相矛盾，并支持相对论。迈克耳孙在威尔逊山的初步结果，也与米勒的发现相矛盾。当年4月，J. A.米勒从普尔的月球验证中得出的否定结论，驳斥了光线弯曲的任何折射解释。1928年，乃是爱因斯坦辉煌年。

1928年高潮：三个公告接踵

亚当斯对天狼星光谱的测量，需要独立的证实。1926年，利克的约瑟夫·海恩斯·摩尔接手了那张底片。他选择的仪器，是汉密尔顿山36英寸（0.91米）口径折射望远镜。亚当斯在威尔逊山上使用100英寸（2.54米）口径反射望远镜，但有理由认为折射望远镜可能有一些优势。来自主星的散射光，在这项研究中是一个特别挑战。抛光会在大多数镜面的银涂层上造成细小划痕，从而加剧这一问题。好的折射望远镜，可以避免这种额外的散射源。在反射望远镜上的辅助反射镜的支承，也会产生衍射图样，从而产生散射光。亚当斯曾使用圆形光阑减少这种影响，但折射望远镜消除了这个问题。折射望远镜唯一的真实缺点是色差。透镜对来自恒星不同波长的光线进行不同程度的折射，在摄谱仪狭缝上产生一个模糊的星像。为避免导星问题，天文学家通常在目镜中放置一个致密蓝色屏幕，以产生狭缝上清晰的星像。然而，屏幕截取了很多星光。天狼伴星首先是暗星，由此产生的星像极其暗淡。摩尔发现，这种挑战实际上可能是一种优势。由于他只能在理想视宁度（大气条件是静止和清晰的）下看到这幅模糊星像，它的消失就是结束曝光的信号。[88]

摩尔从未发表他那些最初尝试的结果，但有一个早期谣言说他并没有证实亚当斯的发现。1926年秋天，亚当斯给艾特肯写信：

> 我从圣约翰那里间接听说，摩尔博士得到了天狼伴星一些很好的光谱，但还没有证实相对论位移。我当然希望我们能达成一致，但我对摩尔博士获得这个天体光谱的能力非常钦佩。去年冬天我反复尝试在没有找到足够好条件下获

得红端光谱，现在我们又在寻找它。我对这颗恒星的测微光度计测量结果很有信心，但摩尔博士当然会推翻它们，我们都想知道真相。[89]

艾特肯回信说："摩尔博士的天狼伴星的底片，事实上并未证实相对论位移，但从另一方面来说，它们也未否认它。"摩尔确实成功获得了伴星和天狼星本身之间清晰间距的光谱，并一直延伸到Hβ。然而，艾特肯解释说，"光谱太窄了，不可能用这种或那种方法决定该问题"。摩尔希望得到更宽的光谱，然后能够做出一个最终陈述。艾特肯告诉亚当斯："我们不认为他的数据可以作为任何一种说法的依据。"[90]

摩尔1927年获得了更多的光谱图，但他把单棱镜摄谱仪所用的照相机的焦距从12英寸（约0.3米）改为16英寸（约0.4米）。1928年冬天，他用新照相机获得了4张光谱图。由于"更宽的恒星光谱和更高的色散"，这些底片"对测量来说要令人满意得多"，他拒绝使用以前的底片，只使用1928年的底片进行最终测量。[91] 他于1928年6月15日在太平洋天文学会一次会议上宣布了研究结果。

摩尔用天狼星的光谱图作为标准参考底片，在哈特曼光谱比较仪上测量了伴星的4张光谱图。他使用氢线Hγ和Hβ以及其他几种。摩尔判断，该光谱将伴星归为A5级左右，而且肯定"不晚于F0级"。表11.2显示了他的结果。他没有像亚当斯那样，试图引入一个校正因子确定平均值。他选择使用未校正值，并将2月20日的平均值排除在外。那天晚上，淡淡的云不断在此星上漂浮，造成了很多的散射光。天狼星的光谱，只比伴星的"稍暗"。

表11.2　摩尔的天狼乙星结果

日期 1928年	相对速度 伴星−天狼星	谱线数	Hγ处的相对密度 天狼伴星/散射光
2月13日	+22千米/秒	7	3.7
2月20日	(+10)	4	1.2
2月27日	+29	6	10.0曝光不足
3月20日	+21	4，9	2.8二者平均
平均值	+24		

摩尔1928年冬天进行观测时，伴星正以5千米/秒的速度远离主星。从平均值减去这个值，伴星由相对论效应所致的谱线位移为+19千米/秒，即+0.29埃。作为进一步复核，摩尔使用亚当斯的修正因子程序计算那些观测位移。他从所有4张光谱图中得到+26千米/秒的平均值。这个值产生的引力位移为+21千米/秒，即0.32埃的位移。摩尔断言："因此，汉密尔顿山4张光谱图获得的结果似乎为亚当斯所获结果提供了额外证据，证明在天狼伴星谱线中存在广义相对论预测的引力位移"。[92] 到1928年，威尔逊山天文台和利克天文台都证实了天狼伴星谱线的引力位移。

同一年，查尔斯·圣约翰发表了一篇45页的论文，给出了他对太阳谱线广泛测量的最终结果，以确定是否存在太阳中的爱因斯坦位移。[93] 他在前一年就完成了这篇论文。"我辛辛苦苦把这篇爱因斯坦论文送交出版社了。"他对海尔说："由于资料详细，这是一份相当令人敬畏的论文。在我看来，这种说法似乎很有力。"[94] 圣约翰的结论，支持了他1923年在帕萨迪纳的初步声明，即爱因斯坦位移存在。

圣约翰测量了日面中心超过1500条谱线，日面边缘133条谱线的波长。他用586条铁线得到日面中心的主要结果。他发现了平均位移为±0.0083埃。理论爱因斯坦位移是+0.0091埃。圣约翰发现，各种谱线产生的太阳大气层面（level）会影响观测位移。在检验结果时，他必须考虑到这种影响。中等层面谱线（520千米）平均位移为±0.009埃，刚好与相对论预言一致。高层面谱线（840千米）平均位移大0.0027埃，低层面谱线（350千米）平均位移小0.0026埃。对许多不同光谱线的测量，证实了这些一般结果：硅6条线，锰18条线，钛402条线，氰515条线。圣约翰把其发现解释为两种效应的混合，这两种效应取决于太阳大气的层面（地平纬度）。在光球附近产生的低层面谱线，由于向地球运动，向上的气流增加了向紫端的多普勒频移。紫移叠加在相对论红移上，产生向红端的较小位移。至于更高层面的谱线，圣约翰呼吁爱德华·阿瑟·米尔恩和查尔斯·詹姆斯·梅菲尔德（Charles James Merfield）的新理论解释那些更大的红移。他们提出，向上移动的原子，会吸收来自紫色边缘的辐射，倾向于逃逸，留下从谱线红色边缘吸收的更多原子。这种效应，会随着地平纬度的增加而增加。在更高层面上，它会在引力场引起的位移上增加一个额外红移。[95] 有了这两种其他机制起作用，所有观测到的位移都将符合相对论预言。

在边缘处，圣约翰可以将大气中低层面和高层面的结果结合起来。气体上升运动和下降运动皆与视线正交，不会导致谱线位移。他发现，边缘处133条铁线位移的平均值比广义相对论计算的平均值大0.0015 ± 0.0004埃。“这个小残余，如是真的，就是真正的边缘效应。”[96] 多年来，日面边缘的这种剩余红移，多年成为太阳光谱学家的研究对象。其他研究人员证实，它存在于太阳光谱的不同区域。对这种“边缘剩余”一个令人满意的解释，直到20世纪60年代才出现。[97] 圣约翰在1928年论文中没有阐述这一发现，他更愿意让它悬而未决。如果只用很低层面的谱线，边缘剩余就会消失。对于这些谱线，他得到了那个相对论预言。圣约翰实际上把边缘处波长的增加解释为证实了他的观点，即向上的气流降低了日面中心低层面谱线的波长。①

圣约翰把伯恩斯的强度依赖性归结于层面效应，巧妙排除了任何反相对论的蕴涵。“不同元素的谱线强度截然不同，但在同一层面上，给出相等的红移；而对于太阳强度相同的谱线，但在很大程度上不同的层面，较高层面的谱线给出更大的红移。这表明，在谱线位移中，控制因素是起始层面，而不是谱线强度。”[98] 圣约翰还根据他在战争年代所做的测量，澄清了他早期的否定结果。他的研究，基于氰线而不是铁线。事实上，包括埃弗谢德、施瓦西、格雷贝和巴赫姆在内的大多数早期研究人员，都使用过氰。圣约翰解释了缘由：“为此目的选择谱线时，太阳大气压强被认为是5至7个大气压。由于谱线带未显示明显的压强位移，它们的使用似乎消除了一个变量。当时太阳中的高压强是向红端位移的公认解释，现在归因于太阳引力场。”[99]

这种选择是“不幸的”，因为在这样的谱带中，谱线数目很大，导致拥挤，谱线系重叠，以及未被发现混合谱线的高概率。圣约翰的策略是，选择一小

① 在边缘处，气体的向上运动会与视线正交。——原注

部分看起来适合这项任务的谱线。“我最初的调查仅限于大约40条谱线，结果都是否定的。考虑到后期对完整频带的工作，这些谱线可以称为‘四十大盗’。”[100] 完整的氰带，由515条谱线组成。圣约翰现在把它们全都用于研究。他假设，由错误度量、混合谱线和重叠谱线系造成的随机误差“可能是正的，也可能是负的，而且……它们的效应实际上会从平均值消除”。为了验证这一假设，他向加利福尼亚大学物理学家雷蒙德·T.伯奇寄了光谱图。他请伯奇对该谱带的结构进行“特别参照谱线系重叠”的研究。伯奇挑选了184条他认为特别适合测量的谱线。[101] 圣约翰提交了全部515条谱线，以及伯奇所选的184条谱线的结果（表11.3）：圣约翰在其最初研究中使用的43条谱线的影响，[102] 在基于“更大谱线数”最终平均值中被抵消了。通过在日面中心的结果加上0.0026埃，圣约翰得到了边缘结果。这一数量（0.002埃）与由亚当斯和圣约翰分别独立发现的氰线的平均边缘减去中心位移一致。那么，对于氰来说，“边缘上的位移，具有相对论所要求的符号和近似大小。”[103]

表11.3　圣约翰的氰线最终太阳红移结果（1928年）

（单位 = 0.001 A）			
515条谱线平均值（中心）	4.6	184条谱线平均值（中心）	5.0
515条谱线平均值（边缘）	7.2	184条谱线平均值（边缘）	7.6
相对论位移	8.1	相对论位移	8.1

圣约翰的最后结论，是明确的：“这个研究以更为丰富详细的材料证实了1923年9月17日在洛杉矶召开的日食和相对论研讨会宣布的结论，日面中心在太阳波长和地球波长之间差异的原因，乃是据爱因斯坦广义相对论原子钟的加速，以及中等宇宙星等和不可能方向的视向速度，或其效应在日面边缘消失的等效条件。”[104]

同年（1928年），特朗普勒终于公布了他对1922年日食利克天文台5英尺（约1.5米）照相机底片的完整测量的主要结果。这6张底片给出的平均边缘偏折为+1.″82 ± 0.″15。特朗普勒将这个值与他从15英尺（约4.6米）照相机中得到的值结合起来（4张底片，+1.″72 ± 0.″11），给予2倍权重给15英尺（约4.6米）照相机结果。最终结果是，光线在日面边缘的偏折为+1.″75 ± 0.″09，“这与爱因斯坦广义相对论的预言完全一致，仅有5%概然误差”。[105]

随后一篇5英尺（约1.5米）照相机结果的更详细文章，坎贝尔和特朗普勒解决了普尔的主张，即利克15英尺照相机数据产生了2.″05的边缘位移。他们强调，较大位移“仅仅是为了估计某些系统误差的可能影响”。他们指出，更高位移“似乎是先验的，值得怀疑”，且“第二种仪器的观测结果现在坚决反对它”。[106]

在总结论文中，特朗普勒还报告了与距太阳的角距离有关的位移定律遵循爱因斯坦预言。他用图形说明数据，判断此种理论曲线的拟合“非常令人满意”。他在一张表格中，显示了该组平均值的偏折程度。在相同角距离下，与理论值的拟合较好。特朗普勒指出：“沿绘点组平均值附近画的任意光滑内插曲线，都不会与爱因斯坦曲线有超过0.″03～0.″04的偏差。”[107]

这些数据也与库瓦西耶“每年折射”相矛盾。特朗普勒总结道：“由于没有理论基础，这可能是由于子午环观测所特有的系统误差。”[108] 关于反常折射，他说，对月影在地球大气中造成的此种效应的研究“得出结论，这种效应不可能对日食测量产生任何明显影响”。[109] 特朗普勒总结道：“两种仪器的结果，通过测量3000多幅星像（87000平分）得到的结果，证实了爱因斯坦关于引力场中的光线偏折的预言，不仅在偏折量上，而且在定律上，按照该定律，它们随着与日面中心的角距离的增加而减小，而爱因斯坦广义相对论目前为这些观测提供了唯一令人满意的理论基础。”[110]

1928年，乃是广义相对论实证验证的巅峰年份。有三个关键结果：利克 1922年光线弯曲；威尔逊山测量太阳的引力红移；利克结果证实了威尔逊山测量天狼伴星的引力红移。那一年，J. A.米勒和马里奥特公布了月球观测结果，将反常折射作为光线弯曲的一种机制。在威尔逊山举行的迈克耳孙–莫雷会议的结果，以及随后与D. C.米勒以太漂移结果相矛盾的研究，也发表了。综合来看，这些结果皆对爱因斯坦有利。

不情愿接受

随着这10年结束，美国天文学家的实证倾向迫使他们接受相对论，尽管是不情愿接受。他们的缄默，源于对该理论的数学和概念框架的厌恶。随着对爱因斯坦预言的验证不断积累，这种不情愿依然存在。早在1927年，保罗·梅里尔就向艾特肯承认，他“对相对论有点反感”。艾特肯回答说，他很高兴知道这一点，“因为我不愿成为唯一一个持那个立场的人。麻烦在于，支持这一理论的论据在不断增强”。[111]

到这个时候，艾特肯意识到，很多抵抗，甚至他自己的抵抗，更多来自偏见，而不是对理论价值的冷静评估。他还参与了一些恶意反对，包括T.J.J.西伊的尖刻攻击和查尔斯·莱恩·普尔试图诋毁利克天文台1922年的观测。艾特肯发表了天文学家西蒙·纽康（近年来最受尊敬的美国天文学家之一）回忆录的一篇摘录。原文于1903年发表：

> 在我所见过的心理现象中，最让我感到好奇的，莫过于某些头脑充满对引力理论的强烈反感。“反引力怪人”，他通常如是称呼，是天文学家经验的常规部分。然而，他只是庞大而多样阶层中的一员，这个阶层的人如建筑师所认为的那样忙于草拟宇宙的规划和规格。无疑，这是一种无害的职业；但奇怪的是，建筑师们似乎相信，实际的宇宙是按照他们的规划建造的，并按照他们为它规定的法则运行。以太、原子和星云，是它们交易的原材料。其他方面睿智的人士，即使是大学毕业生和律师，有时也会从事这一行当。

艾特肯评论道：“在上述摘录中，‘引力’一词若被‘相对论’取代，西蒙·纽康关于某种怪人的思考，如今就会像20多年前一样恰如其分。”[112] 来自纽康的这一引证，不可能在普尔和其他反相对论“势不两立者”中消失。

艾特肯对反相对论者的挖苦，一定程度上是受到L.A.雷德曼（旧金山的一名律师）启发。20世纪20年代，他向天文学家邮寄了大量的反相对论信件。这个怪人甚至困扰了普尔，后者就如何对付他联系了艾特肯。雷德曼未经艾特肯同意就发表了一封艾特肯的私人信件，艾特肯不得不拒绝与他通信。为了摆脱这个害虫，普尔向他索取500美元的费用，以检查他的陈述、公式和计算。艾特肯告诉普尔，雷德曼把他（普尔）看作支持者，但他用外交辞令补充道：“你知道，我不同意你关于爱因斯坦理论的许多观点，但这跟我能看到雷德曼先生此类作品无关。”[113]

几乎所有人都无法向外行解释爱因斯坦理论，这加剧了天文学家对相对论的“反感”。他们的困难使自己处于尴尬境地，故他们集中精力于自己的能力——观测。艾特肯在1926年发现，即使是美国天文学最伟大的理论家也无法解释相对论。他找到普林斯顿的亨利·诺里斯·罗素写一篇关于爱因斯坦理论的短文。太平洋天文学会想把它列入面向公众（包括天文研究的潜在捐助者）的系列科学书目。“他们想要的是一份1 500字的主题陈述，能让银行家、经纪人或律师理解这个理论的全部内容。”“在这个国家，我只知道一个人，我希望能向他提出这样的建议，而那个人就是您。您如认为这是一件可行事情，是否愿意承担这项任务，用‘寥寥数语’发表一篇关于相对论的论述？您要是成功了，我想整个天文界以及广大公众都会向您脱帽致敬。”[114]

罗素在美国天文学家中独一无二，他作为理论天体物理学家的国际声誉与爱丁顿和金斯不相上下。然而，艾特肯大失所望。“欢迎你的来信，”罗素向这位西部同事保证，“但我真的对ASP（太平洋天文学会）……的请求感到震惊。我认为，用寥寥1 500字写一篇关于相对论的论述，任何人都做不到。我尝试把这篇东西变成5 000字，以获得《科学美国人》奖，但我做不到，——因为我不得不把自己限制在旧的狭义理论。我真的不相信，能够在这么小篇幅内就此事进行一般性讨论。我觉得，就算是爱丁顿也做不到。”[115] 于是，书单上就只字皆无。

到1928年，所有这些经验和见解，都在艾特肯过去一年在诸多太平洋天文台的研究进展发表的午餐演讲中得到了体现。他轻松地开始说：“最近，一位著名天文学家受邀写一篇关于相对论的文章，1 500字左右，供普通读者阅读，他惊恐地举起双手。'绝对不可能！办不到！'这是他能说的回答。我愿意承认，用15分钟时间叙述太平洋地区天文学在过去一年中取得的进展，也许不是那么无望，但仍然是一个困难事情。”艾特肯随后投身于描述各种天文课题的研究，但他的清单又把他带回了相对论。“相对论继续吸引着科学工作者和普通公众的兴趣，值得注意的是，两篇总结此理论的天文学验证研究的论文在几个月前几乎同时发表。”他概述了特朗普勒最近关于太阳附近光线偏折的论文，结论是，特朗普勒的“精湛分析，不仅最终显示了观测值与理论值一致，而且证明了偏折量随距日面边缘距离的增加而变化，遵循爱因斯坦公式或爱因斯坦定律。更有甚者，迄今为止，任何其他的理论都不能满足观测结果”。

艾特肯接着转向圣约翰关于太阳红移的论文。他指出，它证实了1923年宣布的初步结果。尽管这个问题“比坎贝尔和特朗普勒面临的问题还要复杂和困难”，读圣约翰那篇论文，“除非相信他成功解决了这个问题，而且除了其他原因造成的位移之外，在观测误差范围内，观测值仍存在与爱因斯坦预言值在数量和方向上一致的位移”。最后，艾特肯说利克天文台的摩尔刚刚完成了对天狼伴星光谱的几个单棱镜底片的测量和归算。艾特肯报告说，摩尔的值“实际上与亚当斯发现的值相同”，“这些值与此理论基本一致，而且没有其他令人满意的位移解释可用……不管喜欢与否，我们都不得不承认，这3个例子中，爱因斯坦理论成功经受住了天文观测的验证。”[116]

对爱因斯坦理论纵然有“轻微反感”，但观测结果说明了一切。相对论已然得到了证实。

第12章　让批评者哑口无言

随着1930年临近，很明显，相对论已然通过爱因斯坦设定的天文学3个“经典验证”。在以经验论为导向的美国，这个理论被接受是因为它通过了关键验证，尽管缺乏理论理解。加州的天文学家并未进行这项研究，对潜在理论做出判断。他们采用了现行观测技术寻找特定的预言效应。批评者利用最初的否定发现来谴责这一理论，而支持者则试图回避那些发现。利克天文台证实了英国人日食结果之后，随后的争论把观测天文学家设为该理论的支持者。然而，实际上是天文学家及其主办机构的声誉，推动了20世纪20年代的相对论争论。紧要的问题，在于天文学家工作的有效性，及其特定技能在专业科学界的合法性。

随着20世纪20年代接近尾声，利克天文台和威尔逊山天文台被迫做出一致努力，反击那些“势不两立者”的攻击，并宣布了支持爱因斯坦理论的最终裁决。

查尔斯·莱恩·普尔对阵利克天文台

查尔斯·莱恩·普尔（哥伦比亚大学天体力学教授，狂热的反相对论者）是利克和威尔逊山天文台果断反击批评者那场共同努力的主要催化剂。普尔找到了一个同情者希伯·柯蒂斯，另一个在自己天文台同普尔和凯文·伯恩斯一起致力于反相对论日食研究的“势不两立者”。柯蒂斯和约翰·A.米勒否证了他的假说（月球直径在日食期间因大气折射会膨胀）之后，普尔跟他们闹掰了。柯蒂斯虽然鼓励普尔的反爱因斯坦立场，最终拒绝了他的许多具体想法。普尔的攻击路线之一是，地球大气中的反常折射成为日食期间观测到的恒星位移的原因。其他天文学家也采纳并推广了这一论点。1927年4月，辛辛那提天文学家J.G.波特（J. G. Porter）发表了一篇关于相对论和利克天文台就澳大利亚日食得出初步结果的批评，运用对普尔基于一些恒星位移非视向方向的类似分析。波特的目的是，“强烈反对”在一些当代天文学文献中，“相对论被视为一种实际上得到证明的理论”。波特在1922年攻击相对论的书中赞扬了普尔的处理，详细分析了利克数据中恒星位移的方向。其结论是，只有1/4的恒星“偏离这个（视向）方向10度以下”。他主张，太阳大气的折射和由日食影锥冷却所致的地球大气反常折射，是造成位移的主要原因。“太阳的折射，结合地球大气的折射，最能解释实际观测到的那种不规则偏差，这是许多研究此主题的人的观点。相对论在此并不能解释观测事实，且完全不必要。”[1] 柯蒂斯对波特的注释“非常满意”，“因为它恰好与我自己的观点非常接近”。他重申了其信念，即伯恩斯找到了随强度和波长变化的太阳红移机制的证据，这与相对论的解释相矛盾。尽管如此，他还是警告波特不要援用反常折射解释被食太阳周围的恒星位移。他虽然称赞波特反对相对论的批评立场，但提出了令人信服的、定量的论点，即为什么由日食影锥中地球大气冷却所致的折射不能在恒星位移中发挥重要作用。“我从没能够看到，我们如何能通过快速移动的影锥中心附近的折射对太阳产生对称的效应。”波特感谢柯蒂斯的来信，但不为所动。“我明白你批评的意思，我相信这是正确的”，他回答说。“但是，当然，由于大气受扰条件，会出现或多或少的反常折射；我想这在底片上清楚显示出来。”[2]

柯蒂斯这位顽固不化的观测家，也并不同情普尔攻击相对论数学的企图。然而，普尔坚持不懈，于1927年12月29日在费城举行的美国天文学会会议上展示了他的“揭露”。加拿大皇家天文学会一些多伦多会员对普尔印象深刻，特别要求该学会会刊的编辑发表普尔的批判。[3] 普尔把其论文分为观测性批判和理论性批判，但他强调理论。他开始从牛顿物理学、经典光学理论，以及（必要的话）狭义相对论角度来提出相对论。他有两个误解。第一个是认为，爱因斯坦光线弯曲预言基于“光有重量”的假说，这个概念源于爱丁顿早期的普及阐述。第二个是他对来自狭义相对论的洛伦兹变换的等效原理的诠释：“对静止在引力场中给定点的理想‘时钟’和‘量杆’的引力效应，完全等同于‘钟’和‘杆’以在重力作用下从无穷大向该点下落所获得的速度通过自由空间的运动所产生的效应。”普尔认为，这些引力效应可以“根据相对论……靠洛伦兹公式”计算。[4]

爱因斯坦1911年对光线弯曲的计算，乃基于引力场中的时钟减慢。他从考虑能量在引力场中从一个地方到另一个地方的传播中推导出了这个结果。[5]普尔用牛顿术语将这一“假设”或“相对论的新信条”解释为由太阳引力场造成的斥力。他利用等效原理和洛伦兹变换的特殊概念得到了时钟的延迟量。[6]他能够推导出与爱因斯坦相同的引力场中光速变化的公式。他的分析“奏效了”，因为牛顿引力定律隐含在爱因斯坦1911年的计算中。

爱因斯坦1916年的论文，推导了光速作为引力场中位置函数的表达式。利用这个方程，爱因斯坦按照他在1911年采取的路径，由新公式计算光线弯曲。普尔用数学花招展示了爱因斯坦如何达到光线弯曲值的2倍——那个“难以捉摸的2倍因子”。他用极坐标写下了由1911年理论和1916年理论导出光速的两个表达式。

$$\gamma = c/c_0 = 1+\varphi/c^2 \tag{1}$$

$$\gamma = 1+ \varphi/c^2(1 + \sin^2\theta) \tag{2}$$

c_0 = 空无空间中的光速

c = 引力场中的光速

φ = 引力势

θ = 射线路径（从引力体到路径）任意点的半径向量之间的夹角[7]

1911年，爱因斯坦以类似形式写了方程（1），但在1916年论文中，他没有使用极坐标形式。如果积分，方程（2）给出与爱因斯坦得到的光线弯曲相同的结果。然而，普尔却得到了不同结果。

普尔“解释了”爱因斯坦如何获得2倍的光线偏折量如下。对方程（2）的简单审视表明，对于切向射线（sinθ=0），该公式简化为方程（1）。对于径向射线（sinθ=1），φ/c^2的系数为2，即1911年数值的2倍。当然，对于任意射线，当它通过太阳靠在整个光路上积分方程（2），得到此种偏折。人们不会简单地认为，这部分射线立即与太阳呈切线，或者严格与太阳呈径向（当它从一定距离趋近时）。普尔知道这个显见事实，但坚持认为爱因斯坦只是把sinθ=1插入方程式来得到2倍值。“爱因斯坦在计算中使用了（sinθ）这个因子对径向射线的值，而不是切向射线的值；因此引入了神秘因子二（即2）。当然，这是一个简单、直接的数学错误：径向射线速度的变化率与切向射线的‘弯曲’没有任何关系。”普尔声称，当他正确进行积分时，“人们将根据爱因斯坦的假设和基本公式得到完全偏折1.″10，而不是爱因斯坦论文的1.″70”。[8]

普尔把他的一份费城论文寄给艾特肯，这位利克天文台台长告诉普尔，他知道“你不相信这一学说”。尽管如此，他觉得风潮正在转向相对论。“毫无疑问，还有其他人完全赞同你，尽管现代天文思想的趋势似乎支持这一学说。”[9]普尔就是不同意。他告诉艾特肯，天文思想的趋势“明显远离那个教义”。“起初，教义几乎都被每个人的‘信仰’接受。然而，通过研究，天文学家发现它不合逻辑，数学上错误，且与观测事实相反。好几个杰出人士公开宣布了对这一学说的怀疑：莫尔顿（Moulton）、科姆斯托克（Comstock）、柯蒂斯、波特等等。其他许多人私下表达了反对观点，但既没有书面也没有公开反对这一理论。”[10]

普尔名单上诸多有影响力的名字，突出了东部天文学机构的反相对论倾向。例如，弗罗斯特·雷·莫尔顿（Forest Ray Moulton）是芝加哥大学天体力学专家和天体演化学理论家。他在天体演化学理论上的合作者，地质学家托马斯·克罗德·钱伯林（Thomas Chrowder Chamberlin），为普尔1922年反对相对论的书写了一篇冗长而有利的序言。另一个芝加哥人，天体力学专家威廉·邓肯·麦克米伦（William Duncan MacMillan，不在普尔名单上），参与了印第安纳大学一场关于相对论的公开辩论，在反相对论一边对抗罗伯特·D.卡迈克尔。[11] 1921年夏天，麦克米伦支持路德维希·西尔伯施泰因对相对论的攻击。埃德温·弗罗斯特（芝加哥叶凯士天文台台长）曾提名普尔加入美国哲学学会，招募了柯蒂斯来支持此项提名。乔治·C.科姆斯托克（George C. Comstock，现退休），是传统学派的方位天文学家。他曾担任许多声望的职位，包括沃斯伯恩天文台台长、威斯康辛大学研究生院院长、美国天文学会会长和美国科学院院士。J.G.波特（辛辛那提天文台台长和天文教授）刚刚发表了对相对论的反对意见，同普尔一样认为，利克的结果表明折射，而不是引力效应的存在。[12] 菲利普·福克斯（Philip Fox，方位天文学家和迪尔伯恩天文台台长），在1921年支持西尔伯施泰因对相对论的批评。在这10年的后期，他试图验证木星边缘附近的光线弯曲效应。[13]

这些批评者和怀疑论者的地理位置皆集中在美国东部，突出了20世纪早期专业天文学中存在的紧张关系。相对论验证的领导者是西部天文学家，他们处于新的天体物理学领域前沿。凭借先进技术，他们是验证爱因斯坦革命性理论的先锋。相比之下，除了柯蒂斯之外，上述提到的所有质疑者都是早于光谱学和天体物理学的天体力学专家或老派的方位天文学家。这种相关性表明，保守主义在相对论否认中起了很大作用。普尔的持续攻击和东部天文学圈的积极回应，迫使西部天文学家准备更详细的反驳。他们为自己观测辩护，并为其蕴涵（爱因斯坦理论）辩护。

1928年5月，那份加拿大学报刊登了普尔的论文，普尔给艾特肯寄了一份论文副本，艾特肯回复："你关于爱因斯坦预言值的陈述，我们不能完全同意。"此外，艾特肯指出，观测值与爱因斯坦预言值一致。[14] 普尔抱怨说，艾特肯的言论"显然是基于对论文最随意的阅读，而没有试图核实事实，即偏折1.″75是由爱因斯坦、爱丁顿等人推导出的"。他详细重申了他的论点，得出结论，利克的台长若复核他论文中的计算，则会发现普尔是对的。[15] 艾特肯实际上跟特朗普勒复核过，特朗普勒告诉他"他进行了积分，回到原始数据，得出了1.″75

的结果”。艾特肯“不知道如何解释你得到的不同结果”。他坦率承认，他的态度并非基于第一手知识。“在这类问题上，我……被迫依靠我的好朋友和我对他们这类工作能力的判断。”他告诉普尔，特朗普勒打算发表一篇关于爱因斯坦公式的“小注解”。“当这条注解发表时，也许你可以指出他的过程与你得出1.″70结果的不同……虽然从哲学上讲，我发现自己无法遵循或接受相对论以广义形式得出的结论，但我勉强被迫得出结论……它满足了迄今为止建议的所有观测验证。”[16]

特朗普勒的“小注解”，在第二年年初发表。他这篇论文，是整个10年来发表在美国天文学期刊上的对广义相对论最完整的论述。特朗普勒首先提到爱因斯坦1916年就光线通过日面边缘计算而得的偏折1.″7，提及普尔声称“根据爱因斯坦方法计算而得的光线偏折仅为1.″1”。他指出，“为了消除对结果正确值的任何质疑，在这里给出光线偏折的详细计算是合适的”。[17]

从一开始，特朗普勒就避开了牛顿语言。他描述了如何在时空连续统各点上定义一个局部测量系统。相对于这些局部系统，在太阳引力场中运动的粒子遵循“自然路径”（测地线），没有明显的力。在局部测量中，光速是不变的。对于不使用局部测量和使用欧几里得坐标系的观测者，光速是可变的。特朗普勒遵循爱因斯坦步骤，推导了引力场中光速的变化。他直接从基本区间ds的分量中得到了这个公式。他清楚解释了1911年和1916年计算结果的区别。在1916年公式中，他精确展示了由空间测量和时间测量引起的光线弯曲发生的位置。1916年理论引入了空间项，空间项等于时间项，故使弯曲总量增加了一倍。

特朗普勒还发现了普尔的积分误差。为了进行计算，普尔从极坐标变换到直线坐标。这样做时，他省略了一个重要的项。

最后，特朗普勒使用牛顿理论和爱因斯坦理论分别计算不同长度光路的光线弯曲，所有这些都只是掠过太阳。对于靠近太阳的短路径，这两个理论都产生几乎相同的光路。随着路径长度增加，两个理论产生了不同路径，即不同弯曲。在路径长度约为5个太阳半径时，爱因斯坦值是牛顿值的2倍。在那个距离之外，光路实际上是直的。特朗普勒指出，当一颗遥远恒星靠近太阳时，从地球观测到的光的几何形状产生了一条从无穷远到无穷远的光路。所以，只能观测到2倍的值。

特朗普勒的分析，在几个方面都很重要。他坚持用严格的广义相对论语言建立这种处理方法，这增加了天文学家对它的熟悉程度。他表明了普尔自己应用洛伦兹变换的特定方法和等效原理，并不是爱因斯坦所做的。特朗普勒终于完全解释了那个“难以捉摸的2倍”，这个问题多年来一直困扰着相对论的讨论。他还发现了普尔的数学错误。最后，特朗普勒向美国天文学家表明，至少有一个成员可以处理该理论。利克结果的完整性，得到了支持。（最初发表普尔论文的）多伦多的C.A.钱特给特朗普勒写信，“很高兴”看到他的文章。钱特请求特朗普勒允许他在加拿大学报上转载。“这将是普尔文章的好伙伴，该文章是应一些R.A.S.C.（加拿大皇家天文学会）会员特别要求在这里印刷的。当然，我也很高兴提出了普尔这边的问题。”[18]

这次交流之后不久，就来自澳大利亚日食的利克5英尺（约1.5米）照相机结果，《大众天文学》发表了一篇普尔写的尖刻评论。普尔的攻击对象，是利克天文学家的观测和数据归算方法。特朗普勒予以回应，揭露普尔故意断章取义、歪曲事实的几个例子。[19] 兹举一个例子就够了。普尔声称，在最后数据归算中，特朗普勒将爱因斯坦定律写入了他的最终解中。为了得出这一断言，他断章取义引用了特朗普勒，并省略了重要信息。如同爱因斯坦验证的正常程序，特朗普勒使用复核视场恒星确定除一个以外——底片标度值——归算公式中的所有常数。正如他在利克《公报》中所宣示的：“**日食视场照片的标度，必然与光线偏折联系在一起**；光线偏折与距日面中心的角距离有关，除非做出涉及该定律的一些假设，否则两者就不会被分开。”[20]

利克观测者详细描述了如何使用归算公式获得那些位移。然后，他们使用两种不同定律——爱因斯坦位移定律，然后是库瓦西耶“每年折射”定律——确定标度值，并将归算观测值与理论值进行比较。爱因斯坦定律非常符合观测值，而库瓦西耶定律不符合。[21] 普尔忽略了所有这些仔细工作，也忽略了特朗普勒用来评估数据的两个定律的讨论。普尔断章取义引用上述斜体字（黑体强调）并断言："减小偏折大小的爱因斯坦定律，于是被贸然写入确定所谓'观测偏折'的方法，然后这些偏折，如此确定，与它们得以导出的假设进行比较。"[22] 普尔从未提到库瓦西耶的工作，也没有提到在这两种情况下，位移定律与角距离被用来确定标度值。爱因斯坦定律符合观测值；库瓦西耶定律则不符合。特朗普勒用这个例子"说明普尔教授的陈述不可靠"。普尔的侵犯如此明目张胆、多种多样，特朗普勒在结论中毫不留情："这整个评论有如此多的错误和错误陈述，不可能逐一将其列出。看起来普尔教授要么并未仔细阅读、理解《公报》，要么说他写这篇评论主要是为了发泄他对与爱因斯坦理论有关的一切的个人感情和偏见。"[23]

此文发表后不久，钱特向特朗普勒寄了一份带有那篇"2倍因子"文章的加拿大学报。到现在，他不再觉得有必要给双方平等的时间了。他告诉特朗普勒，他的文章"应该在学报上占有一席之地来平衡（普尔）最初的文章"。"一个月前普尔在这里，我们非常礼貌对待他，但我不认为他表明自己是爱因斯坦非常强大的破坏者。我还注意到，你在《大众天文学》与他发生了冲突。你的姿态很好，很少有人能做到。"[24]

尽管如此，铁杆批评者还是执迷不悟。J.G.波特在《太平洋天文学会会刊》发表了一篇短文，挑战特朗普勒批评普尔的"相对论数学"论文，即只有相对论"目前能够解释观测到的恒星位移的数值"。[25] 波特在1922年日食结果的初步公告中，描述了他如何使用分度规检查利克图上恒星位移的方向。他声称，"不到1/4"的恒星表现出视向位移，大多数偏离视向超过45°，有些超过90°。波特断言，反常折射一定是恒星位移的原因，而不是相对论。[26] 波特的观点和两年前的完全一样，当时柯蒂斯私下警告他观点不令人信服。艾特肯利用这个机会在波特论文后面插入了编者按。编辑们"很高兴"能印刷出来，"因为他（波特）并不是唯一持他观点者"。波特的分析乃基于1923年发表的初步数据，可是艾特肯指出，"如他研究了1928年3月发布……日食观测的最终结果，他的数据会很不同。在仔细考虑了波特教授、查尔斯·莱恩·普尔教授等提出的观点后，利克天文台的天文学家仍然认为，在澳大利亚日食时观测到的日面边缘的光线偏折在数量和性质上与相对论做出的预言是一致的”。[27]

反相对论者在东部集会

1929年10月，反相对论势力组织了一个研讨会，旨在推翻相对论的观测基础。美国光学学会在年会上提供了场地，一年前，他们赞扬了迈克耳孙，听到他没有发现以太漂移。该活动在纽约伊萨卡的康奈尔大学举行。物理系的弗洛伊德·卡克·里克特迈耶（Floyd Karker Richtmyer）是项目委员会的成员。他向标准局的威廉·梅格斯解释说，项目委员会希望征求材料，“对支持或反驳该理论的实验事实进行**批判性**讨论”。梅格斯更喜欢让凯文·伯恩斯讨论阿勒格尼天文台–标准局关于太阳红移的数据。伯恩斯接受了，并建议柯蒂斯和约翰·A.米勒提供日食验证的材料。[28] 米勒和柯蒂斯在1929年5月9日苏门答腊那次日食期间成功获得了照片，当时两支英国远征队和一支澳大利亚远征队前往马来半岛都失败了。[29] 项目委员会邀请柯蒂斯发言，但以普尔发言告终。柯蒂斯告诉米勒：“他们要求我处理日食结果，可我拒绝了，指出时机还未成熟。所以他们给普尔发言，普尔不会造成很多真正损害。”[30]

柯蒂斯希望，他的底片和J.A.米勒1929年的苏门答腊底片会让人们对利克验证产生质疑。在光学学会会议前几周，J.A.米勒写信给他，对爱因斯坦底片表示“满意”。视宁度并不像他希望的那么稳定，但转仪很好，图像“圆而清晰”。他对洛厄尔天文台的朋友卡尔·兰普兰（Karl Lampland）写道：“我认为，我们确保了我们拍摄的最好的一套照片。我们在最好的日食底片上大约有65颗恒星。然而，我认为其中一些可能有点太暗淡，无法测量。我们还对那张底片留下了深刻印象，作为我们在日食时所拍摄照片做的比较，将照相机倾斜移拉（原文如此）25°，还有我们在日食前几个晚上所拍摄照片做的对比。日全食刚开始时拍摄的一对底片不如日全食中期拍摄的底片好，天空显然也不太晴朗。”[31]

柯蒂斯问米勒，“（如果我呼吁）我对你的塔肯公底片进行明显有利的初步检查，是否会有什么反对意见？”米勒认为“你没有理由不这样做”，但坚持说柯蒂斯不会让任何人抱有希望：

在我们达到目标之前，我不想对天文公众抱有过高的期望。我在测量爱因斯坦底片方面的经验，让我对我们会在这些底片上发现的东西感到不安。我们还没有掌握量度仪的特性，当我们在量度仪下严格检查底片时，恒星百分比可能不像我现在相信的那么大。我仍然支持我给你写的信，这不是一个夸张陈述，我相信我们有一套非常好的底片……所有底片上都有足够数量的恒星来测量，但没有一个像我描述为最好底片。我认为，次最好底片有47颗恒星，短时曝光底片……有大约30颗。现在，我认为学会应该知道我们做了什么，但不要让它太张扬。[32]

最后，米勒最恐惧的事情发生了。他的底片只对日冕研究有用。

最终的光学学会项目包括：普尔关于光线弯曲，伯恩斯关于太阳红移，美国海军天文台的赫伯特·罗洛·摩根（Herbert Rollo Morgan）关于水星近日点进动，D. C.米勒关于以太漂移。梅格斯讨论了太阳谱线和恒星谱线的红移，并攻击了亚当斯和摩尔就天狼乙星光谱的观测。[33] 组织者能够推销关于所有相对论验证的论文。每一篇报告都试图表明相对论并未得到证实。该学会在其《学报》上全文发表了其中3份报告。[34]

光学学会的编委会，有着强烈的反相对论情绪。主编是华盛顿标准局（梅格斯曾经在此工作）的保罗·D.福特（Paul D. Foote）。来自康奈尔的里克特迈耶是助理主编和业务经理。1920年，他还担任学会的会长。里克特迈耶写了后来成为标准教科书的《现代物理学引论》。此书1928年首次出版。第一和第二版只有一次提到相对论——质量随速度的变化——里克特迈耶声称这是“争议跟理论证据和实验证据的权衡”。直到1942年第三版，在里克特迈耶1934年去世8年后，其中一章才讨论狭义相对论。[35] 副主编如下：亨利·G.盖尔，芝加哥大学（1925—1926），D. C.米勒（1924—1925），希伯·D.柯蒂斯（1925—1926）和路德维希·西尔伯施泰因（1926—1927）。

D.C.米勒饶有兴趣地研究了反相对论。光学学会研讨会一个月后，他在美国科学院于新泽西州普林斯顿举行的秋季会议上提交了论文。[36] 除了展示以太漂移实验，米勒还重复了普尔的断言：利克日食数据要求的位移大于爱因斯坦预言。

虽然柯蒂斯对J.A.米勒没有得到苏门答腊的结果感到失望，但他从一个意想不到的消息来源得到了满意。唯一一次成功的苏门答腊远征队，是由埃尔温·弗罗因德利希领导的德国-荷兰团队。这位爱因斯坦的支柱和前卫士最终发表的结果称，探测到了大于爱因斯坦量的偏折。这正是一个结论，普尔试图提取利克15英尺（约4.6米）照相机的结果。弗罗因德利希的公告在德国得到了广为宣传，此新闻陆续传到美国。波茨坦观测者还声称，他们对1922年的利克结果的归算导致了光线偏折值更高，这与他们自己1929年的结果一致。[37]

此事件被特朗普勒平息（1931年夏天和秋天，他和家人在瑞士度假了几个月）。特朗普勒拜访了波茨坦天文台，与弗罗因德利希及其同事讨论此事。他亲手重新测量了他们的底片，得到了与利克值非常一致的结果。他还指出，波茨坦观测者使用了一个错误的加权系统，从而得出更高的值。[38]

最终一决胜负

持续抨击和来自少数大声批评者的错误信息，迫使利克和威尔逊山天文台天文学家继续进攻。查尔斯·圣约翰在1930年4月的美国科学院会议上提出了这个诉案，他提交了一篇论文《迈克耳孙-莫雷实验和广义相对论两个预言》。除了报告威尔逊山没有发现以太漂移，他还综述了利克日食结果及其太阳红移结论。在同一次会议上，圣约翰听到D.C.米勒关于以太漂移结果的论文，听到他重复普尔对利克日食结果的攻击。他惊恐地注意到，东部的科学家可以接受米勒。他写信给坎贝尔说，他们应该采取进一步的措施，让批评者哑口无言。

我给出了爱因斯坦的摘要，包括你的偏折结果，并让大家注意谱线（他指的是“恒星”）数目[39]对于15英尺（约4.6米）[照相机]为62~85颗，5英尺（约1.5米）[照相机]为185~140颗，表示你结果的权重。米勒谈及他的老文章，他给了几十次，但批评你的日食工作，说虽然恒星的数目很大，但很多都不合格，有些给出否定值。我想你应该知道他对这个课题的评述，他应该把他收拾好。这篇论文强烈吸引了那些应知者，比如（耶鲁大学）斯万（W.F.G. Swann）、（普林斯顿）维布伦（Veblen）、（卡尔和阿瑟）康普顿夫妇（the Comptons）、伊利诺伊的斯图尔特（Stewart）、弗兰克·施莱辛格等人。我发现万事俱备。[40]

大约一周后，圣约翰又从华盛顿写信。“我省略了米勒的一句话。”他告诉坎贝尔，米勒“说你的观测给出的实际值是2.″06。我不确定他这个值基于什么”。他还提到，康奈尔（大学）物理主管欧内斯特·马里奥特参加了那次光学学会会议，听到普尔抨击利克结果的那篇论文。这篇论文，现在可以在该学会的学报上找到。“你可以在《光学学会学报》4月号上看到普尔的论文。这是他在伊萨卡会议上所言，当时所有的观测结果都被淘汰了。我从马里奥特那里得知，普尔在伊萨卡留下的深刻印象，还有米勒，也被接受了。我们会‘照顾’米勒，把普尔交你打理。”他告诉坎贝尔，他计划如何对付米勒：

至于迈克耳孙-莫雷观测，我们结果只显示了条纹的小概然误差为0.0015。这些皆被重要人士接受。标准局局长乔治·W.伯吉斯（George W. Burgess），欧内斯特·W.布朗、斯万、施莱辛格、斯图尔特、维布伦、乔治·伯克霍夫（George Birkhoff）等人。很明显，在粗水银漂浮系统中藏着系统误差，米勒从未对其从旧的粗糙装置中改变过。威尔逊山装置是一个真正的装置，池子和浮子的工作面精确到0.001英寸（0.00254厘米），定心精确。这样做时，米勒发现一切都消失了。我提到的人的感觉是米勒处于悲惨境地，他唯一要做的就是重建仪器，搞清楚他自己错了，但我怀疑他会这么做。[41]

坎贝尔对这些情报表示感激。他把圣约翰的信交给了特朗普勒。“如果有人确定自己的立场，”他告诉圣约翰，“此人就是特朗普勒博士。”“这位住在纽约的可怜人，应该能够误导那些不太熟悉应用爱因斯坦日食验证操作的科学家。为了我自己，我不想回答，但如能掌握这个可怜人在伊萨卡说的话，他很可能会回答。”[42]

与此同时，米勒1930年继续在克利夫兰进行实验。直到1933年，他还在美国科学院发表论文，声称取得了肯定结果。同年，他向美国物理学会提交了同一篇论文。[43] 普尔也坚持不懈，在1930年11月的《斯克里布纳杂志》上发表文章。罗伯特·艾特肯告诉亨利·诺里斯·罗素，普尔文章“激起了我的愤慨，我做了简短评论，把自己完全限制在有关1922年澳大利亚日食远征队结果的声明中”。罗素回答：“我完全同意你在《斯克里布纳》的关于普尔的文章。他们不应该发表它。但我不会为他们写任何东西。与普尔争论，纯属浪费时间。我认为他在这个问题上精神不健全。但当你提请注意他对利克天文台数据的歪曲时，你是完全正确的。”[44]

D.C.米勒和普尔的作品继续发表，但主流观点是天文研究充分验证了相对性。尽管如此，圣约翰还是继续发动了他的最后一击。直到1932年10月才发表。在冗长文章中，圣约翰总结了迈克耳孙-莫雷实验和广义相对论3个天文验证的结果。[45]

圣约翰描述了D.C.米勒的主要结果，然后转向迈克耳孙、皮斯和皮尔逊的威尔逊山实验。圣约翰利用了米勒经常强调做出观测是多么困难的事实。例如，米勒在1926年12月提交给美国物理学会的AAAS奖（美国科学促进会奖）论文中，阐述了这一点：

我认为我并非自我主义，我只是在陈述一个事实，即以太漂移观测是关于身体、精神和神经的紧张，是我所熟悉的任何科学工作中最艰难、最疲劳的。光路为214英尺（约65.2米）时，仅仅就白光条纹调整干涉仪并保持调整……需要耐心、稳定的“神经”和稳定的手……观测者必须绕着一个直径大约20英尺（约6.1米）的圆行走，注视着附着在干涉仪上的移动目镜，它漂浮在水银上，稳定地在轴上转动……观测者不得以任何方式触摸干涉仪，但他永远不能忽视干涉条纹……这些操作必须在未打破一组观测（通常持续15到20分钟）情况下继续，且在好几个小时工作期间不断重复。[46]

相比之下，威尔逊山的装置旨在避免米勒面临的困难："通过安排观测者干涉条纹距固定位置的微测设置来获得更大精度……这样他就免除了米勒教授描述的严格条件，米勒说……" 此处，圣约翰引用了米勒论文中（如上所引）的第一句话。[47]

圣约翰还报道了加州理工学院的罗伊·肯尼迪和德国耶拿的格奥尔格·约斯（Georg Joos）的独立研究结果。同威尔逊山的观测者一样，两人都没有发现任何以太漂移。圣约翰文章的额首展示了米勒干涉仪和耶拿仪器。这双照片下的图注生动地说：

a）米勒干涉仪，载于漂在水银中的木制浮子上，以一根针为中心，通过轻微的脉冲保持旋转。观测者跟着旋转的仪器，随他走动时读取条纹的位置。

b）耶拿干涉仪，安装在滚珠轴承和电机驱动上。旋转轴在垂直方向1″内调整。对条纹进行拍照，用测微计测量其位置。[48]

圣约翰用一个简短小节论及观测水星近日点运动的牛顿理论之上的过剩（excess）。在1929年10月的光学学会会议上，赫伯特·R.摩根列出了观测近日点进动中可能的不确定性来源，以证明他的断言：此种过剩应该比通常引用的值（43″）更高（50.″9）。圣约翰展示了3位备受尊敬天文学家的结果，勒维耶（1859年）、西蒙·纽康（1886年）和查尔斯·杜利特尔（Charles Doolittle, 1912年），他们计算了牛顿对水星近日点进动的贡献。将这些数字与观测值进行比较，差异达到了43.″49，而广义相对论预言为42.″9每百年。[49]

在关于光线偏折的小节中，圣约翰讨论了弗罗因德利希最近从苏门答腊日食中得到的结果。那些德国人发现边缘偏折为2.″24，即超过了理论预言28%。他们使用一种绝对测量法，使用印在日食上的栅网的照片副本和夜间比较底片进行底片校正，包括比例因子。[50] 特朗普勒批评了他们的方法，质疑了由面对夜间和白天之间温度变化的栅网的标度测定。圣约翰报告说，特朗普勒重新测量了波茨坦底片，并使用他与利克数据所用同样的方法计算了偏折量。他得到的边缘偏折为1.″75。圣约翰提供了一张迄今所有日食探险远征队累积结果的表。[51] 它与广义相对论的一致性非常好。圣约翰在这一节，最后讨论了由影锥冷却引起的折射。他引用J.A.米勒和R.W.马里奥特关于1926年日食验证月球直径的论文，舍弃了这个建议。

最后，圣约翰转向太阳中的夫朗和费线的红移。他详细描述了边缘-中心位移的对流运动解释。他展示了这对于低层面线，如何说明比那些相对论预言小的差异。对于高层面线，他诉诸由米尔恩和默菲尔德所致的效应。圣约翰接着对天狼伴星的光谱结果进行了总结。他详细展示了天狼星发出的散射光如何从围绕Hβ谱线频率那个伴星的光谱中消除。

在其观测证据支持相对论的综述之后，圣约翰援用英国大理论家（海尔的老朋友詹姆斯·金斯爵士）的信誉："在这个观测结果的简短综述中，实验证据累积效应强烈支持詹姆斯·金斯爵士的声明：'广义相对论已然通过了被认为是一个有趣臆测的阶段……且被证认为天文学的常规工作工具之一。'"[52]

爱因斯坦的天文学家陪审团，花了将近20年时间，通过聚焦3个"经典验证"，才对相对论做出判断。陪审团的裁决，主要基于诸多观测者适应这个难题的现有研究路线——日食照相术、太阳和光谱摄谱学——的工作。20世纪20年代下半叶，随着天文学家逐渐开始使用相对论来推进其学科，天文学界从爱因斯坦陪审团变成了代表他的证人。

结语　相对论宇宙学的兴起

第一次世界大战后，协约国成立了国际天文学联合会（简称IAU），以重建受到破坏的国际合作。在1919年7月首届布鲁塞尔会议上，创始人成立了32个常务委员会。第一个委员会，即第1委员会，是关于相对论的，[1]反映了人们对爱因斯坦理论的强烈兴趣。4个月后，英国人证实了爱因斯坦的光线弯曲预言。铺天盖地的宣传，把注意力集中在天文验证上。爱丁顿成为IAU相对论委员会第一任主席，因为他在解释该理论和验证其预言方面的重要作用。尽管他钟爱理论，但他为国际合作制定了严格的观测性指导方针："我认为本委员会主要关注这个主题的天文方面；虽然不能划出严格界限，但它并不打算处理更纯粹的数学和物理发展。因此，我们主要关注的是这3个'关键验证'。"[2]

1922年第一次会议，委员会的讨论集中于诸多天文验证。[3]爱丁顿决定："在目前阶段，进展必须主要由个人努力，而且……在大的国际规模上组织的研究空间不大。"[4]到1925年IAU第二次会议时，利克和威尔逊山天文台已验证他们和其他人研究了10多年的两项验证。相对论委员会成员决定不开会，执行委员会建议"无需重新任命"。[5]对相对论天文验证的研究，转移到处理该学科其他领域的委员会。例如，爱因斯坦日食难题交给太阳物理学第12委员会。[6]直到今天，IAU第1委员会还处于休眠状态。

相对论作为整个天文学学科一个特殊分支的短暂出现，反映了对爱因斯坦引力理论的日益接受，并逐渐转变为天文学家的工作工具。当广义相对论是一个有争议理论，需要用复杂的天文观测来检验它时，广义相对论理应作为一个独立的话题。随着该理论通过了验证，天文学家们开始利用它帮助解决其他问题，并探索新的领域。质点的爱因斯坦场方程的施瓦氏解，将最终导致黑洞理论。爱丁顿用广义相对论在亚当斯观测帮助下验证了恒星内部理论。圣约翰发现，它有助于解释作用于太阳光谱的复杂混合效应。在这种情况下，关于相对论的工作很自然会被纳入天文学学科的不同部门。

随着爱因斯坦理论继续通过天文学家的验证，天文学和相对论之间最具戏剧性、最为深远的联系出现在20世纪20年代后期。它导致了一个新的天文学科——相对论宇宙学的出现。这个学科源于对恒星系统和星云的研究，以及对爱因斯坦场方程宇宙学特征的研究。这个问题的观测方面，主要来自美国的多个太平洋天文台。而德西特、爱因斯坦等人则在欧洲探索其理论方面。后来，其他人在美国也开始了。[7]

亚利桑那州弗拉格斯塔夫市洛厄尔天文台的维斯托·梅尔文·斯里弗，率先测量了旋涡星云的视向速度。他在1913年发表了第一批研究结果。直到20世纪20年代，他几乎垄断了旋涡星云和球状星团的视向速度。[8] 直到1916年，威尔逊山100英寸（254厘米）反射望远镜的计划正在进行中，海尔开始为他的天文台发起一场“星云运动”。[9] 到20世纪20年代下半叶，埃德温·鲍威尔·哈勃和同事米尔顿·赫马森（Milton Humason）用100英寸望远镜获取［斯里弗24英寸（约60.9厘米）折射望远镜无法企及］暗星云的光谱。到那时，世界上唯一能获得最遥远星云红移的望远镜是威尔逊山100英寸折射望远镜。

1929年1月，哈勃预言了相对论宇宙学这一新领域。他宣布了赫马森用100英寸望远镜对旋涡星云进行摄谱观测的惊人新结果。哈勃发现了河外星云中的视向速度和距离之间呈线性关系。旋涡星云越远，它离我们退行越快。[10] 1917年，威廉·德西特发表了关于空无宇宙爱因斯坦场方程的静态解，其特征是粒子会有“散射倾向”。他推测，斯里弗对旋涡星云的早期结果可能是由于这种影响。爱因斯坦自己对整个宇宙的静态解没有这样的特征，因为他添加了一个宇宙学常数防止宇宙膨胀。[11] 哈勃不是理论家，故他没有说明“目前结果的明显后果”。

尽管如此，他得出结论，它的“突出特征……是速度–距离关系会代表德西特效应的可能性”。[12]

在哈勃宣布这一消息后大约一年，爱丁顿发现了两位数学家对爱因斯坦场方程的非静态解。俄罗斯的亚历克斯·亚历山大·弗里德曼和比利时的乔治·勒梅特（Georges Lemaître）几年前就建立了这些解，但无人注意。爱丁顿发表了一篇关于动态解的论文，并通知了德西特（他也为天文学家发表了一篇论文）。[13] 自此，星云的速度–距离结果被广泛解释为膨胀宇宙的证据。这个想法，既大胆又令人兴奋。它吸引了公众的浮想联翩，如同10多年前对光线相对论性弯曲的验证。世界得知天文学家发现宇宙在膨胀，他们得知爱因斯坦相对论预言了它，威尔逊山的天文学家也证明了这一点。

广义相对论作为天文学家研究宇宙大尺度结构理论工具的力量，巩固了它在天文学家和物理学家中的接受度。过去10年，天文观测一直是检验该理论有效性的工具。哈勃宣布这个消息后，形势为之一变。相对论越能通过天文学家的验证，他们就越有信心使用它来解决其他问题。它帮助其他研究议程越成功，天文学家对它就越有信心。1929年6月19日，在伯克利举行的AAAS太平洋分部会议上，天文学家唐纳德·门泽尔（Donald Menzel）在综述天王星进展时指出了这一转变："这很奇怪，但大部分旋涡星云……正在远离我们，最近在威尔逊山的观测表明，这些旋涡星云越远，它们的退行运动就越快……在过于仓促概括之前，我们必须根据相对论对观测进行严格检验。”过去两年，这一理论“如此大程度上”得到了证实，“大多数天文学家和物理学家都相信爱因斯坦理论——或者至少是某种稍微修改的形式——将被视为事实。”[14]

门泽尔呼吁加州理工学院物理学家理查德·C.托尔曼最近对爱因斯坦理论的研究，将相对论验证应用于哈勃观测。托尔曼发现，对整个宇宙只有3种可能的描述，可从爱因斯坦场方程的静态解得到。第三个解，乃是德西特在1917年求得的解。门泽尔概括了托尔曼对德西特效应的描述，即从非常遥远天体接收到的光会红化。从光谱学上看，这种效应将被观测为红移，将被解释为由退行速度引起的多普勒效应。“德西特理论不仅解释了宇宙这种表观膨胀趋势，而且天文学家发现此种效应是相对论正确的额外证据。此外，哈勃研究了星云的位移量和距离之间的关系，发现观测结果与理论预言非常吻合。”[15] 门泽尔强调，相对论已通过天文学家所能进行的所有验证。他指出，D.C.米勒几年前的以太漂移声明令“相对论者相当不安”，他报告迈克耳孙、皮斯和皮尔逊一直在威尔逊山“用专门针对这个难题的最灵敏的装置”研究这个问题。他们的最终结果，“确实让相对论者感到满意”，未显示效应。[16] 门泽尔还提到艾特肯在是年之前宣布的三个调查，证实光线弯曲、太阳红移和天狼乙星引力红移：“虽然很明显，但似乎并没有普遍认识到，这些观测结果本身就表明它们**独立于任何理论**。通常，那些由于某种原因反对相对论的人，似乎忘记了终极理论（无论是否是爱因斯坦理论）必须能够解释这些观测结果。相对论这样做是其实在性的有力论据；它在任何研究做出之前就预言了其中许多，这更加令人信服证明了它的正确性。”当然，门泽尔自豪地指出，“验证工作的主要部分已然在太平洋沿岸实现”。[17]

2年后，爱因斯坦特意会见了这些太平洋天文学家，他们一直在验证他的理论并将之纳入其学科的前沿。1931年1月和2月，他在加州理工学院度过，这是他第一次访问加州。1月15日，加州共同体在图书馆举行欢迎晚宴。这是一件真正的南加州事件。加州研究所（California Institute Associates）所长拉塞尔·R.巴拉德（Russell R. Ballard）是一群南加州科学和学术研究的倡导者，他发表了开场白。巴拉德自豪地提出爱因斯坦合作者的“召集名单”：按资历顺序，阿尔伯特·A.迈克耳孙从以太漂移实验开始；查尔斯·E.圣约翰证实了太阳红移；威廉·W.坎贝尔证实了太阳附近光线弯曲；罗伯特·A.密立根验证了光电效应；沃尔特·S.亚当斯验证了天狼伴星的引力红移；理查德·C.托尔曼表述了哈勃宇宙学预言的理论方面；埃德温·P.哈勃确定了星云速度和距离的线性关系。（图E.1）除了托尔曼，整个加州小组皆由观测者组成——对欧洲理论家爱因斯坦的有力补充。[18]

在最后的晚餐致词中，沃尔特·亚当斯强调了“宇宙的性质和结构”问题。他宣布，“爱因斯坦教授现在倾向于认为对这个问题最有前途的攻关路线是基

图E.1 1931年1月，爱因斯坦和美国相对论主要验证人员聚集在卡内基天文台帕萨迪纳总部的海尔图书馆。从左到右：米尔顿·L.赫马森，埃德温·P.哈勃，查尔斯·E.圣约翰，阿尔伯特·A.迈克耳孙，爱因斯坦，威廉·W.坎贝尔，沃尔特·S.亚当斯。乔治·埃勒里·海尔的肖像为背景。（华盛顿卡内基研究院卡内基天文台提供）

于非静态宇宙的理论，其一般方程由加州理工学院理查德·蔡斯·托尔曼博士巧妙建立”。[19] 加州理工学院这次活动，是爱因斯坦和加州科学共同体的胜利。两者都壮大了。海尔和坎贝尔把加州列入了世界科学版图，爱因斯坦是它的新星之一。爱因斯坦首次访问加州，预示着相对论理论家和天文学家诸多新的研究可能性。

对于海尔及其在南加州建立的科学共同体来说，哈勃的发现最好不过了。100英寸（254厘米）望远镜为星云研究提供的机会，激励了他推动建造一个更大仪器。他的创业天才和他过去努力的成功，说服了洛克菲勒基金会为海尔的最新梦想提供资金。在哈勃宣布该声明的前一年，加州理工学院决定建造一座新的天文台，其主要仪器将是200英寸（508厘米）反射望远镜。除了一个偏远的大型反射望远镜场地外，新的天文台还将在帕萨迪纳的加州理工学院设有天体物理实验室和天体物理研究生院。[20] 海尔是这个雄心勃勃计划之父，他在威尔逊山的同事们将在200英寸反射望远镜的设计和建造中发挥领导作用。① 哈勃的声明，适逢新天文台的工作开始之际。这对海尔的愿景是多么有力的证明啊。哈勃的发现开辟了一个激动人心的新研究领域，只能使用威尔逊山100英寸反射镜和拟议的200英寸反射望远镜进行。② 帕洛玛山天文台开放时，它主导着观测宇宙学和宇宙研究领域50多年。

海尔在加州的成功，乃是第一次世界大战后天文学总体转变的一部分。天文学中心，从欧洲迁到了美国。这是在法西斯主义在德国兴起之前，它加速了顶尖科学家向“新大陆”迁移。几年后，爱因斯坦将永远离开德国，移民到美国，在美国度过余生。

到20世纪30年代，广义相对论经受住了前10年的辩论风暴，成功进入了宇宙学新领域。在那里，像宇宙的时间尺度这样的新问题将产生新的结果——比如创世大爆炸理论——这将在几十年后再次抓住公众想象力。广义相对论也产生了天文学学科的新专业，如相对论天体物理学。公众将再次对从这一领域出现的黑洞理论感到震惊。爱因斯坦理论已然成熟，至今仍在天文学学科内蓬勃发展。回到唐纳德·门泽尔1929年对太平洋天文学家的致辞：“如果物理学家被认为是爱因斯坦理论的父亲，数学家是母亲，天文学家当然是富有、溺爱的阿姨，收养了出生不久的孩子，承担了哺育孩子的艰巨任务。此婴儿理论若非在天文台和实验室的精心培养，它永远不会成为现在的壮实青年，目前能够扮演自己的角色。”[21]

① 《观天巨眼——天文望远镜的400年》，温学诗、吴鑫基著，商务印书馆，2008年。

② 《星云世界的水手——哈勃传》，盖尔·E. 克里斯琴森著，何妙福等译，上海科技教育出版社，2000年。

最后的反思

科学家如何接受理论

本书讲述的这个故事，给21世纪的读者留下什么印象？首先，它将我们从对科学界如何接受科学理论的僵化理解中解放出来。这是一个纷繁混乱的过程。人们倾向于用相对论来简化那种历史图景，很大程度上是因为1919年英国人对爱因斯坦光线弯曲预言的验证，开启了爱因斯坦及其理论获得国际声誉。这个令人心潮澎湃的故事，引起了对爱因斯坦和相对论感兴趣的作家和历史学家的注意。所有主要的爱因斯坦传记，都集中在英国日食观测远征队上，大多数忽略或一笔带过1919年之前其他验证光线弯曲的尝试。竟然无人讨论英国人成功后的尝试。[1] 英国公告的影响，也吸引了对爱因斯坦及其相对论更大影响的历史学家和科学家感兴趣。[2] 英国人日食结果和随之而来的宣传爆炸，掩盖了其他历史现实。自从这一戏剧性事件发生以来，关于天文学家参与相对论接受的普遍观点几乎完全是为了证明爱因斯坦是正确的。历史记录，则更为复杂。

考虑一下利克和威尔逊山天文学家对爱因斯坦天文预言的验证。它开始于战前，作为应用现有研究结果寻找一个特定效应。随着个体研究人员越来越多参与工作，他们更直接对相对论验证定制了程序。最终，他们用自己的技术和仪器建立了一个真正的“爱因斯坦难题”。他们面临的挑战是，获得对广义相对论所预言效应的明确测量结果。在利克天文台，它是在日食期间确定准确的恒星方位。在威尔逊山天文台，挑战是精确测量太阳谱线，并认证移动谱线的各种实验室和太阳现象。参与研究的天文学家一开始并没有质疑相对论的有效性，因为对这个理论并没有足够理解：他们的技能是精确测量。一旦从这项专业化研究中开始产生具体结果，参与者们就开始从不同角度看待整个事业。那些争论其基础理论有效性的人，开始把天文工作视为决定一个有争议理论的真相的工具。对于进行这项研究的天文学家来说，这实际上就是关于天文现象的精确测量。

在这里，批评者们发挥了核心作用。面对任何否定结果，他们做出该理论死亡的重头公告。有利于相对论预言的公告，促使了传统理论的非传统的解释。人们寻求支持或反对该理论的明确陈述时，其立场出现了两极分化。因此，演变出了“关键验证”概念。这个图景没有那些天文学家（诸如爱丁顿和德西特）的地盘，他们认为爱因斯坦理论有用、优美、深刻，不太关心其“实在性”。尽管有一些相反声音，公众从相对论的对错看待这个问题。关键验证的通过或失败，则是他们所能理解的。

这个图景并不总是公正解释为什么天文学家首先要进行这项研究，但它确实有一个有用目的。这些争论，激起了看待天文学家感兴趣的特定现象新旧方法之间的差异。围绕光线弯曲预言那个“难以捉摸的2倍因子”问题，就是一个很好例子。它最终以特朗普勒以广义相对论性方式巧妙阐述引力场中的光线弯曲。然而，有影响力的美国天文学家和其他参与辩论的人的纯粹实证性质，则产生了更持久影响。它有助于培养这样一种信念，即科学家接受那些基于呈现此理论图景真实性或实在性的关键验证的理论。这种关于科学方法的简化实证观点，一直存续至今。

面对验证一个理论具体预言的结果，是什么让一个科学家将这个理论纳入他的研究范围，也许是他的信仰体系，而另一个科学家则继续寻求替代解释？对于爱丁顿和德西特来说，这些观测结果证明了其信念，即这个理论重要和有用。威尔逊山和利克天文学家继续观测研究，因为他们的专业知识和声望在这些领域。他们支持相对论的态度逐渐演变，首先为自己的观测和对数据的解释辩护，然后积极反对批评者的持续攻击。对于没有参与任何研究的艾特肯来说，其态度改变在一定程度上是由于对激励批评者的外部科学因素的认识。他看到了来自德国的反爱因斯坦宣传。他也意识到自己国家中的偏见：对过度依赖欧洲人的民族主义恐惧；对与固执“常识”对立的诸多新奇概念的保守抵抗；对接受广义相对论“形而上学概念”基于实证的抵制；关注他们自己对天体力学和方位天文学的专长。例如，查尔斯·莱恩·普尔的命运，提供了一个专业人士将广义相对论视为对自己专家地位威胁的案例研究。他最终在同行中的衰落，是由于他违反了某些行为准则——欺骗性展示他人的成果，煽动宣传策略——以及他在无处不在的攻击过程中犯的技术错误，也就是那个“难以捉摸的2倍因子”。这些不同且经常相互矛盾的行为，都是同时运作的。随着时间推移，一个理论要么被接受要么不被接受。爱因斯坦相对论，最终成为天文学家、物理学家和其他科学家“工作工具”的一部分。[3]

天文学家对相对论的接受

天文学家判断爱因斯坦理论的优点，我们可以确定三个层面的接受。第一层面是“叙述”——描述一个重要发展，并与同事分享。第二层面是“实证研究”——验证一个理论的具体预言。第三层面是“阐释”——积极研究该理论，并对其蕴涵进行阐释。

大多数天文学家可以做与相对论相关的工作，而不对该理论的有用性或未来前景做出判断。在第一层面，几乎所有在战争前呈现相对论的天文学家（柯蒂斯例外），都错过或回避了爱因斯坦工作中更基本的蕴涵。早期关于相对论的天文学出版物，并没有显示诸作者的研究热情。他们只是想了解发生了什么，以及它可能如何影响他们的学科。1916年以后，除了爱丁顿和德西特，许多评论家试图忽略广义相对论的几何特征，而解释其主要天文元素。

在第二层面，天文学家投入时间和资源验证爱因斯坦理论的具体预言，并不需要接受其依据的理论。他们甚至不需要理解这个理论，而大多数人也没有理解。有些人甚至开始了旨在否证它的事业。大多数天文学家接受这项工作，是因为诸多著名物理学家宣布了一场科学革命。这是一个热门话题，并承诺为那些能够验证或否证其预言的人提供回报。例如，柯蒂斯可以用爱因斯坦光线弯曲方程确定他必须寻找的值，同时相信这个理论是无稽之谈。

只有在第三层面，那些着手阐释新理论的人最有可能面对其更广泛的蕴涵。通过与广义相对论打交道，施瓦西、爱丁顿和德西特发现了其新思想的生命力。该理论也被证明在进行中的天文学研究路线（如恒星内部和宇宙学）是有用的。这增加了爱因斯坦理论更广泛蕴涵得到更宽泛检验的可能性。这一层面，在美国天文学家共同体中几乎完全缺失。到20世纪30年代，第三层面的接受在相对论宇宙学的兴起中才得到了完整表达。威尔逊山天文台的美国人扮演了重要角色，但哈勃显著地将这个新领域称为“观测”宇宙学。

在美国，三个层面的接受依次实现。早期的叙述，代表了对这个新理论的“第一次考察”。接下来进行验证，花了10多年时间。一旦该理论从论述中被判断为重要，并且验证是准确的，天文学家就可以开始为宇宙学（和后来的天体物理学）目的阐释它。然而，这种接受的“演变”图景，是美国独有的。它并没有到处发生。例如，欧洲的施瓦西、德西特和爱丁顿早在验证开始之前，就阐释了这个理论。美国天文学家在时间序列上经历了这三个层面的接受，这一点在严格程度上乃由于他们完全的实证取向。这一历史情况部分解释了今天的普遍观点，即相对论的接受，仅仅因为它通过了天文学三个“经典验证”。事实上，多年来，正是广义相对论的理论基础把物理学家、数学家和天文学家吸引到爱因斯坦理论，直到其他（地球和宇宙学的）可观测结果于20世纪50年代和60年代被发现。[4]

相对论与我们

这个天文学家如何接受爱因斯坦理论的故事帮助我们理解，为什么相对论尽管今天很受欢迎，但仍然不属于大众文化的一部分。在本书覆盖的这段时期，天文学家首次像关于相对论的受过教育的公众听证会。他们接触到相对论，开始参与到与其关切直接相关的方面。他们中的许多人，从未论述过爱因斯坦思想更深层次的蕴涵。这没有必要。今天的大多数人，也是如此。工业界科学家每天都应用狭义相对论方程，爱因斯坦广义理论指导宇宙学家对宇宙有更深的认识。然而，除了少数研究这些方程的特殊专家之外，我们不需要理解这些深奥概念，许多专家也不需要理解。这将需要一些深刻的思想家以一种强大和有意义的方式进行交流，使爱因斯坦的思想进入大众意识。他们需要使相对论与我们相关。

专家们常说，这是不可能的。狭义相对论处理原子和原子核尺度上的高速世界。广义相对论处理宇宙学尺度。我们人类，恰恰在中间。然而，太空计划为探索引力对人类尺度的影响开辟了新的研究途径。轨道航天器提供了一个自由落体环境，允许科学家切身体验爱因斯坦等效原理，并在宏观、人类层面探索其后果。也许，像海尔一样，我们需要扩大多学科合作的人员组合。让天文学家、物理学家和化学家与生物学家、神经科学家和其他生命科学专家合作，看看会发生什么。我个人认为，爱因斯坦关于我们如何衡量世界、我们如何在世界内前进的思想，包含着与我们每个人都息息相关的更多奥秘。